高职高专规划教材

张 华 主编

建筑材料检测

JIANZHU CAILIAO JIANCE

化学工业出版社

·北京·

本书是与企业合作，基于工作过程的课程开发与设计，以职业活动为导向，以能力为目标、项目为载体编写而成的。通过本书学习，可以熟悉常用建筑材料的基本性质与技术指标要求，同时具备建筑材料检测试验员、见证取样员的职业素质和岗位技能。

全书内容包括：建筑材料与检测基础知识、砂石技术指标检测、水泥主要技术指标检测、混凝土外加剂和掺合料性能检测、普通混凝土性能检测、建筑砂浆性能检测、块体材料质量检测、建筑钢材及钢筋焊件技术性能检测、防水材料性能检测、建筑玻璃技术指标及检测、建筑石膏制品技术要求及检测、建筑涂料性能检测，共十二个项目，采用了现行的标准、规范编写，理论联系实际，简单实用。每个项目有小结和自测练习题来帮助学生巩固学习效果。

本书为高职高专建筑工程技术、工程造价、土木工程检测技术与土建类相关专业的材料检测教学用书，也可作为工程技术人员、建筑材料检测岗位技能培训的教材或参考书。

图书在版编目（CIP）数据

建筑材料检测／张华主编．—北京：化学工业出版社，2013.1
高职高专规划教材
ISBN 978-7-122-15937-3

Ⅰ.①建⋯ Ⅱ.①张⋯ Ⅲ.①建筑材料-检测-高等职业教育-教材 Ⅳ.①TU502

中国版本图书馆 CIP 数据核字（2012）第 286904 号

责任编辑：李仙华　王文峡　　　　　　　　　　　装帧设计：张　辉
责任校对：宋　玮

出版发行：化学工业出版社（北京市东城区青年湖南街 13 号　邮政编码 100011）
印　　装：三河市延风印装厂
787mm×1092mm　1/16　印张　15½　字数 369 千字　2013 年 7 月北京第 1 版第 1 次印刷

购书咨询：010-64518888（传真：010-64519686）　售后服务：010-64518899
网　　址：http://www.cip.com.cn

凡购买本书，如有缺损质量问题，本社销售中心负责调换。

定　　价：29.80 元　　　　　　　　　　　　　　　　　　　　　　版权所有　违者必究

前　言

本教材是以职业能力培养为重点，与企业合作，基于工作过程的课程开发与设计，针对工程材料检测单位等合作企业提供的企业发展需要和建材检测、材料质量控制等职业岗位实际工作任务所需要的技能、知识和素质要求来选取项目内容编写而成的。

本教材根据教育部高职高专职业能力的培养目标要求，介绍了建筑材料检测与质量控制的新技术、新标准、新方法，能够反映当前材料检测岗位资格的要求。编写中力求做到内容精炼、重点突出、实用性强。编写人员既有常年从事建筑材料检测工作和专业教学工作的双师型教师，又有企业一线的高级技术人员。同时，教材配有自测练习和项目实训内容，便于学生学习。

本教材由辽宁城市建设职业技术学院张华担任主编，中铁九局集团工程检测试验有限公司高级工程师王艳伟担任副主编。参加教材编写的有辽宁城市建设职业技术学院王波、刘丽、尹国英、褚俊英；沈阳职业技术学院何桂春。各项目执笔人员如下：张华编写项目一、六、七、十一和项目十三；刘丽编写项目二；王艳伟编写项目三；何桂春编写项目四、十；尹国英编写项目五；王波编写项目八；褚俊英编写项目九、十二。

由于编者水平有限，加之时间仓促，书中疏漏与欠妥之处在所难免，敬请大家不吝指正。

编　者

2013 年 2 月

目　录

项目一　建筑材料与检测基础知识 ……………………………………………… 1
任务 1　建筑材料的基本性质 …………………………………………………… 1
　　一、材料的密度、表观密度、堆积密度和紧密密度 ………………………… 1
　　二、材料的密实度、孔隙率和空隙率 ………………………………………… 2
　　三、材料与水有关的性质 ……………………………………………………… 2
　　四、材料的导热性 ……………………………………………………………… 3
　　五、材料的强度 ………………………………………………………………… 3
　　六、弹性和塑性 ………………………………………………………………… 4
任务 2　实验数据统计分析与处理 ……………………………………………… 4
　　一、误差的种类及表示方法 …………………………………………………… 4
　　二、统计分析的方法 …………………………………………………………… 5
　　三、有效数字及其计算 ………………………………………………………… 6
任务 3　见证取样及送检的范围和程序 ………………………………………… 8
　　一、见证取样及送检的范围 …………………………………………………… 8
　　二、见证取样与送检的程序 …………………………………………………… 8
任务 4　技术标准及法定计量单位 ……………………………………………… 9
　　一、建筑材料标准 ……………………………………………………………… 9
　　二、法定计量单位 ……………………………………………………………… 9
小结 ………………………………………………………………………………… 11
自测练习 …………………………………………………………………………… 11

项目二　砂石技术指标检测 ……………………………………………………… 13
任务 1　砂石技术指标要求 ……………………………………………………… 13
　　一、粗细程度和颗粒级配 ……………………………………………………… 13
　　二、有害物质的含量及坚固性 ………………………………………………… 16
　　三、含泥量、泥块含量和石粉含量 …………………………………………… 17
　　四、强度与碱活性 ……………………………………………………………… 18
任务 2　砂石技术指标检测 ……………………………………………………… 19
　　一、砂石取料原则 ……………………………………………………………… 19
　　二、筛分析试验 ………………………………………………………………… 21
　　三、含泥量、泥块含量和石粉含量试验 ……………………………………… 24
　　四、表观密度、堆积密度试验 ………………………………………………… 30
　　五、含水量试验 ………………………………………………………………… 35
　　六、石子强度试验 ……………………………………………………………… 36
小结 ………………………………………………………………………………… 38
自测练习 …………………………………………………………………………… 38

项目三 水泥主要技术指标检测 ·· 40
任务1 水泥主要技术指标要求 ·· 40
一、水泥概述 ·· 40
二、水泥技术指标 ··· 41
任务2 水泥主要技术指标检测 ·· 43
一、水泥细度测定 ··· 43
二、水泥标准稠度用水量测定 ··· 45
三、水泥凝结时间测定 ·· 47
四、水泥体积安定性试验 ··· 48
五、水泥强度试验 ··· 50
小结 ·· 56
自测练习 ··· 57

项目四 混凝土外加剂和掺合料性能检测 ··· 60
任务1 混凝土外加剂概述 ·· 60
一、混凝土外加剂的分类 ··· 60
二、混凝土外加剂应用 ·· 60
三、混凝土外加剂的发展 ··· 62
任务2 混凝土外加剂匀质性检验 ·· 62
一、外加剂匀质性检验项目 ·· 62
二、外加剂匀质性试验方法 ·· 63
任务3 掺外加剂混凝土的性能检验 ··· 72
一、混凝土外加剂掺量的确定试验 ··· 72
二、掺外加剂混凝土和易性试验 ·· 72
三、混凝土拌合物性能试验方法 ·· 74
四、掺外加剂混凝土力学性能试验 ··· 78
任务4 混凝土掺合料概述 ·· 79
一、混凝土掺合料的种类 ··· 80
二、掺合料在混凝土中的应用 ··· 81
小结 ·· 81
自测练习 ··· 81

项目五 普通混凝土性能检测 ·· 83
任务1 混凝土技术性能 ·· 84
一、混凝土拌合物性能 ·· 84
二、硬化混凝土性能 ··· 84
任务2 混凝土拌合物性能检测 ··· 86
一、取样及试样制备 ··· 86
二、混凝土拌和方法 ··· 87
三、混凝土拌合物和易性试验 ··· 87
四、混凝土凝结时间测定 ··· 88
五、泌水试验 ·· 90

六、含气量试验 91
　任务3　预拌混凝土工作性能检测 92
　　一、预拌混凝土概述 93
　　二、预拌混凝土拌合物性能 95
　　三、预拌混凝土工作性能检测 96
　任务4　混凝土力学性能检测 97
　　一、混凝土力学性能取样 97
　　二、混凝土立方体抗压强度检测 98
　　三、混凝土轴心抗压强度检测 101
　　四、混凝土抗拉强度检测 101
　任务5　混凝土长期性能和耐久性能检测 102
　　一、混凝土耐久性概述 102
　　二、影响混凝土耐久性的因素 103
　　三、混凝土耐久性检测方法 105
　小结 111
　自测练习 111

项目六　建筑砂浆性能检测 114
　任务1　建筑砂浆技术性能 114
　　一、建筑砂浆的分类 114
　　二、建筑砂浆的技术性质 114
　任务2　砂浆拌合物性能检测 115
　　一、砂浆拌合物取样 115
　　二、试样的制备 115
　　三、砂浆稠度试验 116
　　四、砂浆分层度试验 117
　任务3　砂浆力学性能检测 117
　　一、试验目的 117
　　二、试验设备 117
　　三、试件制作 117
　　四、养护 118
　　五、试验过程 118
　　六、计算公式 118
　　七、评定 118
　小结 119
　自测练习 119

项目七　块体材料质量检测 121
　任务1　烧结普通砖质量要求 121
　任务2　烧结多孔砖和多孔砌块 125
　　一、规格 125
　　二、等级 125

  三、技术要求 ……………………………………………………………………… 125
 任务3 烧结砖抗压强度试验 …………………………………………………… 128
  一、主要仪器设备 …………………………………………………………… 128
  二、试样 ……………………………………………………………………… 128
  三、试样制备 ………………………………………………………………… 128
  四、试件养护 ………………………………………………………………… 129
  五、试验步骤 ………………………………………………………………… 129
  六、结果计算与评定 ………………………………………………………… 129
 任务4 烧结砖泛霜和石灰爆裂试验 …………………………………………… 130
  一、烧结砖泛霜试验 ………………………………………………………… 130
  二、烧结砖石灰爆裂试验 …………………………………………………… 131
 任务5 普通混凝土小型砌块质量要求 ………………………………………… 131
  一、等级 ……………………………………………………………………… 131
  二、技术要求 ………………………………………………………………… 131
 小结 ……………………………………………………………………………… 132
 自测练习 ………………………………………………………………………… 133
项目八 建筑钢材及钢筋焊件技术性能检测 ………………………………………… 134
 任务1 常用建筑钢材及钢筋焊件的技术指标要求 …………………………… 134
  一、建筑钢材技术要求 ……………………………………………………… 134
  二、建筑钢筋焊接技术要求 ………………………………………………… 140
 任务2 建筑用钢材性能检测 …………………………………………………… 141
  一、建筑钢材取样 …………………………………………………………… 141
  二、建筑钢材拉伸试验 ……………………………………………………… 142
  三、钢筋弯曲试验 …………………………………………………………… 147
  四、钢材检测结果评定 ……………………………………………………… 148
  五、冷弯结果评定 …………………………………………………………… 152
 任务3 钢筋焊件性能检测 ……………………………………………………… 152
  一、钢筋焊件取样 …………………………………………………………… 152
  二、钢筋焊件拉伸、冷弯性能检测 ………………………………………… 154
  三、焊件试验结果评定 ……………………………………………………… 155
 小结 ……………………………………………………………………………… 155
 自测练习 ………………………………………………………………………… 155
项目九 防水材料性能检测 …………………………………………………………… 156
 任务1 防水涂料性能检测 ……………………………………………………… 156
  一、防水涂料的技术指标要求 ……………………………………………… 156
  二、防水涂料的主要技术指标检测 ………………………………………… 157
 任务2 防水卷材性能检测 ……………………………………………………… 159
  一、防水卷材的技术指标要求 ……………………………………………… 159
  二、卷材的技术指标检测 …………………………………………………… 160
 小结 ……………………………………………………………………………… 167

  自测练习 ··· 167

项目十　建筑玻璃技术指标及检测 ·· 169

 任务1　平板玻璃的技术指标及检测 ·· 169

  一、试验依据 ·· 169

  二、定义及分类 ·· 169

  三、要求 ·· 170

  四、试验方法 ·· 173

  五、判定规则 ·· 175

 任务2　钢化玻璃的技术指标及检测 ·· 175

  一、试验依据 ·· 175

  二、定义及分类 ·· 175

  三、要求 ·· 175

  四、试验方法 ·· 179

  五、检验规则 ·· 182

 任务3　中空玻璃的技术指标及检测 ·· 183

  一、试验依据 ·· 183

  二、定义及规格 ·· 183

  三、要求 ·· 184

  四、试验方法 ·· 186

  五、检验规则 ·· 189

 小结 ··· 190

 自测练习 ··· 190

项目十一　建筑石膏制品技术要求及检测 ··· 191

 任务1　装饰石膏制品的技术要求 ·· 191

  一、装饰石膏板的技术要求 ·· 191

  二、普通纸面石膏板的技术要求 ·· 192

  三、吸声用穿孔石膏板的技术要求 ·· 195

  四、嵌装式装饰石膏板的技术要求 ·· 196

  五、其他石膏制品板材的技术要求 ·· 198

  六、合格评定规划 ·· 198

 任务2　建筑石膏制品的质量检测 ·· 199

  一、外观质量检测 ·· 199

  二、边长检测 ·· 199

  三、厚度检查 ·· 199

  四、平面度检测 ·· 199

  五、直角偏离度的检测 ·· 199

  六、含水率的检测 ·· 199

  七、单位面积质量的检测 ·· 200

  八、断裂荷载的检测 ·· 200

  九、受潮挠度的检测 ·· 200

  十、吸水率的检测 …… 201
 小结 …… 201
 自测练习 …… 201

项目十二　建筑涂料性能检测 …… 202
 任务1　合成树脂乳液内墙涂料质量检测 …… 202
  一、技术指标要求 …… 202
  二、技术指标检测 …… 203
 任务2　合成树脂乳液外墙涂料质量检测 …… 204
  一、技术指标要求 …… 204
  二、技术指标检测 …… 205
  三、检验规则 …… 208
  四、标志、包装和贮存 …… 208
 小结 …… 208
 自测练习 …… 208

项目十三　见证取样检测综合实训 …… 209
 任务1　砂石骨料检测 …… 210
  一、实训项目内容、岗位技能训练目标及上交材料 …… 210
  二、主要仪器设备 …… 210
  三、试验步骤 …… 210
  四、注意问题 …… 210
  五、填写委托单 …… 210
  六、记录试验原始记录 …… 211
  七、填写检验报告 …… 212
 任务2　水泥性能检测 …… 213
  一、实训项目内容、岗位技能训练目标及上交材料 …… 213
  二、主要仪器设备 …… 213
  三、试验步骤 …… 213
  四、注意问题 …… 213
  五、填写委托单 …… 214
  六、记录试验原始记录 …… 215
  七、填写检验报告 …… 216
 任务3　普通混凝土性能检测 …… 217
  一、实训项目内容、岗位技能训练目标及上交材料 …… 217
  二、主要仪器设备 …… 217
  三、试验步骤 …… 217
  四、注意问题 …… 217
  五、填写委托单 …… 218
  六、记录试验原始记录 …… 219
  七、填写检验报告 …… 221
 任务4　砌筑砂浆性能检测 …… 223

一、实训项目内容、岗位技能训练目标及上交材料 ………………………………… 223
　　二、主要仪器设备 …………………………………………………………………… 223
　　三、试验步骤 ………………………………………………………………………… 223
　　四、注意问题 ………………………………………………………………………… 223
　　五、填写委托单 ……………………………………………………………………… 224
　　六、记录试验原始记录 ……………………………………………………………… 224
　　七、填写检验报告 …………………………………………………………………… 225
任务 5　砌墙砖及砌块性能检测 …………………………………………………………… 227
　　一、实训项目内容、岗位技能训练目标及上交材料 ………………………………… 227
　　二、主要仪器设备 …………………………………………………………………… 227
　　三、试验步骤 ………………………………………………………………………… 227
　　四、注意问题 ………………………………………………………………………… 227
　　五、填写委托单 ……………………………………………………………………… 228
任务 6　建筑钢材性能检测 ………………………………………………………………… 230
　　一、实训项目内容、岗位技能训练目标及上交材料 ………………………………… 230
　　二、主要仪器设备 …………………………………………………………………… 230
　　三、试验步骤 ………………………………………………………………………… 230
　　四、注意问题 ………………………………………………………………………… 230
　　五、填写委托单 ……………………………………………………………………… 231
　　六、记录试验原始记录 ……………………………………………………………… 232
　　七、填写检验报告 …………………………………………………………………… 233
任务 7　防水材料性能检测 ………………………………………………………………… 235
　　一、实训项目内容、岗位技能训练目标及上交材料 ………………………………… 235
　　二、主要仪器设备 …………………………………………………………………… 235
　　三、试验步骤 ………………………………………………………………………… 235
　　四、注意问题 ………………………………………………………………………… 235
　　五、填写委托单 ……………………………………………………………………… 235
　　六、记录试验原始记录 ……………………………………………………………… 236
　　七、填写检验报告 …………………………………………………………………… 236
参考文献 …………………………………………………………………………………… 237

项目一　建筑材料与检测基础知识

知识目标

1. 了解建筑材料的基本物理性质、力学性质
2. 理解实验数据统计分析与处理方法，误差的处理方法
3. 掌握有效数字的计算方法
4. 了解见证取样及送检的范围和程序
5. 了解建筑材料检测所依据的相关标准
6. 掌握法定的计量单位及其换算方法

能力目标

1. 能根据建筑材料的性质合理地选择和使用建筑材料
2. 能熟练计算平均值、标准差、变异系数等，正确分析误差产生的原因
3. 能进行常用国际单位制的换算

作为建筑工程技术人员，为了能够正确选择、合理使用、准确评价建筑材料，必须熟悉它们的性质，理解相关标准对材料质量的控制要点，根据材料的检测报告有选择地使用建筑材料。

任务1　建筑材料的基本性质

一、材料的密度、表观密度、堆积密度和紧密密度

1. 材料的密度

密度是指材料在绝对密实状态下，单位体积的质量。按下式计算：

$$\rho = \frac{m}{V} \tag{1-1}$$

式中　ρ——材料密度，g/cm^3 或 kg/m^3；

m——材料质量，g 或 kg；

V——材料绝对密实状态下的体积，cm^3 或 m^3。

2. 表观密度

材料（指含孔材料）在自然状态下，单位表观体积的质量，称为表观密度。按下式计算：

$$\rho_0 = \frac{m}{V_0} \tag{1-2}$$

式中　ρ_0——表观密度，kg/m^3；

m ——材料质量，kg；

V_0 ——材料表观体积，m^3；包括封闭孔在内的体积 $V_0 = V + V_{闭}$。

3. 堆积密度

堆积密度是指散粒材料（如砂、石）在规定装填条件下，单位体积的质量。按下式计算：

$$\rho'_0 = \frac{m'}{V'_0} \tag{1-3}$$

式中　ρ'_0 ——堆积密度，kg/m^3；

m' ——材料质量，kg；

V'_0 ——材料堆积体积，m^3。

$V'_0 =$ 颗粒自然体积＋空隙体积 $= V + V_{闭} + V_{开} + V_{空隙}$

4. 紧密密度

紧密密度是指散粒材料（如砂、石）按规定方法颠实后，单位体积的质量。按下式计算：

$$\rho'_{0实} = \frac{m}{V'_{0实}} \tag{1-4}$$

式中　$\rho'_{0实}$ ——紧密密度，kg/m^3；

m ——材料质量，kg；

$V'_{0实}$ ——颠实后材料体积，m^3。

二、材料的密实度、孔隙率和空隙率

1. 密实度

材料体积内被固体物质充实的程度，即材料密实体积与总体积比，称为材料密实度。按下式计算：

$$D = \frac{V}{V_0} = \frac{\rho_0}{\rho} \tag{1-5}$$

式中　D ——密实度，常以%表示。

2. 孔隙率

材料体积内，孔隙（开口的和封闭的）体积所占的比例，称为材料孔隙率。按下式计算：

$$P = \frac{V_{孔}}{V_0} = \frac{V_0 - V}{V_0} = 1 - \frac{\rho_0}{\rho} = 1 - D \tag{1-6}$$

式中　P ——材料孔隙率，常以%表示。

3. 空隙率

散粒材料的堆积体积内，颗粒与颗粒之间的空隙体积所占的百分率称为空隙率。按下式计算：

$$P' = \frac{V'_0 - V_0}{V'_0} = 1 - \frac{\rho'_0}{\rho_0} \tag{1-7}$$

式中　P' ——材料空隙率，常用%表示。

三、材料与水有关的性质

1. 吸水性

材料在水中能够吸收水分的性质称为吸水性。材料的吸水性用吸水率表示。吸水率有质量吸水率和体积吸水率之分。

质量吸水率是指材料吸收水分的质量占材料干燥状态下质量的百分数。按下式计算：

$$W_{质} = \frac{m_{湿} - m_{干}}{m_{干}} \times 100\% \tag{1-8}$$

式中　$W_{质}$——材料的质量吸水率，常用%表示；
　　　$m_{湿}$——材料吸水饱和时的质量，g 或 kg；
　　　$m_{干}$——材料干燥状态下质量，g 或 kg。

体积吸水率是指材料吸收水分的体积占材料干燥状态下体积的百分数。按下式计算：

$$W_{体} = \frac{m_{湿} - m_{干}}{\rho_{水} V_0} \times 100\% \tag{1-9}$$

式中　$W_{体}$——材料的体积吸水率，常用%表示；
　　　$\rho_{水}$——水的密度，常温下取 $1g/cm^3$；
　　　V_0——材料干燥状态下体积，cm^3 或 m^3。

2. 吸湿性

材料在潮湿空气中吸收空气中水分的性质称为吸湿性。吸湿性用含水率表示。含水率是指材料含水的质量与材料干燥质量之比的百分数。按下式计算：

$$W_{含} = \frac{m_{含} - m_{干}}{m_{干}} \times 100\% \tag{1-10}$$

式中　$W_{含}$——材料的含水率，常用%表示；
　　　$m_{含}$——材料含水的质量，g 或 kg。

四、材料的导热性

导热性为材料本身具有的传导热量的性质。即当材料两面有温差时，热量能从温度高的一侧向温度低的一侧传导的性质。导热性用热导率 λ 表示。单位为 W/(m·K)。按下式计算：

$$\lambda = \frac{Qd}{(T_1 - T_2)At} \tag{1-11}$$

式中　λ——热导率，W/(m·K)；
　　　Q——总传热量，J；
　　　d——材料的厚度，m；
　　$T_1 - T_2$——材料两侧热力学温度之差，K；
　　　A——传热面积，m^2；
　　　t——传热时间，s。

五、材料的强度

材料在外力（荷载）作用下抵抗破坏的能力称为强度。材料强度的大小通常以材料单位面积（m^2）上所承受的力（N）来表示，单位为 Pa 或 MPa。

根据外力作用方式的不同，强度主要可分为抗压强度、抗拉强度、抗弯强度（抗折强度）和抗剪强度四种。

（1）抗压强度、抗拉强度和抗剪强度按下式计算：

$$f = \frac{F}{A} \tag{1-12}$$

式中 f——材料的强度,N/m² 或 MPa;
F——破坏时的最大荷载,N;
A——受力面积,mm²。

(2) 抗弯强度(抗折强度)与材料受力情况、截面形状及支撑条件等有关,对梁板在两端支承、中间作用集中荷载的情况下,抗弯强度按下式计算:

$$f=\frac{3FL}{2bh^2} \qquad (1-13)$$

式中 f——抗弯强度,N/m² 或 MPa;
F——破坏时的最大荷载,N;
L——两支点间距离,mm;
b,h——截面的宽度、高度,mm。

六、弹性和塑性

1. 弹性

弹性是指材料在外力作用下所产生的变形,当外力去除后能完全恢复原来形状的性质。能全部恢复的变形称弹性变形。

2. 塑性

塑性是指材料在外力作用下产生的变形,在外力去除后仍保持变形后的形状和尺寸,并且不产生裂缝的性质。不能恢复的变形叫塑性变形。

任务 2 实验数据统计分析与处理

一、误差的种类及表示方法

观测值与真值之差称为误差,根据观测误差性质,可将其分为系统误差、偶然误差和过失误差三类。

1. 系统误差

系统误差是指测定中未被发觉或未被确定的因素所引起的误差,引起系统误差的原因一般认为是由于仪器不良,如刻度不准,砝码未校正;试验条件的变化,如温度、压力、湿度的变化,操作人员的习惯,如习惯从侧面读数等。可以用校正仪器,控制环境和改正不良习惯来消除系统误差。

2. 偶然误差

偶然误差是指在已消除系统误差的条件下,所测的数据仍在末一位或末两位数字上有差别,则这种误差为偶然误差。偶然误差的特点是时大时小、时正时负,方向不一定;偶然误差产生的原因不清楚,因此无法控制。但如用同一精度的仪器,在同一条件下,对同一物理量作多次测量,若测量的次数足够多,则可发现偶然误差完全服从统计规律,偶然误差的算术平均值将逐渐接近于零,偶然误差可以用误差理论进行处理。

3. 过失误差

过失误差又称粗差,是完全由人为因素造成,如粗枝大叶、过度疲劳或操作不正确等因素。消除方法是提高工作人员的责任感,健全工作制度,加强对数据的审核。应该从数据的试验、采集上进行检查、剔除存在明显错误的数据。

二、统计分析的方法

1. 平均值

(1) 算术平均值

$$\overline{X} = \frac{X_1 + X_2 + \cdots + X_n}{n} = \frac{\sum\limits_{i=1}^{n} X_i}{n} \tag{1-14}$$

式中 　$\overline{X}$——算术平均值；
　　　n——试验数据的个数；
$X_1, X_2, \cdots, X_n$——各试验数据值；
　　　$\sum X$——各试验数据的总和。

(2) 均方根平均值　均方根平均值反映数据跳动的敏感性。

$$S = \sqrt{\frac{x_1^2 + x_2^2 + \cdots + x_n^2}{n}} = \sqrt{\frac{\sum\limits_{i=1}^{n} x_i^2}{n}} \tag{1-15}$$

式中 　S——均方根平均值；
$x_1, x_2, \cdots, x_n$——各试验数据值；
　　　$\sum x_i^2$——各试验数据的平方和；
　　　n——试验数据的个数。

(3) 加权平均值　各个试验数据和它对应数的算术平均值。

$$m = \frac{X_1 g_1 + X_2 g_2 + \cdots + X_n g_n}{g_1 + g_2 + \cdots + g_n} = \frac{\sum\limits_{i=1}^{n} X_i g_i}{\sum\limits_{i=1}^{n} g_i} \tag{1-16}$$

式中 　m——加权平均值；
$X_1, X_2, \cdots, X_n$——各试验数据值；
　　　$\sum Xg$——各试验数据值和它对应数乘积的总和；
　　　$\sum g$——各对应数据总和。

2. 误差计算

(1) 范围误差　也称为极差，是试验数据最大值和最小值之差。

(2) 算术平均误差

$$\delta = \frac{|X_1 - \overline{X}| + |X_2 - \overline{X}| + \cdots + |X_n - \overline{X}|}{n} = \frac{\sum\limits_{i=1}^{n} |X_i - \overline{X}|}{n} \tag{1-17}$$

式中 　δ——算术平均误差；
$X_1, X_2, \cdots, X_n$——各试验数据值；
　　　$\overline{X}$——算术平均值；
　　　n——试验数据的个数。

(3) 标准差　标准差（均方根差）是衡量波动性即离散性大小的指标。

$$S = \sqrt{\frac{(X_1-\overline{X})^2+(X_2-\overline{X})^2+\cdots+(X_n-\overline{X})^2}{n-1}} = \sqrt{\frac{\sum_{i=1}^{n}(X_i-\overline{X})^2}{n-1}} \quad (1\text{-}18)$$

式中　　　　　S——标准差；

　$X_1,X_2,\cdots,X_n$——各试验数据值；

　　　　　　　$\overline{X}$——算术平均值；

　　　　　　　n——试验数据的个数。

3. 变异系数

标准差是表示绝对波动大小的指标，当测量较大量值时，绝对误差一般较大；当测量较小量值时，绝对误差一般较小。因此要考虑相对波动的大小，即用平均值的百分率来表示标准差，即变异系数。

$$C_v = \frac{S}{\overline{X}} \times 100\% \quad (1\text{-}19)$$

式中　C_v——变异系数；

　　　S——标准差；

　　　$\overline{X}$——算术平均值。

变异系数越大，则标准偏差的波动越大，说明数据偏离平均值的程度越大。变异系数能反映出标准偏差所表示不出来的数据波动情况。

4. 极差

极差是指一组测量值中最大值（X_{max}）与最小值（X_{min}）之差，表示误差的范围。

$$R = X_{max} - X_{min} \quad (1\text{-}20)$$

三、有效数字及其计算

测量的结果因所用单位不同而不同，但在某一单位（量具）下，表示该测量值的数值位数不应随意取位，而是要用有确定意义的表示法。

如用毫米尺测量一段工件长度，当介于 13mm 和 14mm 之间，其右端点超过 13mm 刻度线处，估计为 6/10 格，即工件的长度为 13.6mm。从获得结果看，前两位 13 是直接读出，称为可靠数字，而最末一位 0.6mm 则是从尺上最小刻度间估计出来的，称为可疑数字，尽管可疑，但还是有一定根据，是有意义的。

1. 有效数字的定义

由几位可靠数字加上一位可疑数字在内的读数，称为有效数字。

如上读数 13.6mm 共有三位有效数字，这里的第三位数"6"已是估计出来的，因此，用这种规格的尺子不可能测量到以毫米为单位小数点后第 2 位。

2. 有效位数的确定

（1）末位"0"和数字中间的"0"均为有效数字。如：16.10mm，10.7cm 有效位数分别为四位、三位。

（2）小数点前面出现的"0"和它之后紧接着的"0"都不是有效数字。如：0.55mm，0.045kg 中的"0"都不是有效数字。它们都是两位有效数字。

（3）科学计数法

计量单位的不同选择可改变量值的数值，但决不应改变数值的有效位。因此，在变换单位时，为了正确表达出有效位数，实验中常采用科学计数法（10 的幂次方）。如：1.30cm = 1.30×10^{-2}m = $1.30 \times 10^{4}\mu$m = 1.30×10^{-5}km。

3. 数字修约原则

数据修约规则规定：四舍六入五考虑，五后非零则进一，五后皆零视奇偶，五前为偶应舍去，五前为奇则进一。所有拟舍去的数字，若为两位以上的数字，不得连续进行多次（包括二次）修约，应根据保留数后边第一个数字的大小，按上述规定一次修约出结果。

【例 1-1】 将下列数据修约到只保留一位小数。

44.542   3.3739   87.8502   11.8500   55.7500

按照上述修约规则，修约后分别为：

44.5   3.4   87.9   11.8   55.8

【例 1-2】 将 21.4546 修约成整数。

修约后为：21；

错误的修约为：

一次修约   二次修约   三次修约   四次修约
21.455   21.46   21.5   22

【例 1-3】 将下列数值修约到四位有效数字。

0.425645   10.735000   26.09503   4221.48   150.75000

修约后为： 0.4256   10.74   26.10   4221   150.8

4. 0.5 单位修约

0.5 单位修约规则：将拟修约数值乘以 2，然后按上述规则修约至指定位数，再将所得数值除以 2。

【例 1-4】 将下列数值修约至个位数的 0.5 单位：

30.25   30.50   30.75

30.25→60.5→60→30.0

30.50→61.0→61→30.5

30.75→61.5→62→31.0

5. 数据处理

数据处理是指从试验中获得的数据得出结果的整个过程，包括记录、整理、计算、分析等处理方法。正确处理实验数据是实验能力的基本训练之一。根据不同的实验内容，不同的要求，可采用不同的数据处理方法。

(1) 列表法 采集数据后的第一项工作就是记录，为避免混乱及丢失数据，较容易地从排列的数据中发现个别有错误的数据。列表法是最好的方法。制作一份适当的表格，把试验数据一一对应地排列在表中，就是列表法。

(2) 作图法 作图法能够形象、直观、简便地显示出数据间相互关系以及函数的极值、拐点、突变或周期性等特征。在报告实验结果时，一条正确的曲线往往胜过百个文字的描述，它能使实验数据间的关系一目了然，所以只要有可能，实验结果就要用曲线表达出来。

(3) 逐差法 当两物理量成线性关系时，常用逐差法来计算因变量变化的平均值；当函数关系为多项式形式时，也可用逐差法来求多项式的系数。充分利用测量数据，更好的发挥了多次测量取平均值的效果。逐差法也称为环差法。

（4）最小二乘法和一元线性回归　从测量数据中寻求经验方程或提取参数，称为回归问题，是实验数据处理的重要内容。用作图法获得直线的斜率和截距就是回归问题的一种处理方法，但连线带有相当大的主观成分，结果会因人而异；用逐差法求多项式的系数也是一种回归方法，但它又受到自变量必须等间距变化的限制。

任务3　见证取样及送检的范围和程序

一、见证取样及送检的范围

建设工程质量的常规检查一般都采用抽样检查。正确的抽样方法应保证抽样的代表性和随机性。抽样的代表性是指保证抽取的子样应代表母体的质量状况，抽样的随机性是指保证抽取的子样应由随机因素决定而并非人为因素决定。样品的真实性和代表性直接影响到检测数据的准确和公正。如何保证抽样的代表性和随机性，有关的技术规范标准中都做出了明确的规定。

样品抽取后应将样品从施工现场送至有检测资格的工程质量检测单位进行检验，从抽取样品到送至检测单位检测的过程是工程质量检测管理工作中的第一步。为强化这个过程的监督管理，杜绝因试件弄虚作假而出现试件合格而工程实体质量不合格的现象，原建设部颁发的《建设工程质量检测管理办法》（建质〔2005〕141号）中也作了明确规定。在建设工程中实行见证取样和送样就是指在建设单位或工程监理单位人员的见证下，由施工单位的相关人员对工程中涉及结构安全的试块、试件和材料在施工现场取样并送至具有相应资质的检测机构进行检测。实践证明，对建设工程质量检测工作实行见证取样与送检制度是保证试件、试样具有真实性和代表性的重要途径。

下列试块、试件和材料必须实施见证取样和送检：
① 用于承重结构的混凝土试块；
② 用于承重墙体的砌筑砂浆砌块；
③ 用于承重结构的钢筋及连接接头试件；
④ 用于承重墙的砖和混凝土小型砌块；
⑤ 用于拌制混凝土和砌筑砂浆的水泥；
⑥ 用于承重结构的混凝土中使用的掺加剂；
⑦ 地下、屋面、厕浴间使用的防水材料；
⑧ 国家规定必须实行见证取样和送检的其他试块、试件和材料。

二、见证取样与送检的程序

（1）建设单位应向工程监督单位和检测单位递交"见证取样与送检人授权书"，授权书上应写明本工程现场委托的见证单位、取样单位、见证人姓名、取样人姓名及"见证员证"和"取样员证"编号，以便工程质量监督单位和工程质量检测单位核查核对（见证取样和送检人授权书）。

（2）见证员、取样员应持证上岗。

（3）施工单位取样人员在现场对涉及结构安全的试块、试件和材料进行现场取样时，见证人员必须在旁见证。

(4) 见证人员应采取有效的措施对试样进行监护，应和施工企业取样人员一起将试样送至检测单位或采取有效的封样措施送样。

(5) 检测单位在接受检测任务时，应由送检单位填写送检委托单，委托单上应有该工程见证人员和取样人员签字，否则，检测单位有权拒收。

(6) 检测单位应检查委托单及试样上的标识和封志，确认无误后方可进行检测。

(7) 检测单位应严格按照有关管理规定和技术标准进行检测，出具公正、真实、准确的检测报告，见证取样送检的检测报告必须加盖见证取样检测的专用章。

(8) 检测单位发现试样检测结果不合格时，应立即通知该工程的质量监督单位和见证单位，同时还应通知施工单位。

任务 4　技术标准及法定计量单位

一、建筑材料标准

我国绝大多数的建筑材料都制定有产品的技术标准，其主要内容包括产品规格、分类、技术要求、检测方法、验收规则、包装与标志、运输和贮存及抽样方法等。

建筑材料的技术标准分为国家标准、行业标准、地方标准和企业标准，分别由相应的标准化管理部门批准并颁布，中国国家质量技术监督局是国家标准化管理的最高机关。国家标准和行业标准都是全国通用的标准，是国家指令性技术文件，各级生产、设计、施工等部门均必须严格遵照执行。在世界范围内统一执行的标准为国际标准，其代号为"ISO"。各级标准有各自的部门代号（见表1-1），其表示方法由标准名称、标准代号、发布顺序号和发布年号四部分组成。

例如：《通用硅酸盐水泥》（GB 175—2007）

标准名称：通用硅酸盐水泥

标准代号：GB

发布顺序号：175

发布年号：2007 年

表 1-1　各级标准的相应代号

标 准 级 别	标准代号及名称
国际标准	ISO——国际标准
国家标准	GB——国家标准；GB/T——国家推荐标准
行业标准	JGJ——住房和城乡建设部建筑工程标准；JC——住房和城乡建设部建筑材料标准；JC/T——住房和城乡建设部建筑材料推荐标准
地方标准	DB——地方标准
企业标准	QB——企业标准

二、法定计量单位

国际单位制是在国际公制和米千克秒制基础上发展起来的。在国际单位制中，规定了 7 个基本单位和 2 个辅助单位，其他单位均由这些基本单位和辅助单位导出。

1. 国际单位制的基本单位（表1-2）

表1-2 国际单位制的基本单位

量的名称	单位名称	单位符号	定义
长度	米	m	米是光在真空中1/299792458s时间间隔内所经路程的长度
质量	千克	kg	千克是 6.02×10^{26} u。而把碳原子质量的十二分之一作为质量单位u
时间	秒	s	秒是铯—133原子基态的两个超精细能级之间跃迁所对应的辐射的9192631770个周期所持续的时间
电流	安［培］	A	在真空中截面积可忽略的两根相距1m的无限长平行圆直导线内通以等量恒定电流时，若导线间相互作用力在每米长度上为 2×10^{-7}N，则每根导线中的电流为1A
热力学温度	开［尔文］	K	开尔文是水三相点热力学温度的1/273.16
物质的量	摩［尔］	mol	摩尔是一系统的物质的量，该系统中所包含的基本单元数与0.012kg碳12的原子数目相等，基本单元是原子、分子、离子、电子及其他粒子，或是这些粒子的特定组合
发光强度	坎［德拉］	cd	坎德拉是光源发出频率为 540×10^{12} Hz 的单色辐射，且在此方向上的辐射强度为1/683瓦特每球面度

2. 国际单位制的辅助单位（表1-3）

表1-3 国际单位制的辅助单位

量的名称	单位名称	单位符号	定义
［平面］角	弧度	rad	圆内两条半径在圆周上截取的弧长等于半径时所夹圆心角为1rad
立体角	球面度	sr	顶点在球心的立体角在球面上截取的面积等于以球半径为边长的正方形面积时为1sr

3. 国际单位制中具有专门名称的导出单位（表1-4）

表1-4 国际单位制中具有专门名称的导出单位

量	单位名称	单位符号	用SI基本单位表示的表达式	
频率	赫	Hz	s^{-1}	
力	牛	N	$m \cdot kg \cdot s^{-2}$	
压强	帕	Pa	$m^{-1} \cdot kg \cdot s^{-2}$	
能、功	焦	J	$m^2 \cdot kg \cdot s^{-2}$	
功率	瓦	W	$m^2 \cdot kg \cdot s^{-3}$	
电荷量	库	C	$s \cdot A$	
电压	伏	V	$m^2 \cdot kg \cdot s^{-3} \cdot A^{-1}$	
电容	法	F	$m^{-2} \cdot kg^{-1} \cdot s^4 \cdot A^2$	
电阻	欧	Ω	$m^2 \cdot kg \cdot s^{-3} \cdot A^{-2}$	
电导	西［门子］	S	$m^{-2} \cdot kg^{-1} \cdot s^3 \cdot A^2$	
磁通量	韦	Wb	$m^2 \cdot kg \cdot s^{-2} \cdot A^{-1}$	$V \cdot s$
磁感应强度	特	T	$kg \cdot s^{-2} \cdot A^{-1}$	Wb/m^2
电感	亨	H	$m^2 \cdot kg \cdot s^{-2} \cdot A^{-2}$	Wb/A

续表

量	单位名称	单位符号	用SI基本单位表示的表达式	
摄氏温度	摄氏度	℃	K	
光通量	流[明]	lm	cd·sr	
光照度	勒[克斯]	lx	$m^{-2}·cd·sr$	
放射性活度	贝可[勒尔]	Bq	s^{-1}	
吸收剂量	戈[瑞]	Gy	$m^2·s^{-2}$	J/kg
剂量当量	希[沃特]	Sv	$m^2·s^{-2}$	J/kg

4. 国际单位制的十进倍数和分数单位的词冠（表1-5）

表 1-5 国际单位制的十进倍数和分数单位的词冠

所表示因数	名称	词冠符号	所表示因数	名称	词冠符号
10^{18}	exa（艾）	E	10^{-1}	deci（分）	d
10^{15}	peta（拍）	P	10^{-2}	centi（厘）	c
10^{12}	tera（太）	T	10^{-3}	milli（毫）	m
10^9	giga（吉）	G	10^{-6}	micro（微）	μ
10^6	mega（兆）	M	10^{-9}	nano（纳）	n
10^3	kilo（千）	k	10^{-12}	pico（皮）	p
10^2	hecto（百）	h	10^{-15}	femto（飞）	f
10^1	deca（十）	da	10^{-18}	atto（阿）	a

注：10^4称为万，10^8称为亿，10^{12}称为万亿，这类数词的使用不受词冠名称的影响。但不应与词冠混淆。

小　结

材料的基本性质包括物理性质和力学性质，物理性质介绍与质量有关的性质、与水有关的性质及与热有关的性质，力学性质介绍强度、弹性和塑性。

误差的种类有系统误差、偶然误差和过失误差；有效数字及修约方法，采用4舍6入5考虑的修约方法；见证取样及送检的范围和程序；建筑材料检测相关标准，国际单位制的基本单位和导出单位。

自　测　练　习

一、名词解释

（1）孔隙率（2）表观密度（3）材料密度（4）散粒材料的堆积密度（5）散粒材料的紧密密度（6）空隙率（7）材料的强度

二、填空题

1. 将下列数值修约至四位有效数字

① 0.53005（　　　）；② 1997.50　（　　　　　）；③ 0.00281155（　　　　）；
④ 2035619（　　　　）；⑤ 45.00508　（　　　　）。

2. 将下列数值修约至百位数的 0.5 单位
① 125.3（　　　）；② 172.5（　　　）；③ 5057.5（　　　）。
3. 法定计量单位制的基本单位中力的单位名称是（　　），单位符号是（　　）；
法定计量单位制的基本单位中质量的单位名称是（　　），单位符号是（　　）；
法定计量单位制的基本单位中时间的单位名称是（　　），单位符号是（　　）；
法定计量单位制中表示 10^3 的词头名称是（　　），符号是（　　）；
法定计量单位制中表示 10^{-6} 的词头名称是（　　），符号是（　　）。
4. 单位换算
$1.8×10^5$ MPa＝（　　　）N/mm²；0.00056m＝（　　　）mm；
55668Pa＝（　　　）kPa＝（　　　）MPa＝（　　　）mPa。
5. 写出下列标准代号的含义
① GB（　　　）；② GB/T（　　　）；③ GBJ（　　　）；
④ GB50×××（　　　）；⑤ JGJ（　　　）；⑥ JC（　　　）。

三、单项选择题

1. 烘干箱的温度应控制在（　　）。
A.（100±5）℃　　　B.（105±5）℃　　　C.（80±5）℃　　　D.（85±5）℃
2. 关于 0.06060km 测量结果，下面说法正确的是（　　）。
A. 前面两个"0"为有效数字　　　B. 中间的"0"和最后的"0"为有效数字
C. 最后的"0"为有效数字　　　D. 中间的"0"为有效数字
3. 20.4546 修约成整数为（　　）。
A. 21　　　B. 20　　　C. 19　　　D. 20.5
4. 国家推荐标准的代号为（　　）。
A. GB　　　B. GB/T　　　C. JC　　　D. JGJ

项目二　砂石技术指标检测

知识目标

1. 理解砂石的技术指标要求
2. 掌握砂石技术指标检测方法
3. 掌握检测结果评定方法

能力目标

1. 能根据建筑材料的性质合理地选择和使用建筑材料
2. 能根据砂石技术指标检测方法进行指标检测
3. 能够进行检测结果评定

任务1　砂石技术指标要求

一、粗细程度和颗粒级配

1. 砂的粗细程度

砂的粗细程度用细度模数来表示。按细度模数 μ_f 分为粗、中、细、特细四级，其细度模数分为：粗砂 μ_f 为 3.7～3.1；中砂 μ_f 为 3.0～2.3；细砂 μ_f 为 2.2～1.6；特细砂 μ_f 为 1.5～0.7。

细度模数描述砂的粗细，即总表面积的大小。在配制混凝土时，在相同用砂量条件下采用细砂则总表面积较大，而粗砂总表面积较小。砂的总表面积越大，则混凝土中需要包裹砂粒表面的水泥浆越多，当混凝土拌合物的和易性要求一定时，显然较粗的砂所需要的水泥浆量就比较细的砂要省。但砂过粗，易使混凝土拌合物产生离析、泌水等现象，影响混凝土和易性。所以，砂子的粗细程度应与颗粒级配同时考虑。

2. 砂的颗粒级配

颗粒级配是指砂中不同粒径颗粒搭配的比例情况。在砂中，砂粒之间的空隙由水泥浆填充，为达到节约水泥和提高混凝土强度的目的，应尽量降低砂粒之间的空隙。如图2-1所示，当砂的粒径相同时，空隙率最大；当采用两种不同粒径时，空隙率减小；当采用两种以上的不同粒径时，空隙率就更小。因此，要减少砂的空隙率，就必须采用大小不同的颗粒搭配，即是良好的颗粒级配砂。

砂筛应采用方孔筛。砂的公称粒径、砂筛筛孔的公称直径和方孔筛筛孔边长应符合表2-1的规定。

图 2-1 骨料的颗粒级配

表 2-1 砂的公称粒径、砂筛筛孔的公称直径和方孔筛筛孔边长尺寸 单位：mm

砂的公称粒径	砂筛筛孔的公称直径	方孔筛筛孔边长
5.00	**5.00**	**4.75**
2.50	2.50	2.36
1.25	1.25	1.18
0.630	**0.630**	**0.600**
0.315	0.315	0.300
0.160	0.160	0.150
0.080	0.080	0.075

除特细砂外，砂的颗粒级配可按公称直径 0.630mm 筛孔的累计筛余量（以质量百分率计，下同），分成三个级配区（见表 2-2），且砂的颗粒级配应处于表 2-2 中的某一区内。

砂的实际颗粒级配与表 2-2 中的累计筛余相比，除公称粒径为 5.00mm 和 0.630mm（表 2-2 斜体所表示数值）的累计筛余外，其余公称粒径的累计筛余可稍有超出分界线，但总超出量不应大于 5%。

当天然砂的实际颗粒级配不符合要求时，宜采用相应的技术措施，并经试验证明能确保混凝土质量后，方允许使用。

表 2-2 砂的颗粒级配区

累计筛余/% 筛孔尺寸/mm	Ⅰ区	Ⅱ区	Ⅲ区
5.00	10～0	10～0	10～0
2.50	35～5	25～0	15～0
1.25	65～35	50～10	25～0
0.630	85～71	70～41	40～16
0.315	95～80	92～70	85～55
0.160	100～90	100～90	100～90

配制混凝土时宜优先选用Ⅱ区砂。但采用Ⅰ区砂时，应提高砂率，并保持足够的水泥用量，满足混凝土的和易性；当采用Ⅲ区砂时，宜适当降低砂率；当采用特细砂时，应符合相应规定。

配制泵送混凝土时，宜选用中砂。

3. 碎石或卵石的颗粒级配

石筛应采用方孔筛。石的公称粒径、石筛筛孔的公称直径与方孔筛筛孔边长应符合表 2-3 的规定。

表 2-3　石筛筛孔的公称直径与方孔筛尺寸　　　　　　　　　　　单位：mm

石的公称粒径	石筛筛孔的公称直径	方孔筛筛孔边长
2.50	2.50	2.36
5.00	5.00	4.75
10.0	10.0	9.5
16.0	16.0	16.0
20.0	20.0	19.0
25.0	25.0	26.5
31.5	31.5	31.5
40.0	40.0	37.5
50.0	50.0	53.0
63.0	63.0	63.0
80.0	80.0	75.0
100.0	100.0	90.0

碎石或卵石的颗粒级配，应符合表 2-4 的要求。混凝土用石应采用连续粒级，单粒级宜用于组合成满足要求的连续粒级，也可与连续粒级混合使用，以改善其级配或配成较大粒度的连续粒级。

表 2-4　碎石或卵石的颗粒级配范围

级配情况	公称粒级/mm	累计筛余，按质量/%										
		方孔筛筛孔边长尺寸/mm										
		2.36	4.75	9.5	16.0	19.0	26.5	31.5	37.5	53	63	75	90
连续粒级	5～10	95～100	80～100	0～15	0	—	—	—	—	—	—	—	—
	5～16	95～100	85～100	30～60	0～10	0	—	—	—	—	—	—	—
	5～20	95～100	90～100	40～80	—	0～10	0	—	—	—	—	—	—
	5～25	95～100	90～100	—	30～70	—	0～5	0	—	—	—	—	—
	5～31.5	95～100	90～100	70～90	—	15～45	—	0～5	0	—	—	—	—
	5～40	—	95～100	70～90	—	30～65	—	—	0～5	0	—	—	—
单粒级	10～20	—	95～100	85～100	—	0～15	—	0	—	—	—	—	—
	16～31.5	—	95～100	—	85～100	—	—	0～10	0	—	—	—	—
	20～40	—	—	95～100	—	80～100	—	—	0～10	0	—	—	—
	31.5～63	—	—	—	95～100	—	—	75～100	45～75	—	0～10	0	—
	40～80	—	—	—	—	95～100	—	—	70～100	—	30～60	0～10	0

当卵石的颗粒级配不符合表 2-4 的要求时，应采取措施并经试验证实能确保工程质量后，方允许使用。

颗粒级配分为连续粒级和单粒级。连续粒级的公称粒径为 5～10mm、5～16mm、5～20mm、5～25mm、5～31.5mm、5～40mm，单粒级的公称粒径为 10～20mm、16～31.5mm、20～40mm、31.5～63mm、40～80mm。

最大粒径：公称粒级的上限为该粒级的最大粒径。粗骨料的最大粒径增大时，骨料总表面积减小，因此，包裹其表面所需的水泥浆量减少，可节约水泥，并且在一定和易性及水泥用量条件下，能减少用水量而提高混凝土强度。所以，在条件许可的情况下，最大粒径尽可能选得大一些。

二、有害物质的含量及坚固性

1. 有害物质的含量

（1）砂中云母、轻物质、有机物、硫化物及硫酸盐等有害物质，其含量应符号表 2-5 的规定。

表 2-5 砂中的有害物质

项 目	质 量 指 标
云母含量（按质量计，%）	≤2.0
轻物质含量（按质量计，%）	≤1.0
硫化物及硫酸盐含量（折算成 SO_3，按质量计，%）	≤1.0
有机物含量（用比色法试验）	颜色不应深于标准色，如深于标准色，则应按水泥胶砂强度试验方法，进行强度对比试验，抗压强度比不应低于 0.95

（2）砂中氯离子含量应符合下列规定：
1）对于钢筋混凝土用砂，其氯离子含量不得大于 0.06%（以干砂的质量百分率计）；
2）对于预应力混凝土用砂，其氯离子含量不得大于 0.02%（以干砂的质量百分率计）。
（3）海砂中贝壳含量应符合表 2-6 规定。

表 2-6 海砂中贝壳含量

混凝土强度等级	≥C40	C35～C30	C25～C15
贝壳含量（按质量计，%）	≤3	≤5	≤8

对有抗冻、抗渗或其他特殊要求的小于或等于 C25 混凝土用砂，其贝壳含量不应大于 5%。
（4）碎石或卵石中针、片状颗粒含量应符合表 2-7 的规定。

表 2-7 针、片状颗粒含量

混凝土强度等级	≥C60	C55～C30	≤C25
针、片状颗粒含量（按质量计，%）	≤8	≤15	≤25

（5）碎石或卵石中的有害物质含量。
碎石或卵石中的硫化物和硫酸盐含量以及卵石中有机物等有害物质含量，应符合表 2-8 的规定。

项目二 砂石技术指标检测

表 2-8 碎石或卵石中的有害物质含量

项 目	质 量 要 求
硫化物及硫酸盐含量（折算成 SO_3，按质量计，%）	≤1.0
卵石中有机物含量（用比色法试验）	颜色应不深于标准色。当颜色深于标准色时，应配置成混凝土进行强度对比试验，抗压强度比应不低于 0.95

当碎石或卵石中含有颗粒状硫酸盐或硫化物杂质时，应进行专门检验，确认能满足混凝土耐久性要求后，方可采用。

2. 坚固性

（1）砂的坚固性 砂的坚固性应采用硫酸钠溶液检验，试样经 5 次循环后其重量损失应符号表 2-9 的规定。

表 2-9 砂的坚固性

混凝土所处的环境条件及其性能要求	5 次循环后的重量损失/%
在严寒及寒冷地区室外使用并经常处于潮湿或干湿交替状态下的混凝土；对于有抗疲劳、耐磨、抗冲击要求的混凝土；有腐蚀介质作用或经常处于水位变化区的地下结构混凝土	≤8
其他条件下使用的混凝土	≤10

（2）碎石或卵石的坚固性 碎石或卵石的坚固性应采用硫酸钠溶液法检测，试样经 5 次循环后，其质量损失应符合表 2-10 的规定。

表 2-10 碎石或卵石的坚固性

混凝土所处的环境条件及其性能要求	5 次循环后的重量损失/%
在严寒及寒冷地区室外使用并经常处于潮湿或干湿交替状态下的混凝土；有腐蚀介质作用或经常处于水位变化区的地下结构或有抗疲劳、耐磨、抗冲击等要求的混凝土	≤8
其他条件下使用的混凝土	≤12

三、含泥量、泥块含量和石粉含量

1. 含泥量及泥块含量

（1）砂中含泥量、泥块含量应符合表 2-11 的规定。

表 2-11 砂中含泥量、泥块含量

混凝土强度等级	≥C60	C55～C30	≤C25
含泥量（按质量计，%）	≤2.0	≤3.0	≤50
泥块含量（按质量计，%）	≤0.5	≤1.0	≤2.0

对有抗冻、抗渗或其他特殊要求的小于或等于 C25 混凝土用砂，含泥量不大于 3.0%，泥块含量不大于 1.0%。

（2）碎石或卵石中含泥量、泥块含量应符合表 2-12 的规定。

表 2-12 碎石或卵石中含泥量、泥块含量

混凝土强度等级	≥C60	C55~C30	≤C25
含泥量（按质量计,%）	≤0.5	≤1.0	≤2.0
泥块含量（按质量计,%）	≤0.2	≤0.5	≤0.7

对有抗冻、抗渗或其他特殊要求的混凝土，其所用碎石或卵石的含泥量不应大于1.0%。如含泥基本上是非黏土质的石粉时，含泥量可由表 2-12 的 0.5%、1.0%、2.0% 分别提高到 1.0%、1.5%、3.0%。

对有抗冻、抗渗和其他特殊要求的强度等级小于 C30 的混凝土，其所用碎石或卵石的泥块含量应不大于 0.5%。

2. 石粉含量

人工砂或混合砂中石粉含量应符合表 2-13 的规定。

表 2-13 人工砂或混合砂中石粉含量

混凝土强度等级		≥C60	C55~C30	≤C25
石粉含量/%	MB<1.4（合格）	≤5.0	≤7.0	≤10.0
	MB≥1.4（不合格）	≤2.0	≤3.0	≤5.0

四、强度与碱活性

1. 强度

（1）砂的强度用压碎指标值表示。人工砂的总压碎指标值应小于 30%。

（2）碎石的强度可用岩石的抗压强度和压碎指标值表示。岩石的抗压强度应比所配制的混凝土强度至少高 20%。当混凝土强度等级大于或等于 C60 时，应进行岩石抗压强度检验。岩石强度首先应由生产单位提供，工程中可采用压碎指标值进行质量控制。碎石的压碎指标值应该符合表 2-14 规定。

表 2-14 碎石的压碎指标

岩石品种	混凝土强度等级	碎石压碎指标/%
沉积岩	C60~C40	≤10
	≤C35	≤16
变质岩或深成的火成岩	C60~C40	≤12
	≤C35	≤20
喷出的火成岩	C60~C40	≤13
	≤C35	≤30

注：沉积岩包括石灰岩、砂岩等；变质岩包括片麻岩、石英岩等；深成的火成岩包括花岗岩、正长岩、闪长岩和橄榄岩等；喷出的火成岩包括玄武岩和辉绿岩等。

（3）卵石的强度可用压碎指标值表示。其压碎指标值应符合表 2-15 的规定。

表 2-15 卵石的压碎指标值

混凝土强度等级	C60~C40	≤C35
压碎指标值	≤12	≤16

2. 碱活性

（1）砂的碱活性　对于长期处于潮湿环境的重要混凝土结构用砂，应采用砂浆棒（快速法）或砂浆长度法进行骨料的碱活性检验。经上述检验判断为有潜在危害时，应控制混凝土中碱含量不超过 $3kg/m^3$，或采用能抑制碱－骨料反应的有效措施。

（2）碎石或卵石的碱活性　对于长期处于潮湿环境的重要结构混凝土，其所使用的碎石或卵石应进行碱活性检验。

进行碱活性检验时，首先应采用岩相法检验碱活性骨料的品种、类型和数量。当检验出骨料中含有活性二氧化硅时，应采用快速砂浆棒法和砂浆长度法进行碱活性检验；当检验出骨料中含有活性碳酸盐时，应采用岩石柱法进行碱活性检验。

经上述检验，当判断骨料存在潜在碱－碳酸盐反应危害时，不宜用作混凝土骨料；否则，应通过专门的混凝土试验，做最后评定。

当判定骨料存在潜在碱－硅反应危害时，应控制混凝土中的碱含量不超过 $3kg/m^3$，或采用能抑制碱－骨料反应的有效措施。

任务2　砂石技术指标检测

使用单位应按砂或石的同产地同规格分批验收，应以 $400m^3$ 或 600t 为一验收批，不足上述量者，应按一验收批进行验收。每验收批砂石至少应进行颗粒级配、含泥量、泥块含量检验，对于碎石或卵石，还应检验针片状颗粒含量；对于海砂或有氯离子污染的砂，还应检验氯离子含量和贝壳含量；对于人工砂及混合砂，还应检验石粉含量。

一、砂石取料原则

1. 取样

（1）每验收批取样方法规定

1）从料堆上取样时，取样部位应均匀分布。取样前应先将取样部位表面铲除，然后由各部位抽取大致相等的砂 8 份，石子为 16 份，组成各自一组样品。

2）从皮带运输机上取样时，应在皮带运输机机尾的出料处用接料器定时抽取砂 4 份、石 8 份组成各自一组样品。

3）从火车、汽车、货船上取样时，应从不同部位和深度抽取大致相等的砂 8 份、石 16 份组成各自一组样品。

（2）除筛分析外，当其余检验项目存在不合格项时，应加倍取样进行复验。当复验仍有一项不满足标准要求时，应按不合格品处理。

注：如经观察，认为各节列车间（汽车、货船间）所载的砂、石质量相差甚为悬殊时，应对质量有怀疑的每节列车（汽车、货船）分别取样和验收。

（3）取样数量

1）对于每一单项检验项目，砂、石的每组样品取样数量应分别满足表 2-16 和表 2-17 的规定。当需要做多项检验时，可在确保样品经一项试验后不致影响其他试验结果的前提下，用同组样品进行多项不同的试验。

表 2-16 每一单项检验项目所需砂的最少取样质量

检验项目	最少取样质量/g
筛分析	4400
表观密度	2600
吸水率	4000
紧密密度和堆积密度	5000
含水率	1000
含泥量	4400
泥块含量	20000
石粉含量	1600
人工砂压碎值指标	分成公称粒级 5.00～2.50mm，2.50～1.25mm，1.25～0.630mm，0.630～0.315mm，0.315～0.160mm；每个粒级各需 1000g
有机物含量	2000
云母含量	600
轻物质含量	3200
坚固性	分成公称粒级 5.00～2.50mm，2.50～1.25mm，1.25～0.630mm，0.630～0.315mm，0.315～0.160mm；每个粒级各需 100g
硫化物及硫酸盐含量	50
氯离子含量	2000
贝壳含量	10000
碱活性	20000

表 2-17 每一单项检验项目所需碎石或卵石的最小取样质量　　　　　　单位：kg

试验项目	最大公称粒径/mm							
	10.0	16.0	20.0	25.0	31.5	40.0	63.0	80.0
筛分析	8	15	16	20	25	32	50	64
表观密度	8	8	8	8	12	16	24	24
含水率	2	2	2	2	3	3	4	6
吸水率	8	8	16	16	16	24	24	32
堆积密度和紧密密度	40	40	40	40	80	80	120	120
含泥量	8	8	24	24	40	40	80	80
泥块含量	8	8	24	24	40	40	80	80
针、片状含量	1.2	4	8	12	20	40	—	—
硫化物及硫酸盐	1.0							

注：有机物含量、坚固性、压碎值指标及碱—骨料反应检验，应按试验要求的粒级及质量取样。

2）每组样品应妥善包装，避免细料散失，防止污染，并附样品卡片，标明样品的编号、取样时间、代表数量、产地、样品量、要求检验项目及取样方式等。

2. 样品的缩分

除砂、碎石或卵石的含水率、堆积密度、紧密密度检验所需的试样可不经缩分，拌匀后直接进行试验外，其余检验项目所需样品必须进行样品的缩分。

（1）砂的样品缩分方法　砂的样品缩分有两种方法，分别是分料器缩分法和人工四分法缩分。

1）分料器缩分法。将样品在潮湿状态下拌和均匀，然后将其通过分料器，留下两个接料斗中的一份，并将另一份再次通过分料器。重复上述过程，直至把样品缩分到试验所需量为止。

2）人工四分法。将样品置于平板上，在潮湿状态下拌和均匀，并堆成厚度约为20mm的"圆饼"状，然后沿互相垂直的两条直径把"圆饼"分成大致相等的四份，取其对角的两份重新拌匀，再堆成"圆饼"状。重复上述过程，直至把样品缩分后的材料量略多于进行试验所需量为止。

（2）碎石或卵石的缩分。碎石或卵石缩分时，应将样品置于平板上，在自然状态下拌和均匀，并堆成锥体，然后沿互相垂直的两条直径把锥体分成大致相等的四份，取其对角的两份重新拌匀，再堆成锥体。重复上述过程，直至把样品缩分成至试验所需量为止。

二、筛分析试验

1. 砂的筛分析试验

试验目的：通过试验测定砂各号筛上的筛余量，计算出各号筛的累计筛余百分率和砂的细度模数，评定砂的颗粒级配和粗细程度。

（1）仪器设备

1）试验筛：公称直径分别为10.0mm、5.00mm、2.50mm、1.25mm、0.630mm、0.315mm、0.160mm的方孔筛各一只，以及筛的底盘和盖各一只，筛框直径为300mm或200mm，其产品质量要求应符合现行的国家标准《金属丝编织网试验筛》（GB/T 600）3.1和《金属穿孔板试验筛》（GB/T 600）3.2的规定。

2）天平：称量1000g，感量1g。

3）摇筛机。

4）烘箱：能使温度控制在（105±5）℃。

5）浅盘和硬、软毛刷等。

（2）试样制备规定　用于筛分析的试样，颗粒粒径不应大于10mm。试验前应将试样通过10mm筛，并算出筛余百分率，然后称取每份不少于550g的试样两份，分别倒入两个浅盘中，在（105±5）℃的温度下烘干到恒重。冷却至室内温度备用。

恒重系指相邻两次称量间隔时间不大于3h的情况下，其前后两次称量之差不大于该项试验所要求的称量精度。

（3）试验步骤

1）称取烘干试样500g（特细砂可称250g），将试样倒入按筛孔大小（大孔在上、小孔在下）从上到下组合的套筛（附筛底）上，将套筛装入摇筛机内固紧，筛分时间为10min

左右，然后取出套筛，再按筛孔大小顺序，在清洁的浅盘上逐个进行手筛，直至每分钟的筛出量不超过试样总量的 0.1% 时为止。通过的颗粒并入下一个筛，并和下一个筛中试样一起过筛，按这样顺序进行，直至每个筛全部筛完为止。

注：1. 当试样含泥量超过 5% 时，应先将试样水洗，然后烘干至恒重，再进行筛分。

2. 无摇筛机时，可改用手筛。

2) 称出各筛的筛余量，试样在各号筛上的筛余量均不得超过下式计算的量

$$m_r = \frac{A\sqrt{d}}{300} \tag{2-1}$$

式中 m_r——某一个筛上的剩余量，g；

d——筛孔尺寸，mm；

A——筛的面积，mm^2。

超过时应将筛余试样分成两份，再次进行筛分，并以其筛余量之和作为筛余量。

3) 称取各筛筛余试样的重量（精确至 1g），所有各筛的分计筛余量和底盘中剩余量的总和与筛分前的试样总量相比，相差不得超过 1%。

(4) 试验结果计算步骤

1) 计算分计筛余百分率：各筛号的筛余量与试样总量之比的百分率，精确至 0.1%。

2) 计算累计筛余百分率：该号筛上的分计筛余百分率加上该号筛以上各筛余百分率之总和，精确至 0.1%。

3) 计算平均累计筛余百分率：根据各筛两次试验结果计算筛余的平均值，评定该试样的颗粒级配分布情况，精确至 1%。

4) 砂的细度模数 μ_f 按下式计算（精确至 0.01）

$$\mu_f = \frac{(\beta_2 + \beta_3 + \beta_4 + \beta_5 + \beta_6) - 5\beta_1}{100 - \beta_1} \tag{2-2}$$

式中，β_1、β_2、β_3、β_4、β_5、β_6 分别为 5.00、2.50、1.25、0.630、0.315、0.160mm 各筛上的累计筛余百分率。

5) 计算平均细度模数，精确至 0.1。

筛分析计算步骤如表 2-18，试样的总质量为 $m_总$。

表 2-18 筛分析试验步骤

筛子尺寸/mm	分计筛余		累计筛余/%
	筛余量/g	分计筛余/%	
5.00	m_1	$a_1 = m_1/m_总 \times 100\%$	$\beta_1 = a_1$
2.50	m_2	$a_2 = m_2/m_总 \times 100\%$	$\beta_2 = a_1 + a_2$
1.25	m_3	$a_3 = m_3/m_总 \times 100\%$	$\beta_3 = a_1 + a_2 + a_3$
0.630	m_4	$a_4 = m_4/m_总 \times 100\%$	$\beta_4 = a_1 + a_2 + a_3 + a_4$
0.315	m_5	$a_5 = m_5/m_总 \times 100\%$	$\beta_5 = a_1 + a_2 + a_3 + a_4 + a_5$
0.160	m_6	$a_6 = m_6/m_总 \times 100\%$	$\beta_6 = a_1 + a_2 + a_3 + a_4 + a_5 + a_6$
0.160 以下	备注：计算试验后筛余量的总和与试验前筛余量的总和相比，相差不得超过 1%，符合要求后方可计算		

(5) 结果评定 筛分析应采用两个试样平行试验。细度模数以两次试验结果的算术平均值为测定值（精确至 0.1）。如两次试验所得的细度模数之差大于 0.20 时，应重新取试样进行试验。

【例 2-1】 一组 500g 河砂试样筛分结果如表 2-19 所示，试计算该砂的分计筛余百分数、累计筛余百分数，假定另一组平行试验结果与本次试验相同，试计算该砂的细度模数，并判定属粗砂、中砂或细砂。（分计筛余、累计筛余可直接填在表格中，细度模数要写出计算公式并计算）。

表 2-19 某 500g 烘干河砂的筛分结果

筛孔尺寸/mm	分计筛余量/g	分计筛余/%	累计筛余/%
4.75	23	**4.6**	**4.6**
2.36	38	**7.6**	**12.2**
1.18	52	**10.4**	**22.6**
0.600	202	**40.4**	**63.0**
0.300	100	**20.0**	**83.0**
0.150	78	**15.6**	**98.6**
筛底	7	**1.4**	**100.0**

解：1) 计算试验后筛余量的总和与试验前筛余量的总和相比，相差不得超过 1%。

试验前的筛余量总和：500g

试验后的筛余量总和：23+38+52+202+100+78+7=500g，符合要求，因此可以计算填表。

2) 计算分计筛余百分率

$$\text{分计筛余百分率} = \frac{\text{各筛号的筛余量}}{\text{试样总量}} \times 100\%$$

如：套筛 4.75mm 的分计筛余百分率为 23÷500×100%=4.6%，依次计算填入表 2-19 中的分计筛余栏里。

3) 计算各筛的累计筛余百分率。

各筛的累计筛余百分率＝该号筛上的分计筛余百分率＋该号筛以上各筛余百分率

如：套筛 1.18mm 的累计筛余百分率为 4.6+7.6+10.4=22.6，依次计算填入表 2-19 中的累计筛余栏里。

4) 按 0.600mm 筛孔的累计筛余 63.0%，属Ⅱ区砂。

分计筛余百分率及累计筛余百分率，计算结果见表 2-19 黑体字部分。

5) 计算细度模数

$$\mu_{f1} = \frac{(\beta_2+\beta_3+\beta_4+\beta_5+\beta_6)-5\beta_1}{100-\beta_1} = \frac{(12.2+22.6+63.0+83.0+98.6)-5\times 4.6}{100-4.6} = 2.69$$

6) 计算平均细度模数

根据题意 $\mu_{f2}=2.69$

因此 $\mu_f = \dfrac{\mu_{f1}+\mu_{f2}}{2} = \dfrac{2.69+2.69}{2} = 2.69 \approx 2.7$

7) 判定

因为 2.7 在 3.0~2.3 之间，所以此砂为中砂。

2. 碎石或卵石的筛分析试验

试验目的：通过试验测定石子各号筛上的筛余量，计算出各号筛累计筛余百分率，评定石子的颗粒级配。

(1) 仪器设备

1) 试验筛：孔径为 100mm、80.0mm、63.0mm、50.0mm、40.0mm、31.5mm、25.0mm、20.0mm、16.0mm、10.0mm、5.00mm 和 2.50mm 的圆孔筛，以及筛的底盘和盖各一只，其规格和质量要求应符合《金属穿孔板试验筛》(GB/T 6003.2—1997) 的规定（筛框内径均为 300mm）。

2) 天平或秤：天平的称量 5kg，感量 5g；秤的称量 20kg，感量 20g。

3) 烘箱：能使温度控制在 (105±5)℃。

4) 浅盘。

(2) 试样制备规定　试验前，用四分法将样品缩分至略重于表 2-20 所规定的试样所需量，烘干或风干后备用。

(3) 试验步骤

1) 按表 2-20 规定称取试样。

表 2-20　筛分析所需试样的最小质量

最大公称粒径/mm	10.0	16.0	20.0	25.0	31.5	40.0	63.0	80.0
试样质量不少于/kg	2.0	3.2	4.0	5.0	6.3	8.0	12.6	16.0

2) 将试样按筛孔大小顺序过筛，当每号筛上筛余层的厚度大于试样的最大粒径值时，应将该号筛上的筛余分成两份，再次进行筛分，直至各筛每分钟的通过量不超过试样总量的 0.1%。

注：当筛余颗粒的粒径大于 20mm 时，在筛分过程中，允许用手指拨动颗粒。

3) 称取各筛筛余的质量，精确至试样总重的 0.1%。在筛上的所有分计筛余量和筛底剩余的总和与筛分前测定的试样总重相比，相差不得超过 1%。

(4) 结果计算与评定

1) 由各筛上的筛余量除以试样总重计算得出该号筛的分计筛余百分率（精确至 0.1%）。

2) 每号筛计算得出的分计筛余百分率与大于该号筛各筛的分计筛余百分率相加，计算得出其累计筛余百分率（精确至 1%）。

3) 根据各筛的累计筛余百分率，评定该试样的颗粒级配。

三、含泥量、泥块含量和石粉含量试验

(一) 砂中含泥量试验

砂中含泥量的试验方法有两种，分别是标准法和虹吸管法。

1. 砂子的含泥量试验（标准法）

本方法适用于测定粗砂、中砂和细砂的含泥量，特细砂中含泥量测定方法见虹吸管法。

试验目的：通过试验测定砂的含泥量，评定砂是否达到技术要求，能否用于指定工程中。

定义：含泥量是指砂中粒径小于 0.080mm 的颗粒的含量。
1）仪器设备
① 天平：称量 1000g，感量 1g；
② 烘箱：能使温度控制在（105±5)℃；
③ 筛：孔径为 0.080mm 及 1.25mm 的方孔筛各一个；
④ 洗砂用的容器及烘干用的浅盘等。

2）试样制备规定　将样品在潮湿状态下缩分至约 1100g，置于温度为（105±5)℃的烘箱中烘干至恒重，冷却至室温后，立即称取各为 400g（m_0）的试样两份备用。

3）试验步骤
① 取烘干的试样一份置于容器中，并注入饮用水，使水面高出砂面约 150mm 充分拌混均匀后浸泡 2h，然后用手在水中淘洗试样，使尘屑、淤泥和黏土与砂粒分离，并使之悬浮或溶于水中。缓缓地将浑浊液倒入 1.25mm 及 0.080mm 的套筛（1.25mm 筛放置上面）上，滤去小于 0.080mm 的颗粒。试验前筛子的两面应先用水润湿，在整个试验过程中应注意避免砂粒丢失。

② 再次加水于筒中，重复上述过程，直到筒内洗出的水清澈为止。

③ 用水冲洗剩留在筛上的细粒。并将 0.080mm 筛放在水中来回摇动，以充分洗除小于 0.080mm 的颗粒。然后将两只筛上剩留的颗粒和筒中已经洗净的试样一并装入浅盘，置于温度为（105±5)℃的烘箱中烘干至恒重，取出来冷却至室温后，称试样的质量（m_1）。

4）计算公式　砂的含泥量 w_c（％）应按下式计算（精确至 0.1％)：

$$w_c = \frac{m_0 - m_1}{m_0} \times 100(\%) \tag{2-3}$$

式中　m_0——试验前的烘干试样质量，g；
　　　m_1——试验后的烘干试样质量，g。

以两个试样试验结果的算术平均值作为测定值。两个结果的差值超过 0.5％时，应重新取样进行试验。

2. 砂子的含泥量试验（虹吸管法）

本方法适用于测定砂中含泥量。

试验目的：通过试验测定砂的含泥量，评定砂是否达到技术要求，能否用于指定工程中。

1）仪器设备
① 虹吸管：玻璃管的直径不大于 5mm，后接胶皮弯管；
② 玻璃容器或其他容器：高度不应小于 300mm，直径不小于 200mm；
③ 其他设备应符合"标准法"中仪器设备的规定。

2）试样制备规定　试样的制备规定同"标准法"。

3）试验步骤
① 称取烘干的试样 500g（m_0），置于容器中，并注入饮用水，使水面高出砂面约 150mm，浸泡 2h，浸泡过程中每隔一段时间搅拌一次，确保屑、淤泥和黏土与砂分离。

② 用搅拌棒均匀搅拌 1min（但方向旋转），以适当宽度和高度的闸板闸水，使水停止旋转。经 20~25s 后取出闸板，然后，从上到下用虹吸管细心地将浑浊液吸出，虹吸管口的

最低位置应距离砂面不小于 30mm。

③ 再倒入清水,重复上述过程,直到吸出的水与清水的颜色基本一致为止。

④ 最后将容器中的清水吸出,把洗净的试样倒入浅盘并在(105±5)℃的烘箱中烘干至恒重,取出,冷却至室温后称砂质量(m_1)。

4)计算公式　砂的含泥量 w_c(%)应按下式计算(精确至 0.1%):

$$w_c = \frac{m_0 - m_1}{m_0} \times 100(\%) \tag{2-4}$$

式中　m_0——试验前的烘干试样质量,g;

m_1——试验后的烘干试样质量,g。

以两个试样试验结果的算术平均值作为测定值。两个结果的差值超过 0.5%时,应重新取样进行试验。

(二)碎石或卵石中含泥量试验

试验目的:通过测定石子中含泥量,评定石子是否达到技术要求,能否用于指定工程中。

定义:粒径小于 0.080mm 的颗粒的含量称为含泥量。

1. 仪器设备

1)秤:称量 20kg,感量 20g;

2)烘箱:能使温度控制在(105±5)℃;

3)试验筛:孔径为 1.25mm 及 0.080mm 方孔筛各一只;

4)容器:容积约 10L 的瓷盘或金属盒;

5)浅盘。

2. 试样制备规定

试验前,将试样缩分为表 2-21 所规定的量,并置于温度为(105±5)℃的烘箱内烘干至恒重,冷却至室温后分成两份备用。

表 2-21　含泥量试验所需的试样最小质量

最大粒径/mm	10.0	16.0	20.0	25.0	31.5	40.0	63.0	80.0
试样最小质量/kg	2	2	6	6	10	10	20	20

3. 试验步骤

1)称取试样一份(m_0)装入容器中摊平,并注入饮用水,使水面高出石子表面 150mm;用手在水中淘洗颗粒,使尘屑、淤泥和黏土与较低粗颗粒分离,并使之悬浮或溶解于水。缓缓地将浑浊液倒入 1.25mm 及 0.080mm 的套筛上,滤去小于 0.080mm 的颗粒。试验前筛子的两面应先用水湿润。在整个试验过程中应注意避免大于 0.080mm 的颗粒丢失。

2)再次加水于容器中,重复上述过程,直至洗出的水清澈为止。

3)用水冲洗剩留在筛上的细粒,并将 0.080mm 筛放在水中(使水面略高出筛内颗粒)来回摇动,以充分洗除小于 0.080mm 的颗粒。然后,将两只筛上剩留的颗粒和筒中洗净的试样一并装入浅盘,置于温度为(105±5)℃的烘箱中烘干至恒重。取出冷却至室温后,称取试样的质量(m_1)。

4. 结果计算与评定

含泥量 w_c(%)应按下式计算(精确至 0.1%):

$$w_c = \frac{m_0 - m_1}{m_0} \times 100(\%) \tag{2-5}$$

式中 m_0——试验前烘干试样的质量，g；

m_1——试验后烘干试样的质量，g。

以两个试样试验结果的算术平均值作为测定值。如果两次结果的差值超过 0.2%，应重新取样进行试验。

（三）砂中泥块含量试验

试验目的：通过测定砂中泥块含量，评定砂是否达到技术要求，能否用于指定工程中。

定义：泥块含量即砂中粒径大于 1.250mm，经水洗、手捏后变成小于 0.630mm 颗粒的含量。

1. 仪器设备

1）天平：称量 1000g，感量 1g；称量 5000g，感量 5g。

2）烘箱：温度控制在（105±5）℃。

3）试验筛：孔径为 0.630mm 及 1.25mm 的方孔筛各一个。

4）洗砂用的容器及烘干用的浅盘等。

2. 试样制备规定

将样品在潮湿状态下缩分至约 5000g，置于温度为（105±5）℃的烘箱中烘干至恒重，冷却至室温后，用 1.25mm 筛筛分，取筛上的砂不少于 400g 分为两份备用，特细砂按实际筛分量。

3. 试验步骤

1）称取试样 200g（m_1）置于容器中，并注入饮用水，使水面高出砂面约 150mm。充分拌混均匀后，浸泡 24h，然后用手在水中捏碎泥块，再把试样放在 0.630mm 的筛上，用水淘洗，直至水清澈为止。

2）保留下来的试样应小心地从筛里取出，装入浅盘后，置于温度为（105±5）℃的烘箱中烘干至恒重，冷却后称重（m_2）。

4. 计算公式

砂中泥块含量 $w_{c,L}$（%）应按下式计算（精确至 0.1%）：

$$w_{c,L} = \frac{m_1 - m_2}{m_1} \times 100(\%) \tag{2-6}$$

式中 m_1——试验前的干燥试样质量，g；

m_2——试验后的干燥试样质量，g。

取两个试样试验结果的算术平均值作为测定值。

（四）碎石或卵石中泥块含量试验

试验目的：通过测定石子中泥块含量，评定石子是否达到技术要求，能否用于指定工程中。

定义：粒径大于 5mm，经水洗、手捏后变成小于 2.5mm 颗粒的含量，称为泥块含量。

1. 仪器设备

1）秤：称量 20kg、感量 20g；

2）试验筛：孔径 2.50mm 及 5.00mm 的方孔筛各一个；

3) 水桶及浅盘等；

4) 烘箱：温度控制在 (105±5)℃。

2. 试样制备规定

试验前，将样品缩分至略大于表 2-21 所示的量，缩分应注意防止所含黏土块被压碎，缩分后的试样在 (105±5)℃烘箱内烘至恒重，冷却至室温后分成两份备用。

3. 试验步骤

1) 筛去 5mm 以下颗粒，称重 (m_1)。

2) 将试样在容器中摊平，加入饮用水使水面高出试样表面，24h 后把水放出，用手碾压泥块，然后把试样放在 2.5mm 的方孔筛上摇动，直至洗出的水清澈为止。

3) 将筛上的试样小心地从筛里取出，置于温度为 (105±5)℃烘箱中烘干至恒重，取出冷却至室温后称重 (m_2)。

4. 结果计算与评定

泥块含量 $w_{c,L}$（%）应按下式计算（精确至 0.1%）：

$$w_{c,L} = \frac{m_1 - m_2}{m_1} \times 100(\%) \tag{2-7}$$

式中 m_1——5.00mm 筛筛余量，g；

m_2——试验后烘干试样的质量，g。

以两个试样试验结果的算术平均值作为测定值。

（五）砂子的石粉含量试验

人工砂及混合砂中石粉含量试验法又称为亚甲蓝法。此方法适用于测定人工砂和混合砂中石粉的含量。

试验目的：通过测定砂中石粉含量，评定砂是否达到技术要求，能否用于指定工程中。

定义：石粉含量即人工砂中公称粒径小于 0.080mm，且其矿物组成和化学成分与被加工母岩相同的颗粒的含量。

1. 仪器设备

1) 天平：称量 1000g，感量 1g；称量 100g，感量 0.01g；

2) 烘箱：温度控制在 (105±5)℃；

3) 试验筛：孔径为 0.080mm 及 1.25mm 的方孔筛各一个；

4) 容器：要求淘洗试样时，保持试样不溅出（深度大于 250mm）；

5) 移液管：5mL、2mL 移液管各一个；

6) 三片或四片叶轮搅拌器：转速最高可达 (600±60) r/min，直径 (75±10) mm；

7) 定时装置：精度 1s；

8) 玻璃容量瓶：容量 1L；

9) 温度计：精度 1℃；

10) 玻璃棒：2 支，直径 8mm，长 300mm；

11) 滤纸：快速；

12) 搪瓷盘、毛刷、容量为 1000mL 的烧杯等。

2. 试样制备规定

1) 亚甲蓝溶液的配制　将亚甲蓝（$C_{16}H_{18}ClN_3S \cdot 3H_2O$）粉末在 (105±5)℃下烘干

至恒重，称取烘干亚甲蓝粉末 10g，精确至 0.01g，倒入盛有约 600mL 蒸馏水（水温加热至 35～40℃）的烧杯中，用玻璃棒持续搅拌 40min，直至亚甲蓝粉末完全溶解，冷却至 20℃。将溶液倒入 1L 容量瓶中，用蒸馏水淋洗烧杯等，使所有亚甲蓝溶液全部移入容量瓶，容量瓶和溶液的温度应保持在（20±1）℃，加蒸馏水至容量瓶 1L 刻度。振荡容量瓶以保证亚甲蓝粉末完全溶解。将容量瓶中溶液移入深色储藏瓶中，标明制备日期、失效日期（亚甲蓝溶液保质期应不超过 28d），并置于阴暗处保存。

2）将样品缩分至 400g，放在烘箱中于（105±5）℃下烘干至恒重，待冷却至室温后，筛除大于公称直径 5.0mm 的颗粒备用。

3. 试验步骤

1）一般方法

① 称取试样 200g，精确至 1g。将试样倒入盛有（500±5）mL 蒸馏水的烧杯中，用叶轮搅拌机以（600±60）r/min 转速搅拌 5min，形成悬浮液，然后以（400±40）r/min 转速持续搅拌，直至实验结束。

② 悬浮液中加入 5mL 亚甲蓝溶液，以（400±40）r/min 转速搅拌至少 1min 后，用玻璃棒蘸取一滴悬浮液（所取悬浮液滴应使沉淀物直径在 8～12mm 内），滴于滤纸（置于空烧杯或其他合适的支撑物上，以使滤纸表面不与任何固体或液体接触）上。若沉淀物周围未出现色晕，再加入 5mL 亚甲蓝溶液，继续搅拌 1min，再用玻璃棒蘸取一滴悬浮液，滴于滤纸上，若沉淀物周围仍未出现色晕，重复上述步骤，直至沉淀物周围出现约 1mm 宽的稳定浅蓝色色晕。此时，应继续搅拌，不加亚甲蓝溶液，每 1min 进行一次蘸染试验。若色晕在 4min 内消失，再加入 5mL 亚甲蓝溶液；若色晕在第 5min 消失，再加入 2mL 亚甲蓝溶液。两种情况下，均应继续进行搅拌和蘸染试验，直至色晕可持续 5min。

③ 记录色晕持续 5min 时所加入的亚甲蓝溶液总体积，精确至 1mL。

④ 亚甲蓝 MB 值按下式计算：

$$MB = \frac{V}{G} \times 10 \tag{2-8}$$

式中　MB——亚甲蓝值，g/kg，表示每千克 0～2.36mm 粒级试样所消耗的亚甲蓝克数，精确至 0.01；

　　　V——所加入的亚甲蓝溶液的总量，mL；

　　　G——试样质量，g。

注：公式中的系数 10 用于将每千克试样消耗的亚甲蓝溶液体积换算成亚甲蓝质量。

⑤ 亚甲蓝试验结果评定应符合下列规定：

当 $MB < 1.4$ 时，则判断是以石粉为主；当 $MB \geq 1.4$ 时，则判定为以泥粉为主的石粉。

2）亚甲蓝快速试验应按下述方法进行

① 称取试样 200g，精确至 1g。将试样倒入盛有（500±5）mL 蒸馏水的烧杯中，用叶轮搅拌机以（600±60）r/min 转速搅拌 5min，形成悬浮液，然后以（400±40）r/min 转速持续搅拌，直至实验结束。

② 一次性向烧杯中加入 30mL 亚甲蓝溶液，以（400±40）r/min 转速持续搅拌 8min，然后用玻璃棒蘸取一滴悬浊液，滴于滤纸上，观察沉淀物周围是否出现明显色晕，出现色晕

的为合格，否则为不合格。

③ 人工砂及混合砂中的含泥量或石粉含量试验步骤及计算按"砂中含泥量试验的标准法"的规定进行。

四、表观密度、堆积密度试验

1. 砂的表观密度试验

试验目的：通过试验测定砂的表观密度，计算砂的表观体积，为计算砂的空隙率提供依据。

定义：表观密度指集料颗粒单位体积（包括内封闭孔隙）的质量。

砂的表观密度试验有两种方法，分别是标准法和简易法。

(1) 方法一：标准法

1) 仪器设备

① 天平：称量1000g，感量1g；

② 容量瓶：容量500mL；

③ 干燥器、浅盘、铝制料勺、温度计等；

④ 烘箱：能使温度控制在（105±5）℃。

2) 试样制备规定　将样品在潮湿状态下缩分至不少于650g的样品装入浅盘，在（105±5）℃的烘箱中烘干至恒重，并在干燥器中冷却至室温。

3) 试验步骤

① 称取烘干试样300g（m_0），装入盛有半瓶冷开水的容量瓶中。

② 摇转容量瓶，使试样在水中充分搅动以排除气泡，塞紧瓶塞，静置24h；然后用滴管加水至瓶颈刻度线平齐，再塞紧瓶塞，擦干容量瓶外壁的水分，称其质量（m_1）。

③ 倒出容量瓶中的水和试样，将瓶的内外壁洗净，再向瓶内加入上一步骤中水温相差不超过2℃的冷开水至瓶颈刻度线。塞紧瓶塞，擦干容量瓶外壁水分，称质量（m_2）。

注：在砂的表观密度实验过程中应测量并控制水的温度，试验的各项称量可在15~25℃的温度范围内进行。从试样加水静置的最后2h起，直至试验结束，其温度相差不应超过2℃。

4) 计算公式　表观密度 ρ（kg/m³）应按下式计算（精确至10 kg/m³）

$$\rho = \left(\frac{m_0}{m_0 + m_2 - m_1} - \alpha_t\right) \times 1000 \tag{2-9}$$

式中　m_0——试样的烘干质量，g；

　　　m_1——试样、水及容量瓶总质量，g；

　　　m_2——水及容量瓶总质量，g；

　　　α_t——考虑称量时的水温对水相对密度影响的修正系数（见表2-22）。

表2-22　不同水温下砂的表观密度温度修正系数

水温/℃	15	16	17	18	19	20	21	22	23	24	25
α_t	0.002	0.003	0.003	0.004	0.004	0.005	0.005	0.006	0.006	0.007	0.008

以两次试验结果的算术平均值作为测定值，如两次结果之差大于20kg/m³时，应重新取样进行试验。

(2) 方法二：简易法

1) 仪器设备

① 天平：称量 1000g，感量 1g；

② 李氏瓶：容量 250mL；

③ 干燥器、浅盘、铝制料勺、温度计等；

④ 烘箱：能使温度控制在 (105±5)℃。

2) 试样制备规定 将样品在潮湿状态下缩分至不少于 120g，在 (105±5)℃的烘箱中烘干至恒重，并在干燥器中冷却至室温，分成大致相等的两份备用。

3) 试验步骤

① 向李氏瓶中注入冷开水至一定刻度处，擦干瓶颈内部附着水，记录水的体积 (V_1)。

② 称取烘干试样 50g (m_0)，徐徐装入盛水的李氏瓶中。

③ 试样全部入瓶中后，用瓶内的水将粘附在瓶颈和瓶壁的试样洗入水中，摇转李氏瓶以排除气泡，静置约 24h 后，记录瓶中水面升高后的体积 (V_2)。

注：表观密度试验过程中应把水的温度控制在 15～25℃的温度范围内，但两次体积测定（指 V_1 和 V_2）的温差不得大于 2℃。从试样加水静置的最后 2h 起，直至记录完瓶中水面升高时止，其温度相差不应超过 2℃。

4) 计算公式 表观密度 ρ (kg/m³) 应按下式计算（精确至 10 kg/m³）

$$\rho = \left(\frac{m_0}{V_2 - V_1} - \alpha_t\right) \times 1000 \tag{2-10}$$

式中 m_0——试样的烘干质量，g；

V_1——水的原有体积，mL；

V_2——倒入试样后水和试样的体积，mL；

α_t——考虑称量时的水温对水相对密度影响的修正系数（见表 2-22）。

以两次试验结果的算术平均值作为测定值，如两次结果之差大于 20kg/m³时，应重新取样进行试验。

2. 碎石或卵石的表观密度试验

碎石或卵石的表观密度试验同样有两种方法：标准法和简易法。

(1) 方法一：标准法

试验目的：通过试验测定石子的表观密度，计算石子的表观体积，为计算石子的空隙率提供依据。

1) 仪器设备

① 液体天平：称量 5kg，感量 5g，其型号及尺寸应能允许在臂上悬挂盛试样的吊篮，并在水中称重；

② 吊篮：直径和高度均为 150mm，由孔径为 1～2mm 的筛网或钻有 2～3mm 孔洞的耐锈蚀金属板制成；

③ 盛水容器：有溢流孔；

④ 烘箱：能使温度控制在 (105±5)℃；

⑤ 试验筛：孔径为 5.00mm 的方孔筛一只；

⑥ 温度计：0～100℃；

⑦ 带盖容器、浅盘、刷子和毛巾等。

2）试样制备规定　试验前，将样品筛去 5.00mm 以下的颗粒，并缩分至略大于两倍于表 2-23 所规定的数量，刷洗干净后分成两份备用。

3）试验步骤

① 按表 2-23 的规定称取试样。

② 取试样一份装入吊篮，并浸入盛水的容器中，水面至少高出试样 50mm。

③ 浸水 24h 后，移放到称量用的盛水容器中，并用上下升降吊篮的方法排除气泡（试样不得露出水面）。吊篮每升降一次约为 1s，升降高度为 30～50mm。

表 2-23　表观密度试验所需的试样最少质量

最大公称粒径/mm	10.0	16.0	20.0	31.5	40.0	63.0	80.0
试样最少质量/kg	2.0	2.0	2.0	3.0	4.0	6.0	6.0

④ 测定水温后（此时吊篮应全浸在水中），用天平称取吊篮及试样在水中的质量（m_2）。称量时盛水容器中水面的高度由容器的溢流孔控制。

⑤ 提起吊篮，将试样置于浅盘中，放入（105±5）℃的烘箱中烘干至恒重；取出来放在带盖的容器中冷却至室温后，称重（m_0）；

⑥ 称取吊篮在同样温度的水中质量（m_1），称量时盛水容器的水面高度仍应由溢流口控制。

注：试验的各项称重可以在 15～25℃的温度范围内进行，但从试样加水静置的最后 2h 起直至试验结束，其温度相差不应超过 2℃。

4）结果计算与评定　表观密度 ρ（kg/m³）应按下式计算（精确至 10kg/m³）：

$$\rho = \left(\frac{m_0}{m_0 + m_2 - m_1} - \alpha_t \right) \times 1000 \tag{2-11}$$

式中　m_0——试样的烘干质量，g；

m_1——吊篮在水中的质量，g；

m_2——吊篮及试样在水中的质量，g；

α_t——考虑称量时的水温对表观密度影响的修正系数，见表 2-24。

表 2-24　不同水温下碎石或卵石的表观密度温度修正系数

水温/℃	15	16	17	18	19	20	21	22	23	24	25
α_t	0.002	0.003	0.003	0.004	0.004	0.005	0.005	0.006	0.006	0.007	0.008

以两次试验结果的算术平均值作为测定值。如两次结果之差值大于 20 kg/m³ 时，应重新试验。对颗粒材质不均匀的试样，如两次试验结果之差超过规定时，可取四次测定结果的算术平均值作为测定值。

(2) 方法二：简易方法

本方法不宜用于最大粒径超过 40mm 的碎石或卵石。

1）仪器设备

① 烘箱：能使温度控制在（105±5）℃；

② 天平：称量20kg，感量20g；
③ 广口瓶：1000mL，磨口，并带玻璃片；
④ 试验筛：筛孔公称直径为5.00mm的方孔筛一只；
⑤ 毛巾、刷子等。

2) 试样制备规定　试验前，将样品筛去5.00mm以下的颗粒，缩分至略大于表2-23所规定的量的两倍。洗刷干净后，分成两份备用。

3) 试验步骤
① 按表2-23规定的数量称取试样。
② 将试样浸水饱和，然后装入广口瓶中。装试样时，广口瓶应倾斜放置，注入饮用水，用玻璃片覆盖瓶口，以上下左右摇晃的方法排除气泡。
③ 气泡排尽后，向瓶中添加饮用水直至水面凸出瓶口边缘。然后用玻璃片沿瓶口迅速滑行，使其紧贴瓶口水面。擦干瓶外水分后，称取试样、水、瓶和玻璃片总重（m_1）。
④ 将瓶中的试样倒入浅盘中，放在（105±5）℃的烘箱中烘干至恒重。取出，放在带盖的容器中冷却至室温后称重（m_0）。
⑤ 将瓶洗净，重新注入饮用水，用玻璃片紧贴瓶口水面，擦干瓶外水分后称重（m_2）。水温控制与标准方法相同。

注：在砂的表观密度实验过程中应测量并控制水的温度，试验的各项称量可在15~25℃的温度范围内进行。从试样加水静置的最后2h起，直至试验结束，其温度相差不应超过2℃。

4) 结果计算与评定　表观密度ρ（kg/m³）应按下式计算（精确至10 kg/m³）：

$$\rho = \left(\frac{m_0}{m_0 + m_2 - m_1} - \alpha_t\right) \times 1000 \qquad (2-12)$$

式中　m_0——烘干后试样质量，g；
　　　m_1——试样、水、瓶和玻璃片共重，g；
　　　m_2——水、瓶和玻璃片共重，g；
　　　α_t——考虑称量时的水温对表观密度影响的修正系数，见表2-24。

以两次试验结果的算术平均值作为测定值，两次结果之差应小于20kg/m³，否则重新取样进行试验。对颗粒材质不均匀的试样，如两次试验结果之差值超过20kg/m³，可取四次测定结果的算术平均值作为测定值。

3. 砂的堆积密度和紧密密度试验

试验目的：通过试验测定砂的堆积密度，为估算松散砂子的堆积体积及质量，计算砂的空隙率提供依据。

定义：集料在自然堆积状态下单位体积的质量称为堆积密度。
按规定方法填实后单位体积的质量称为紧密密度。

(1) 仪器设备
1) 秤：称量5kg，感量5g；
2) 容量筒：金属制、圆柱形，内径108mm，净高109mm，筒壁厚2mm，容积约为1L，筒底厚为5mm；
3) 漏斗（见图2-2）或铝制料勺；

4) 烘箱：能使温度控制在（105±5）℃；

5) 直尺、浅盘等。

(2) 试样制备规定 先用公称直径 5.00mm 的筛子过筛，然后取经缩分后的样品不少于 3L，装入浅盘，在温度为（105±5）℃烘箱中烘干至恒重，取出并冷却至室温，分成大致相等的两份备用。试样烘干后如有结块，应在试验前先予捏碎。

(3) 试验步骤

1) 堆积密度：取试样一份，用漏斗或铝制料勺，将它徐徐装入容量筒（漏斗口或料勺距容量筒筒口不应超过 50mm），直至试样装满并超出容量筒筒口。然后用直尺将多余的试样沿筒口中心线向两个相反方向刮平，称其质量（m_2）。

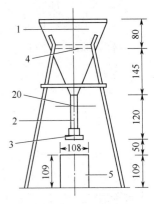

图 2-2 标准漏斗
1—漏斗；2—ϕ20mm；3—活动门；4—筛；5—金属量筒

2) 紧密密度：取试样一份，分两层装入容量筒。装完一层后，在筒底垫放一根直径为 10mm 的钢筋，将筒按住，左右交替颠击两边地面各 25 下，然后再装入第二层，第二层装满后用同样方法颠实（但筒底所垫钢筋的方向应与第一层放置方向垂直）；两层装完并颠实后，加料直至试样超出容量筒筒口，然后用直尺将多余的试样沿筒口中心线向两个相反方向刮平，称其质量（m_2）。

(4) 试验结果计算公式

1) 堆积密度 ρ_L（kg/m³）及紧密密度 ρ_c（kg/m³），按下式计算（精确至 10kg/m³）：

$$\rho_L(\rho_c) = \frac{m_2 - m_1}{V} \times 1000 \tag{2-13}$$

式中 m_1——容量筒的质量，kg；

m_2——容量筒和砂总重，kg；

V——容量筒容积，L。

以两次试验结果的算术平均值作为测定值。

2) 空隙率按下式计算（精确至 1%）：

$$v_L = \left(1 - \frac{\rho_L}{\rho}\right) \times 100\% \tag{2-14}$$

$$v_c = \left(1 - \frac{\rho_c}{\rho}\right) \times 100\% \tag{2-15}$$

式中 v_L——堆积密度的空隙率，%；

v_c——紧密密度的空隙率，%；

ρ_L——砂的堆积密度，kg/m³；

ρ——砂的表观密度，kg/m³；

ρ_c——砂的紧密密度，kg/m³。

(5) 容量筒容积的校正方法 以温度为（20±2）℃的饮用水装满容量筒，用玻璃板沿筒口滑移，使其紧贴水面。擦干筒外壁水分，然后称其质量。用下式计算筒的容积：

$$V = m'_2 - m'_1 \tag{2-16}$$

式中 V——容量筒容积，L；

m'_1——容量筒和玻璃板质量，kg；

m'_2——容量筒、玻璃板和水总质量，kg。

五、含水量试验

1. 砂的含水率试验

试验目的：通过试验测定砂的含水率，计算混凝土的施工配合比，确保混凝土配合比的准确。

定义：砂子在空气中吸收水分的性质，称为吸湿性。用含水率表示，即砂子所含水的质量与砂子干质量的百分比。

砂的含水率试验有两种方法，分别是标准法和快速法。对含泥量过大及有机杂质含量较多的砂不宜采用快速法。

(1) 仪器设备

1) 烘箱：能使温度控制在（105±5）℃；

2) 天平：称量1000g，感量1g；

3) 容器：如浅盘等；

4) 电炉（或火炉）；

5) 炒盘（铁制或铝制）；

6) 油灰铲、毛刷等。

(2) 试验步骤

1) 标准方法　从样品中取各重约500g的试样两份，分别放入已知质量的干燥容器（m_1）中称重，记下每盘试样与容器的总重（m_2），将容器连同试样放入温度为（105±5）℃的烘箱中烘干至恒重，称量烘干后的试样与容器的总重（m_3）。

2) 快速方法

① 向干净的炒盘中加入约500g试样，称取试样与砂盘的总重（m_2）。

② 置炒盘于电炉（或火炉）上，用小铲不断地翻拌试样，到试样表面全部干燥后，切断电源（或移出火外），再继续翻拌1min，稍冷却（以免损坏天平）后，称干样与炒盘的总重（m_3）。

(3) 计算公式　砂的含水率ω_{wc}（%）按下式计算（精确至0.1%）：

$$\omega_{wc} = \frac{m_2 - m_3}{m_3 - m_1} \times 100(\%) \tag{2-17}$$

式中　m_1——容器质量，g；

m_2——未烘干的试样与容器的总重，g；

m_3——烘干后的试样与容器的总重，g。

以两次试验结果的算术平均值作为测定值。各次试验前试样应予密封，以防水分散失。

2. 碎石或卵石的含水率试验

试验目的：通过试验测定石子的含水率，计算混凝土的施工配合比，确保混凝土配合比的准确。

定义：石子在空气中吸收水分的性质，称为吸湿性。用含水率表示，即石子所含水的质量与石子干质量的百分比。

(1) 仪器设备

1) 烘箱：能使温度控制在（105±5）℃；

2) 天平：称量 20kg，感量 20g；

3) 浅盘等。

(2) 试验步骤

1) 取质量约等于表 2-17 所要求的试样，分成两份备用。

2) 将试样置于干净的容器中，称取试样和容器的总重（m_1），并在（105±5）℃的烘箱中烘干至恒重。

3) 取出试样，冷却后称取试样与容器的总重（m_2）。

(3) 结果计算与评定　含水率 ω_{wc}（%）应按下式计算（精确至 0.1%）：

$$\omega_{wc} = \frac{m_1 - m_2}{m_2 - m_3} \times 100(\%) \tag{2-18}$$

式中　m_1——烘干前试样与容器总重，g；

m_2——烘干后试样与容器总重，g；

m_3——容器质量，g。

以两次试验结果的算术平均值作为测定值。

六、石子强度试验

1. 岩石的抗压强度试验

试验目的：测定岩石的抗压强度。

适用范围：适用于测定碎石的原始岩石在水饱和的状态下的抗压强度。

(1) 仪器设备

1) 压力试验机：荷载 1000 kN；

2) 石材切割机或钻石机；

3) 岩石磨光机；

4) 游标卡尺、角尺等。

(2) 试样制作规定　试验时，取有代表性的岩石样品用石材切割机切割成边长为 50mm 的立方体，或用钻石机钻取直径与高度均为 50mm 的圆柱体。然后用磨光机把试件与压力机压板接触的两个面磨光并保持平行，试件形状须用角尺检查。

至少应制作 6 个试块。对有显著层理的岩石，应取两组试件（12 块）分别测定其垂直和平行于层理的强度值。

(3) 试验步骤

1) 用游标卡尺量取试件的尺寸（精确至 0.1mm）。对于立方体试件，在顶面和底面上各量取其边长，以各个面上相互平行的两个边长的算术平均值作为宽或高，由此计算面积。对于圆柱体试件，在顶面和底面上各量取相互垂直的两个直径，以其算术平均值计算面积。取顶面和底面面积的算术平均值作为计算抗压强度所用的截面积。

2) 将试件置于水中浸泡 48h，水面应至少高出试件顶面 20mm。

3) 取出试件，擦干表面，放在压力机上进行强度试验。试验时加压速率应为每秒钟 0.5~1MPa。

(4) 结果计算　岩石的抗压强度 f（MPa）应按下式计算（精确至 1MPa）：

$$f = \frac{F}{A} \text{（MPa）} \tag{2-19}$$

式中　F——破坏荷载，N；
　　　A——试件的截面积，mm^2。

(5) 结果评定　取六个试件试验结果的算术平均值作为抗压强度测定值，如六个试件中的两个与其他四个试件抗压强度的算术平均值相差三倍以上时，则取试验结果相接近的四个试件的抗压强度算术平均值作为抗压强度测定值。

对具有显著层理的岩石，其抗压强度应为垂直于层理及平行于层理的抗压强度的平均值。

2. 碎石或卵石的压碎指标值试验

试验目的：测定石子的压碎指标值。

适用范围：适用于测定碎石或卵石抵抗压碎的能力，以间接地推测其相应的强度。

定义：碎石或卵石抵抗压碎的能力，称为压碎指标值。

(1) 仪器设备

1) 压力试验机：荷载 300kN；

2) 压碎指标值测定仪（图 2-3）；

3) 秤：称量 5kg，感量 5g；

4) 试验筛：筛孔公称直径为 10.0mm 和 20.0mm 的方孔筛各一只。

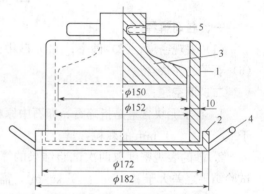

图 2-3　压碎指标值测定仪
1—圆筒；2—底盘；3—加压头；4—手把；5—把手

(2) 试样制备规定

1) 标准试样一律应采用 10.0～20.0mm 的颗粒，并在气干状态下进行试验。

2) 对多种岩石组成的卵石，如其粒径大于 20mm 颗粒的岩石矿物成分与 10～20mm 颗粒有显著差异时，对大于 20mm 的颗粒应经人工破碎后筛取 10～20mm 标准粒级，另外进行压碎指标值试验。

3) 将缩分后的样品先筛去试样中公称粒径 10.0mm 以下及 20.0mm 以上的颗粒，再用针状和片状规准仪剔除其针状和片状颗粒，然后称取每份 3kg 的试样 3 份备用。

(3) 试验步骤

1) 置圆筒于底盘上，取试样一份，分两层装入筒内。每装完一层试样后，在底盘下面垫放一直径为 10mm 的圆钢筋，将筒按住，左右交替颠击地面各 25 下。第二层颠实后，试样表面距盘底的高度应控制为 100mm 左右。

2) 整平筒内试样表面，把加压头装好（注意应使加压头保持平正），放到试验机上，在 160～300s 内均匀地加荷到 200kN，稳定 5s，然后卸荷，取出测定筒。倒出筒中的试样并称其质量（m_0），用孔径为 2.50mm 的筛筛除被压碎的细粒，称量剩留在筛上的试样质量（m_1）。

(4) 结果计算与评定　碎石或卵石的压碎指标值 δ_a（%），应按下式计算（精确至 0.1%）：

$$\delta_a = \frac{m_0 - m_1}{m_0} \times 100(\%) \tag{2-20}$$

式中　m_0——试样的质量，g；
　　　m_1——压碎试验后筛余的试样质量，g。

以三次试验结果的算术平均值作为压碎指标测定值。

小 结

砂子主要技术指标要求有细度模数、表观密度、堆积密度、含泥量、泥块含量等，石子主要技术指标要求有颗粒级配、表观密度、堆积密度、含泥量、泥块含量、压碎指标值等。

砂石的取样方法、取样数量。砂石筛分析试验方法、结果计算和评定其质量。砂石表观密度、堆积密度、含泥量、泥块含量等试验方法。

自测练习

一、名词解释

（1）表观密度；（2）砂率；（3）砂中泥块含量；（4）石子的含泥量；（5）细度模数；（6）石子的泥块含量。

二、填空题

1. 石子泥块含量是指碎石、卵石中原粒径大于（　　　）mm，经水浸洗、手捏后小于（　　　）mm 的颗粒含量。

2. 砂的表观密度取两次试验结果的算术平均值，精确至（　　　）kg/m^3，如两次试验结果之差大于（　　　）kg/m^3，需重新试验。

3. 针状颗粒是指长度大于该颗粒所属相应粒级的平均粒径（　　　）倍的颗粒；片状颗粒是指厚度小于平均粒径（　　　）倍的颗粒。

4. 石子压碎指标值试验用石子应采用（　　　）mm 的颗粒。

5. 广口瓶法测定石子的表观密度不宜用于最大粒径超过（　　　）mm 的石子。

6. 砂子的筛分曲线表示砂子的（　　　），细度模数表示砂子的（　　　）。

7. 砂按（　　　）mm 筛孔的累计筛余百分率分成 3 个级配区。

三、简答题

1. 砂子取样数量及方法是什么？
2. 配置混凝土宜优先采用几区砂？采用其他区砂时如何保证混凝土强度？
3. 什么叫砂子？按细度模数如何划分？
4. 在没有烘箱的情况下，如何测定砂子的含水率？
5. 砂的筛分析试验目的是什么？

四、单项选择题

1. 石子的泥块含量试验用筛为（　　　）。
   A. 600μm、1.18mm　　　　　　B. 75μm 和 1.18mm
   C. 1.18mm、4.75mm　　　　　　D. 2.36mm、4.75mm

2. 对于普通的 C30 混凝土，砂子含泥量应（　　　）。
   A. ≤5.0%　　B. ≤4.0%　　C. ≤3.0%　　D. ≤1.0%

3. 取样产地、规格相同的砂子其检验批不超过（　　　）。
   A. 500m^3　　B. 400m^3　　C. 300m^3　　D. 200m^3

4. 用简易方法测定砂子表观密度时,记录瓶中水面升高后的体积是在砂子全部装入瓶中后,静止约( )。
   A. 12h   B. 24h   C. 48h   D. 2h
5. 砂子的含泥量试验用筛为( )。
   A. 0.080mm、0.630mm   B. 0.080mm、5.00mm
   C. 0.080mm、0.160mm   D. 0.080mm、1.250mm
6. 砂子的泥块含量试验用筛为( )。
   A. 1.250mm、0.630mm   B. 0.080mm、1.250mm
   C. 0.315mm、0.630mm   D. 0.080mm、0.160mm
7. 普通C30混凝土中,针、片状颗粒含量应( )。
   A. ≤25%   B. ≤20%   C. ≤15%   D. ≤10%
8. 取样产地、规格相同的石子其检验批不超过( )。
   A. 500m³   B. 400m³   C. 300m³   D. 200m³
9. 国家推荐标准的代号为( )。
   A. GB   B. GB/T   C. JC   D. JGJ
10. 做砂子表观密度试验用仪器设备为( )。
    A. 套筛   B. 广口瓶   C. 容量筒   D. 李氏瓶
11. 石子取样要求规定,在料堆上取样应在不同部位抽取大致相等的石子( )。
    A. 8份为一组   B. 10份为一组   C. 15份为一组   D. 20份为一组
12. 已知混凝土砂石比为0.55,则砂率为( )。
    A. 0.35   B. 0.30   C. 0.55   D. 1.82

五、计算题

一组500g河砂筛分试验结果如下表,试计算其细度模数并评定其颗粒级配。

筛孔尺寸/mm	分计筛余量/g	分计筛余/%	累计筛余/%
4.75	23		
2.36	38		
1.18	52		
0.600	202		
0.300	100		
0.150	78		
筛底	7		

六、判断对错题(对的打"√",错的打"×")

1. 石子筛分过程中,不允许用手指拨动颗粒。( )
2. 粒径小于0.080mm的颗粒含量称为石子的含泥量。( )
3. 石子中粒径大于5mm,经水洗、手捏后变成小于1.25mm的颗粒含量称为石子的泥块含量。( )
4. 500g砂子烘干后称其质量为480g,其含水率为4.0%。( )

项目三　水泥主要技术指标检测

知识目标

1. 了解水泥品种
2. 理解水泥技术指标要求
3. 掌握水泥技术指标检测方法

能力目标

1. 能根据水泥的性质合理地选择和使用水泥
2. 能够进行水泥技术指标检测
3. 能够进行检测结果评定

任务1　水泥主要技术指标要求

一、水泥概述

水泥是建筑业的基本材料，用量大，素有建筑业的粮食之称。它广泛用于建筑、交通、水利、电力、国防建设等工程。水泥是一种粉状材料，它与水拌和后，经水化反应由稀变稠，最终形成坚硬的水泥石。水泥水化过程中还可以将砂、石等散粒材料胶结成整体而形成各种水泥制品。水泥不仅可以在空气中硬化，而且可以在潮湿环境、甚至在水中硬化，所以水泥是一种应用极为广泛的无机胶凝材料。

1. 水泥的包装

水泥是粉状材料，有袋装和散装。袋装水泥每袋净含量50kg，且不得少于标志质量的99%。水泥包装袋上的标识有：水泥品种名称、代号、强度等级、出厂日期、净含量、生产单位和厂址、执行标准号、生产许可证编号、出厂编号、包装年月日。水泥品种不同，其包装袋上印刷字体的颜色也不同。

2. 常用的通用硅酸盐水泥名称、代号和标识（表3-1）

表3-1　通用硅酸盐水泥名称、代号和标识

序　号	水　泥　名　称	代　号	印刷字体颜色
1	硅酸盐水泥	P·Ⅰ或P·Ⅱ	红色
2	普通硅酸盐水泥（普通水泥）	P·O	红色
3	矿渣硅酸盐水泥（矿渣水泥）	P·S	绿色
4	粉煤灰硅酸盐水泥（粉煤灰水泥）	P·F	黑色或蓝色

续表

序　号	水　泥　名　称	代　　号	印刷字体颜色
5	火山灰硅酸盐水泥（火山灰水泥）	P·P	黑色或蓝色
6	复合硅酸盐水泥（复合水泥）	P·C	黑色或蓝色

二、水泥技术指标

主要项目：强度（抗压、抗折）、细度、凝结时间、不溶物、氧化镁、三氧化硫、烧失量、安定性、碱含量，性能指标见表 3-2。

1. 细度

细度指水泥颗粒的粗细程度，它对水泥的凝结时间、强度、需水量和安定性有较大影响，是鉴定水泥品质的主要项目之一。

水泥颗粒越细，总表面积越大，与水的接触面积也大，因此水化迅速、凝结硬化也相应增快，早期强度也高。水泥颗粒过细，会增加磨细的能耗和提高成本，且不宜久存，过细水泥硬化时还会产生较大收缩。通常水泥颗粒的粒径在 $7\sim200\mu m$ 范围内。

2. 凝结时间

水泥的凝结时间有初凝和终凝之分。自水泥加水拌和算起，到水泥浆开始失去可塑性，所需的时间称为初凝时间；自水泥加水拌和算起，到水泥浆完全失去可塑性，开始有一定结构强度所需的时间称为终凝时间。

水泥凝结时间测定，是以标准稠度的水泥浆，在规定温度和湿度条件下，用凝结时间测定仪测定。所谓标准稠度用水量是指水泥净浆达到规定稠度时所需的拌合水量，以占水泥质量的百分率表示。

水泥的凝结时间在施工中具有重要作用。初凝时间不宜过快，以便有足够的时间在初凝之前对混凝土进行搅拌、运输和浇注。当浇注完毕，则要求混凝土尽快凝结硬化，产生强度，以利于下道工序的进行，为此，终凝时间又不宜过迟。

3. 体积安定性

水泥体积安定性是指水泥在凝结硬化过程中体积变化的均匀性。引起水泥体积安定性不良的原因，是由于其熟料矿物组成中含有过多的游离氧化钙（f-CaO）和游离氧化镁（f-MgO）以及粉磨水泥时掺入的石膏（SO_3）超量所致。如果水泥硬化后产生不均匀的体积变化，会使水泥制品、混凝土构件产生膨胀性裂缝，降低工程质量甚至引起严重事故，因此，水泥的体积安定性检验必须合格。体积安定性不合格的水泥作废处理，不得使用。

4. 强度及强度等级

水泥的强度是评定其质量的重要指标，也是划分水泥强度等级的依据。国家标准规定，采用水泥胶砂法测定水泥强度，该法是将水泥和标准砂按一份水泥、三份标准砂、水灰比为 0.5 按规定方法制成 40mm×40mm×160mm 的试件带模进行标准养护（20℃±1℃、相对湿度不低于 90%）24h，再脱模放在标准温度（20℃±1℃）的水中养护，分别测定其 3d 和 28d 的抗折强度和抗压强度。

5. 水泥试验结果判定规则

（1）检验结果符合化学指标、凝结时间、安定性、强度的规定为合格品。

表 3-2 常用水泥主要技术性能指标

单位:MPa

品种、代号、标准	强度等级	抗压强度 3d	抗压强度 7d	抗压强度 28d	抗折强度 3d	抗折强度 7d	抗折强度 28d	凝结时间	不溶物	烧失量	氧化镁	三氧化硫	细度	安定性	碱含量
硅酸盐水泥 P·I P·II GB 175—2007	42.5	≥17.0	—	≥42.5	≥3.5	—	≥6.5	初凝≥45min,终凝≤390min	P·I ≤0.75%, P·II ≤1.50%	P·I ≤3.0%, P·II ≤3.5%	≤5.0% (6.0%)	≤3.5%	比表面积大于300m²/kg	用沸煮法检验必须合格	用 Na₂+0.658K₂O 计算值来表示；≤0.60%或由供需双方商定
	42.5R	≥22.0	—	≥42.5	≥4.0	—	≥6.5								
	52.5	≥23.0	—	≥52.5	≥4.0	—	≥7.0								
	52.5R	≥27.0	—	≥52.5	≥5.0	—	≥7.0								
	62.5	≥28.0	—	≥62.5	≥5.0	—	≥8.0								
	62.5R	≥32.0	—	≥62.5	≥5.5	—	≥8.0								
普通水泥 P·O GB 175—2007	42.5	≥17.0	—	≥42.5	≥3.5	—	≥6.5	初凝≥45min,终凝≤600min		P·O ≤5.0%					
	42.5R	≥22.0	—	≥42.5	≥4.0	—	≥6.5								
	52.5	≥23.0	—	≥52.5	≥4.0	—	≥7.0								
	52.5R	≥27.0	—	≥52.5	≥5.0	—	≥7.0								
矿渣水泥 P·S 粉煤灰水泥 P·F 火山灰水泥 P·P 复合水泥 P·C GB 175—2007	32.5	≥10.0	—	≥32.5	≥2.5	—	≥5.5					P·S ≤3.0%, P·F ≤4.0%, P·P ≤3.5%, P·C ≤3.5%	45μm方孔筛筛余≤30% 或 80μm方孔筛筛余≤10%		
	32.5R	≥15.0	—	≥32.5	≥3.5	—	≥5.5								
	42.5	≥15.0	—	≥42.5	≥3.5	—	≥6.5								
	42.5R	≥19.0	—	≥42.5	≥4.0	—	≥6.5								
	52.5	≥21.0	—	≥52.5	≥4.0	—	≥7.0								
	52.5R	≥23.0	—	≥52.5	≥4.5	—	≥7.0								

(2) 检验结果不符合化学指标、凝结时间、安定性、强度中的任何一项技术要求为不合格品。

6. 交货与验收

(1) 交货时水泥的质量验收可抽取实物试样以其检验结果为依据,也可以生产者同编号水泥的检验报告为依据。

(2) 以抽取实物试样的检验结果为验收依据时,买卖双方应在发货前或交货地点共同取样和签封,取样数量为20kg,缩分为二等份,一份由卖方保存40d,一份由买方按标准规定的项目和方法进行检验。

40d以内,买方检验认为产品质量不符合标准规定,而卖方又有异议时,则双方应将卖方保存的另一份试样送省级或省级以上国家认可的水泥质量监督检验机构进行仲裁检验,水泥安定性仲裁检验时,应在取样之日起10d以内完成。

以生产者同编号水泥的检验报告为验收依据时,在发货前或交货时买方在同编号水泥中取样,双方共同签封后由卖方保持90d,或认为卖方自行取样,签封并保持90d的同编号水泥的封存样。

在90d内,买方对水泥质量有疑问时,则买卖双方应将共同认可的试样送省级或省级以上国家认可的水泥质量监督检验机构进行仲裁检验。

7. 运输与贮存

水泥在运输与贮存时不得受潮和混入杂物,不同品种和强度等级的水泥在贮运中避免混杂。

任务2 水泥主要技术指标检测

一、水泥细度测定

试验目的:检验水泥颗粒的粗细程度,以此作为评定水泥质量的依据之一。

本方法包括负压筛法、水筛法、手工筛法,有争议时以负压筛为准。

1. 仪器设备

(1) 试验筛由圆形筛框和筛网组成,筛网符合GB/T 6005—2008 R20/3 80μm和GB/T 6005—2008 R20/3 45μm的要求,分负压筛、水筛和手工筛三种。

负压筛和水筛的结构见图3-1,手工筛结构符合GB/T 6003,其中筛框高度为50mm,筛子的直径为150mm。

(2) 负压筛析仪由筛座、负压筛、负压源及收尘器组成,其中筛座由转速30r/min±2r/min的喷气嘴、负压表、控制板、微电机及壳体构成。

(3) 水筛架和喷头的结构尺寸应符合JC/T 728规定,但其中水筛架上筛座内径为140^{+0}_{-3}mm。

(4) 天平最小分度不大于0.01g。

2. 试验方法与步骤

(1) 负压筛法

1) 试验前应把负压筛放在筛座上,盖上筛盖,接通电源,检查控制系统,调节负压筛至4000~6000Pa范围内。

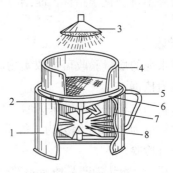

(a) 负压筛　　　　　　　　　　(b) 水筛

1—筛座；2—方孔筛；3—电源　　　1—外壳；2—集水头；3—喷头；4—标准筛；
　　　　　　　　　　　　　　　　5—把手；6—旋转托架；7—出水口；8—叶轮

(c) 干筛

1—筛底；2—80μm方孔筛；3—筛盖

图 3-1　负压筛和水筛的结构

2) 试验时 80μm 筛析试验称取试样 25g，45μm 筛析试验称取试样 10g（精确至 0.01g），置于洁净的负压筛中，盖上筛盖，接通电源，开动筛析仪连续筛析 2min，在此期间如有试样附着在筛盖上，可轻轻地敲击筛盖使试样落下。筛毕，用天平称量全部筛余物。

（2）水筛法

1) 试验前，调整好水压及水架的位置，使其能正常运转，并控制喷头底面和筛网之间距离为 35~75mm。

2) 用 80μm 筛析试验称取试样 25g，用 45μm 筛析试验称取试样 10g（精确至 0.01g），置于洁净的水筛中，立即用自来水冲洗至大部分细粉通过后，放在水筛架上。用水压为 0.05MPa±0.02MPa 的喷头连续冲洗 3min，筛毕后筛余物冲至蒸发皿中，待沉淀后倒出清水，烘干，并用天平称量全部筛余物。

（3）手工筛析法

1) 用 80μm 筛析试验称取试样 25g，用 45μm 筛析试验称取试样 10g（精确至 0.01g），倒入手工筛内。

2) 用一只手持筛往复摇动，另一只手轻轻拍打，拍打速度每分钟约 120 次，每 40 次向同一方向转动 60°，使试样均匀分布在筛网上，直至每分钟通过的试样量不超过 0.03g 为止。称量全部筛余物。

3. 结果计算及处理

水泥试样筛余百分数按下式计算，结果计算至 0.1%：

$$F = \frac{R_t}{W} \times 100\% \tag{3-1}$$

式中　　F——水泥试样的筛余百分数，%；

　　　　R_t——水泥筛余物的质量，g；

　　　　W——水泥试样的质量，g。

4. 试验筛的清洗

试验筛必须经常保持洁净，筛孔通畅，使用 10 次后要进行清洗。金属框筛、铜丝网筛清洗时应用专门的清洗剂，不可用弱酸浸泡。

5. 结果评定

取两次平均值为筛析结果，若两次筛余结果绝对误差大于 0.5% 时（筛余值大于 5.0% 时放宽至 1.0%）应再做一次试验，取两次相近结果的算术平均值，作为最终结果。

二、水泥标准稠度用水量测定

试验目的：测定水泥净浆达到标准稠度时的用水量，用于测定水泥的凝结时间和体积安定性试验。

本方法包括：标准法（试杆法），代用法（即试锥法，可分为调整水量和不变水量两种）。

1. 仪器设备

（1）水泥净浆搅拌机：主要由搅拌锅、搅拌叶片、传动机构和控制系统组成。搅拌机拌和一次的自动控制程序：慢速 120s±3s，停拌 15s，快速 120s±3s。搅拌时搅拌叶片和锅底、锅壁的最小间隙为 2mm±1mm。

（2）标准法（代用法）水泥稠度测定仪由滑动部分、刻度尺、金属空心试模组成，如图 3-2～图 3-4 所示。

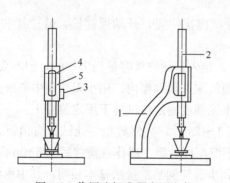

图 3-2　代用法标准稠度测定仪
1—铁座；2—金属圆棒；3—松紧螺钉；4—指针；5—标尺

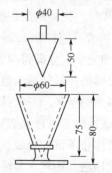

图 3-3　试锥和锥模

2. 试验方法与步骤

（1）标准法（试杆法）

1）每次试验前，均要检查所用仪器设备及附件是否处于良好状态，运转是否正常、确认没有问题再开始试验。

2）将圆模座先放在玻璃底板上，再一同放在维卡仪的下面，降低标准杆，与玻璃板接触，调整指针对应标尺最低点 70mm 时（零点），定好位置后，将标准杆抬起。

3）不要多估用水量，也不要少估用水量，以经验用水量为宜。

4）称好 500g 水泥试样，并根据水泥的品种、混合材掺量、细度等，采用找水法，最好该试样达到标准稠度时估算大致所需的水量。

5）搅拌锅和搅拌叶片用湿布擦过，将拌合水倒入搅拌锅内，然后在 5～10s 内小心将称好的水泥加入水中，防止水和水泥溅出。

6）拌和时，先将锅放在搅拌机的锅座上，升至搅拌位置，启动搅拌机自动控制程序按钮，低速搅拌 120s，停拌 15s，接着高速搅拌 120s 停机。

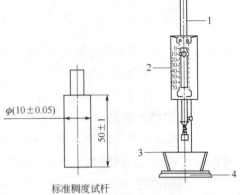

图 3-4 标准法维卡稠度测定仪
1—滑动部分；2—刻度尺；
3—圆模；4—玻璃板

7）拌和完毕，立即将净浆装入已置于玻璃板上的试模中，然后用小刀沿着圆模四周边缘向中间插捣，并轻轻振动数次，用小刀从模中心线开始分两下刮去多余的净浆，抹平后迅速将试模和底板移到维卡仪上，并将其中心定在试杆下，降低试杆直至与水泥及净浆表面接触，拧紧螺钉 1～2s 后，突然放松，使试杆垂直自由地沉入水泥净浆中。在试杆停止沉入或释放试杆 30s 时，记录试杆距底板之间的距离，升起试杆后，立即擦净。整个操作应在搅拌后 1.5min 内完成。

（2）代用法（试锥法，调整用水量法）

1）称好 500g 水泥试样，并根据水泥品种、混合材掺量、细度等，采用找水法，最好估算该试样达到标准稠度时大致所需的水量。

2）搅拌锅和搅拌叶片先用湿布擦过，将拌合水倒入搅拌锅内，然后在 5～10s 内小心将称好的水泥加入水中，防止水和水泥溅出。

3）拌和时，先将锅放在搅拌机的锅座上升至搅拌位置，开动搅拌机，低速拌和 120s，停拌 15s，接着高速拌和 120s 停机。

4）拌和完毕，立即将净浆一次装入试模内。装入量比锥模容量稍多一些，但不要过多，然后用小刀插捣并轻轻振动数次，排除净浆表面气泡并填满模内，用小刀从模中心线开始分两下刮去多余的净浆，一次抹平后，迅速放到水泥稠度测定仪试锥下固定位置上。

5）将试锥降至与净浆表面接触，拧紧螺钉 1～2s 后，突然放松，让试锥自由沉入净浆中。在试锥停止下沉和释放试锥 30s 时，记录下沉深度，整个操作在搅拌后 1.5min 内完成。

（3）代用法（固定水量法）　测定的方法和步骤与调整水量法基本相同，其中水泥净浆的搅拌和测试与调整水量法相同；所不同的是：拌和水量不分水泥品种，一律固定为 142.5mL。

3. 结果计算及处理

（1）标准法

1）以试杆沉入净浆并距底板 6mm±1mm 的水泥净浆为标准稠度净浆。其拌和水量为该水泥的标准稠度用水量（p），按水泥质量的百分比计。

2）如试杆沉入净浆不在 6mm±1mm 的范围内，应需另称水泥试样，重新调整水量，重新试验直到达到 6mm±1mm 时为止。

（2）代用法（调整用水量法）

1）当试锥下沉深度为 28mm±2mm 时，水泥净浆为标准稠度净浆，其拌和水量为该水泥的标准稠度用水量（p），按水泥质量的百分比计。

2）如下沉深度不在此范围，需另称试样，应增加或减少水量，重新拌制净浆，直到试锥下沉深度至 28mm±2mm 时为止。

（3）代用法（试锥法，固定水量法）

1）观察试锥下沉深度时，指针在标尺上的指示数 p（%），即为该水泥试样的标准稠度用水量。也可根据下沉深度 s（mm），按下式计算标准稠度用水量 p（%），$p=33.4-0.185s$。

2）根据公式计算出的标准稠度用水量 p（%）乘以水泥的质量，得出一个新的用水量，再重新称量 500g 水泥，拌合水按新的用水量，经过搅拌测试所得的下沉深度 s 在 28mm±2mm 之间。

3）当试锥下沉深度小于 13mm 时，应改用调整水量测定。

三、水泥凝结时间测定

试验目的：测定水泥的初凝和终凝时间，作为评定水泥质量的依据之一。

1. 仪器设备

凝结时间测定仪，与测定标准法稠度时所用的仪器相同，但将试杆换成试针。其中，初凝试针有效长度为 50mm±1mm，终凝针为环形附件针为 30mm±1mm，直径为 ϕ1.13mm±0.05mm 的圆柱体。如图 3-5 所示。

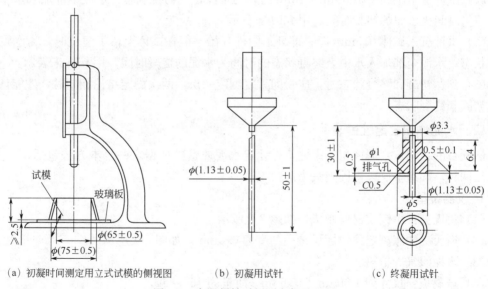

（a）初凝时间测定用立式试模的侧视图　（b）初凝用试针　（c）终凝用试针

图 3-5　水泥凝结时间测定仪及配置

2. 试验方法与步骤

（1）初凝时间测定

1）首先检查凝结时间测定仪是否安装好，如试针是否垂直、表面光滑与否，如发现有弯曲，不能使用，继而将圆模放在玻璃板上，并将圆模内侧及玻璃板上涂上一层薄机油，然后调整凝结时间测定仪,使试针接触玻璃板时其指针应对准标尺最低点 70mm 时(为零点)定好位置后,将试针抬起。

2)将按标准度用水量检验方法制好的水泥净浆一次装满圆模,振动数次,刮平,立即放入湿气养护箱中。记录水泥全部加入水中的时间,并以此作为凝结时间的起始时间。

3)在最初测定时,应轻轻扶持凝结时间测定仪的金属棒,使其徐徐下降,以防试针撞弯,但应以自由下落测得的结果为准。

4)试件在养护箱中养护至加水后 30min 时,从养护箱内取出试件,进行第一次测定,测定时试件放至试针下面,使试针与净浆表面接触。拧紧螺钉 1~2s 后突然放松,试针垂直自由地沉入净浆,观察试针停止下沉或释放试针 30s 时指针的读数。临近初凝时,每隔 5min 进行测定一次。

(2)终凝时间测定

1)从凝结时间测定仪上取下初凝试针,换上环形附件针。

2)在完成初凝时间测定后,立即将试模连同浆体以平移的方法从玻璃板上取下,向上翻转 180°,直径大端向上小端向下放在玻璃板上,再放入湿气养护箱继续养护。临近终凝时间,每隔 15min 测定一次。

3. 试验操作要求

在整个测定过程中,试针沉入的位置至少距离圆模 10mm,每次测定不得让试针落入原孔,每一次测定后须将试针擦净,并将圆模试件放回湿气养护箱内,整个测试过程应防止圆模受振。

4. 结果计算及处理

(1)试针沉至距离底板 4mm±1mm 时,为水泥达到初凝状态;水泥全部加入水中至初凝状态的时间为水泥的初凝时间,用 min 来表示。

(2)试针沉入试体 0.5mm 时,即环形附件开始不能在试体上留下痕迹时,为水泥达到终凝状态;水泥全部加入水中至终凝状态的时间为水泥的终凝时间,用 min 来表示。

(3)到达初凝和终凝状态时,应立即重复测定一次,两次测定结论相同时,才能认定为到达初凝和终凝状态。

四、水泥体积安定性试验

试验目的:测定水泥体积安定性,是评定水泥质量的依据之一。本方法包括雷氏夹法、试饼法两种,如有争议以雷氏夹法为准。

1. 仪器设备

(1)雷氏夹:由铜质材料制成,如图 3-6 所示。

(2)雷氏夹膨胀测定仪:标尺最小刻度为 0.5mm,如图 3-7 所示。

(3)水泥湿气养护箱。

(4)玻璃板:尺寸为 100mm×100mm,质量为 75~85g。

(5)沸煮箱:有效容积为 410mm×24mm×310mm,篦板与加热器之间的距离大于 50mm,如图 3-8 所示。

2. 试验方法与步骤

(1)雷氏夹法

1)试验前,将雷氏夹的一根指针根部悬挂在一根尼龙丝上,另一根指针的根部挂上

300g 挂码，这时两根指针针尖距离较挂前距离的加大应在 17.5mm±2.5mm 范围内，当去掉砝码后又能恢复挂前的距离。弹性检查在雷氏夹膨胀值测定仪上进行。

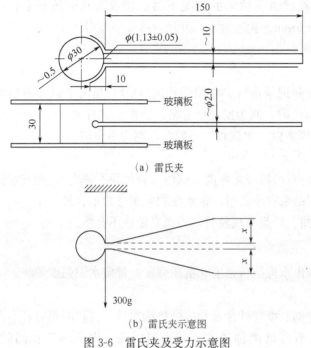

图 3-6 雷氏夹及受力示意图

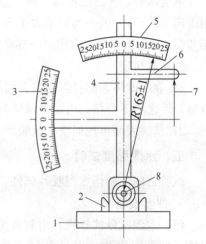

图 3-7 雷氏夹膨胀值测量仪
1—底座；2—模子座；3—测弹性标尺；
4—立柱；5—测膨胀值标尺；6—悬臂；
7—悬丝；8—弹簧顶钮

2）雷氏夹内侧和玻璃板都应薄涂机油。

3）将两个雷氏夹分别放在两块玻璃板上，立即将拌好的标准稠度净浆装满环模。装模时，一手扶住环模，另一手用宽约 10mm 的小刀插捣模内净浆数次使之密实，抹平。然后盖上 75~85g 的玻璃板。

4）将成型好的试件立即放入湿气养护箱内，养护 24h±2h。

5）脱去玻璃板，在膨胀值测定仪上测量，并记录每个试件两指针尖端间的距离（A），精确至 0.5mm。

6）将试件放入沸煮箱中的试件架上，指针朝上，互不交叉，调整水位使试件浸没在水里，在沸煮中不需添加水，保证在（30±5）min 内煮沸，并维持 180min±5min。到时放水，开箱，冷却至室温。

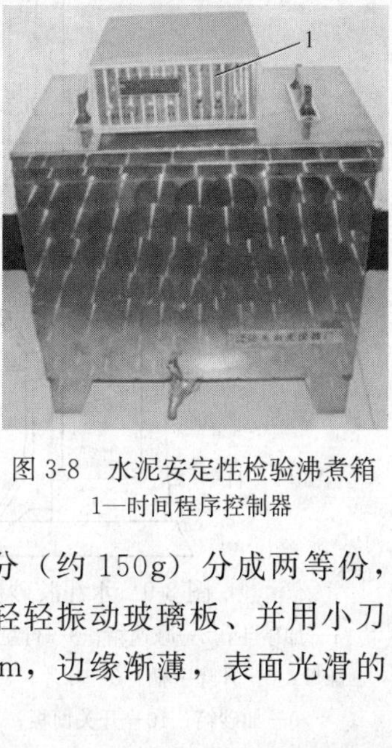

图 3-8 水泥安定性检验沸煮箱
1—时间程序控制器

（2）试饼法

1）将按标准稠度用水量检验方法拌制好的净浆取一部分（约 150g）分成两等份，使其成球形，分别置于 100mm×100mm 的两块玻璃板上。轻轻振动玻璃板、并用小刀由边缘向饼中心抹动，做成直径 70~80mm、中心厚约 10mm、边缘渐薄，表面光滑的试饼。

2) 将成型好的试饼立即放入养护箱内，养护（24±2）h。

3) 从玻璃板上取下试饼，先检查试饼是否完整（如已开裂翘曲要检查原因，确无外因时，该试饼已属不合格，不必沸煮），在试饼无缺陷的情况下将试饼放入水中箅板上，在（30±5）min 内煮沸，并恒沸 180min±5min。到时放水，开箱，冷却至室温。

3. 结果计算及处理

（1）雷氏夹法

取出试件，在膨胀值测定仪上测量并记录指针尖端间的距离（C）。当两个试件煮后增加距离（$C-A$）的平均值不大于 5.0mm 时，判为安定性合格。当两个试件的（$C-A$）值相差超过 4.0mm 时，应用同一样品立即重做一次试验。再如此，判为不合格。

（2）试饼法

1) 取出试体，如目测观察无裂缝，直尺检查无弯曲（试饼与直尺间不透光），则安定性合格，反之为不合格。当两个试饼判别结果有矛盾时，该水泥的安定性为不合格。

2) 试饼表面出现崩溃、龟裂、弯曲、松脆等现象时，均属安定性不合格。

五、水泥强度试验

试验目的：制作水泥胶砂试件，测出水泥抗折强度和抗压强度。评定水泥强度等级。

1. 仪器设备

（1）水泥胶砂搅拌机：由胶砂搅拌锅、搅拌叶片及相应的机构组成。搅拌时顺时针方向自转，外沿锅周边逆时针公转，并且有高低两种速度。叶片与锅底、锅壁的工作间隙：3mm±1mm，使用时将水泥胶砂搅拌机打到自动挡。搅拌时由水泥胶砂搅拌机控制器控制整个搅拌过程，如图 3-9 所示。

（2）试模：为同时可成型三条 40mm×40mm×160mm 棱柱体的可拆卸试模，由隔板、端板、底板、紧固装置及定位销组成。如图 3-10 所示。

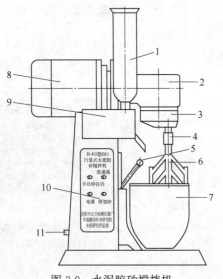

图 3-9 水泥胶砂搅拌机

1—加砂斗；2—减速箱；3—行星机构；4—叶片紧固螺母；5—升降手柄；6—叶片；7—锅；8—双速电机；9—加砂箱；10—开关面板；11—控制器插座

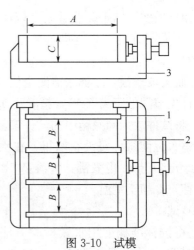

图 3-10 试模

1—隔板；2—端板；3—底座

(3) 为了控制料层厚度和刮平胶砂，应具有如图 3-11 所示的二个播料器和一个金属刮平尺。

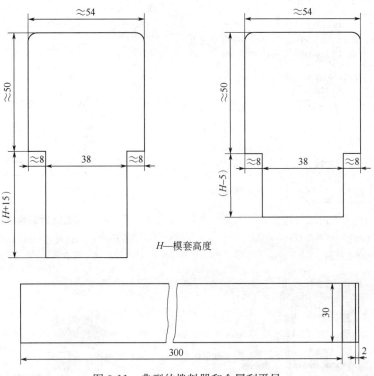

H—模套高度

图 3-11 典型的拨料器和金属刮平尺

(4) 振实台：由可以跳动的台盘和使其跳动的凸轮等组成。振动频率：60 次/60s±2s。振实台应安装在高度约 400mm 的混凝土基座上，如图 3-12 所示。

(5) 水泥夹具：由上、下压板、传压柱和框架构成，上压板带有球座，用两根吊簧吊在框架上；下压板固定在框架上。受压面积为 40mm×40mm，如图 3-13 所示。

(6) 电动抗折机：用于检验水泥胶砂 40mm×40mm×160mm 棱柱体试体的抗折强度。电动抗折机试验机的加荷形式是通过

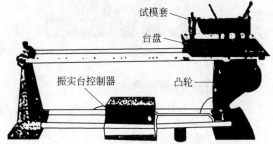

图 3-12 水泥胶砂试体成形振实台

电动机带动传动丝杆，丝杆托动砝码向前运动来实现的。量程为 0~5000N 范围内，加荷速度为 (50±10) N/s，如图 3-14 所示。

(7) 微机控制水泥压力试验机：由加荷系统、压力传感器、微机数字电液加载控制系统和打印机四部分组成。具有自动等速加载功能，本试验力值、加载速度及动态加载曲线直接在计算机屏幕上显示，如图 3-15 所示。

(8) 加水器：当用自动滴管加水 225mL 水时，滴管精度应达到±1mL。如用天平称量，其精度为±1g。标准砂：采用中国 ISO 塑料袋混合包装 1350g±5g。

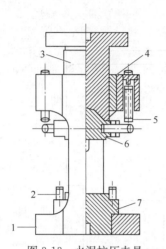
图 3-13 水泥抗压夹具
1—框架；2—定位销；3—传压柱；4—衬套；
5—吊簧；6—上压板；7—下压板

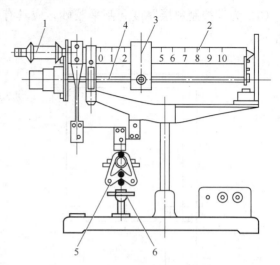
图 3-14 水泥抗折试验机
1—平衡砣；2—大杠杆；3—游动砝码；
4—丝杆；5—抗折夹具；6—手轮

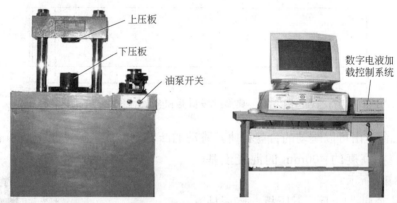
图 3-15 300kN 压力试验机

2. 胶砂的质量配合比

胶砂的质量配合比为一份水泥、三份标准砂和半份水。灰砂比为 1∶3，水灰比为 1∶2。

3. 试验方法与步骤

(1) 水泥、砂、水和试验用具的温度与试验室相同。

(2) 试验前将试模擦净，四周的模板与底座接触面上应涂黄干油，紧密装配防止漏浆，内壁均匀刷一薄层机油。每锅成型三条截面为 40mm×40mm×160mm 的试件，需称水泥（450±2）g，标准砂（1350±5）g，拌合水（225±1）g，每锅搅拌前先将标准砂倒入搅拌机上塑料漏斗内。

(3) 从胶砂搅拌机上取下锅，用湿布将搅拌锅及叶片擦过。把称量好的水加入锅里，再加入水泥，固定在架上拧紧，上升固定位置。立即启动水泥胶砂搅拌机控制器，低速搅拌 30s 后，在第二个 30s 开始的同时均匀地将砂子加入，再高速搅拌 30s，停拌 90s。在第一个 15s 内，用一胶皮刮具将叶片和锅壁上的胶砂，刮入锅中间，在高速下继续搅拌 60s。各个搅拌阶段，时间误差应在 ±1s 以内。

(4) 在搅拌胶砂的同时，将空试模放在振实台上，放下上面加有一个壁高 20mm 的金属模套。从上往下看时，模套壁与试模内壁应重叠，然后固定紧，让试模套紧紧贴在试模上。搅拌完毕，取下搅拌锅，用一个适当的勺子直接从搅拌锅里将胶砂分两层装入试模。装第一层时，每个槽里约放 300g 胶砂，用大播料器垂直架在模套顶部，由一端向另一端垂直刮平，不要捣插。在刮平过程中胶砂不够时，应填加胶砂刮平，多余的在刮平后放回锅里，来回一次。保持三个格料面水平一致，接着启动振实台控制器，振实 60 次。再装入第二层胶砂，用小播料器，同样架在模套上垂直来回拨动，不要捣插，保持三个格料面一致，再振实 60 次。完毕后，脱开卡具，掀起模套，从振实台上取下试模，观察高出试模的料浆是否保持水平一致，以便下一步加以控制。用一金属直尺以近似 90°的角度架在试模顶的一端，然后沿试模长度方向以横向锯割动作慢慢向另一端移动，将超过试模部分的胶砂一次刮去，做锯割动作时，用力要均匀，要自始至终保持近似 90°的角度，不要中途改变角度，以防三块试体表面不平或损伤。并用同一直尺近乎水平地将试体表面抹平。最好一次完成抹平，次数越多越糟糕，因为抹平次数多了，试体表面就会泌水。次数越多，泌水越严重，以至于影响给试体编号。

(5) 用毛巾擦去留在试模四周的胶砂，并用磁铁扣把写在纸上的试验编号贴在试模的侧面，立即将作好的标记试模放入雾室或湿箱的水平架子上养护，湿空气应能与试模各边接触。养护时不应将试模放在其他试模上。一直养护到规定的脱模时间取出脱模。脱模前，在编号时应把试体上浮皮用湿布轻轻擦去，用防水墨汁或颜料笔对试体进行编号。二个龄期以上的试体，在编号时应将同一试模中的三条试体分在二个以上龄期内（交叉编号）。脱模应非常小心，脱模时可用塑料锤、橡皮榔头或专门的脱模器。对于 24h 龄期的应在破型试验前 20min 内脱模（经过 24h 养护，如因脱模对强度造成损害可以延迟至 24h 以后脱模，但在试验报告中应予说明），对于 24h 以上龄期的，应在成型后 20~24h 之间脱模。已确定作为 24h 龄期试验（或其他不下水直接做试验）的已脱模试体，应用湿布覆盖至做试验时为止。

(6) 将做好标记的试件立即水平或竖直放在 (20±1)℃水中养护，水平放置时刮平面应朝上。试件放在不易腐烂的篦子（不宜用木篦子）上，并彼此间保持一定的距离，以让水与试件的六个面接触。养护期间试件之间间隔或试件上表面的水深不得小于 5mm。每个养护池只养护同类型的水泥试件。也可将同类型的水泥试件分别装在小体积养护（一组）试块盒，一同放在一个大水池内统一控制温度。最初用自来水装满养护池（或容器），在养护过程中水可能会蒸发，所以要随时加水，保持一定的水位，不允许在养护期间全部换水。

(7) 试体龄期是从水泥加水搅拌开始试验时算起。不同龄期强度试验在下列时间进行：24h±15min，48h±30min，72h±45min，7d±2h，28d±8h。除 24h 龄期或延至 48h 脱模的试体外，任何到龄期的试体应在试验（破型）前 15min 从水中取出。揩去试体表面沉积物，并用湿布覆盖至试验为止。

(8) 试体按编号和龄期，从养护水池中取出后，必须与原始记录本上的编号、日期一致。每个龄期取出三条试件先做抗折强度测定，试件放入前，按动大杠杆上游动砝码的按钮，将游动砝码向左移动，使游标砝码上游标的零线对准大杠杆上标尺的零线，如不在可转动微调传动丝杆。然后调整平衡锤使大杠杆一端的指针与抗折机上一端刻度尺零点对准，杠杆平衡后，移动夹具下面的手轮，让试件侧面穿过夹具支撑圆柱上，抬高杠杆（以试件在折断时大杠杆尽可能处于水平位置为宜），用手轮拧紧夹具。开动机器，通过加荷，圆柱以(50±10) N/s 的速率均匀地将荷载垂直地加在棱柱体相对侧面上，直至折断。此时游动砝码刻线对准大杠杆标尺的读数为破坏荷载 N 或强度 MPa。读取原始数据，估读到小数点后一位数。

（9）抗压强度测定，将折断后的断块立即进行抗压强度测定。首先接通电源，打开水泥压力试验机开关，启动油泵（开），打开数字电液加载控制系统，启动计算机进入检测记录系统，双击运行自动压力试验机控制程序。在用户登录界面中（图 3-16）正确填写姓名及密码，然后单击【登录】按钮，即可进入水泥强度试验控制程序的主界面（图 3-17），再单击图 3-17 所示界面中的【参数】按钮，弹出图 3-18 所示的参数对话框，按要求填写或选取相应的参数。将水泥夹具放在试验机下压板中心，试件受压面积为 40mm×40mm，试验时以试件的侧面作为受压面，试件底面靠紧夹具定位销。放好试件后，单击图 3-18 中的【运行】按钮，试验机即按设定在整个加荷过程中以(2400±200) N/s 的速率均匀地加荷直至试样破碎，计算机

图 3-16 用户登录

会自动记录试验结果，并在主界面右下方的"试验结果"框中显示，直至做完一组试样，计算机自动计算出平均力值及平均强度，并将全部结果存入数据库。如要打印，则单击"打印"按钮（事前连接好打印机），即弹出如图 3-19 所示打印对话框，选择查询的方式及查询的内容，单击【查询】按钮即可查到试验结果，单击【开始打印】按钮，弹出如图 3-20 所示的"打印选择"对话框，选择需要的打印结果形式，并填入需要的打印表头，单击【确定】后，即可打印出试验结果。

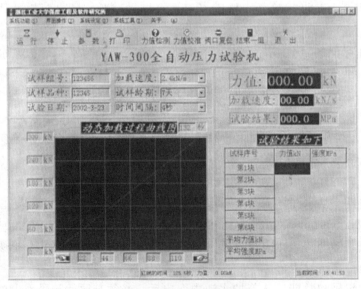

图 3-17 控制软件主界面

4. 结果及处理计算

（1）抗折强度按下式计算，精确至 0.1MPa：

$$R_f = \frac{1.5F_f L}{b^3} = 0.00234F_f \qquad (3-2)$$

式中 R_f——抗折强度，MPa（N/mm²）；

F_f——折断时荷载，N；

L——支撑圆柱之间的距离，取 $L=100$mm；

b——棱柱体正方形截面的边长，取 $b=40$mm。

（2）抗压强度按下式计算，精确至 0.1MPa：

$$R_c = \frac{F_c}{A} = 0.000625F_f \qquad (3-3)$$

式中 R_c——抗压强度，MPa（N/mm²）；

F_c——破坏时的最大荷载，N；

A——受压面积，mm²（40mm×40mm=1600mm²）。

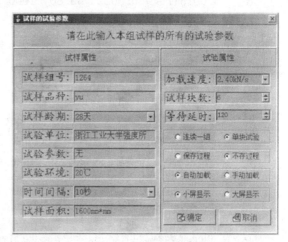

图 3-18 参数对话框

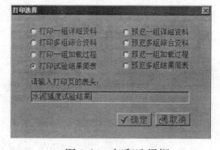

图 3-19 打印对话框　　　　　图 3-20 打印选择框

5. 评定

（1）抗折强度 以一组三个棱柱体抗折结果的平均值作为试验结果，当三个强度值中有超出平均值±10%时，应剔除后再取平均值作为抗折强度试验结果。

（2）抗压强度 以一组三个棱柱体上得到的六个抗压强度测定值的算术平均值为试验结果。如六个测定值中有一个超出六个平均值的±10%，就应剔除这个结果，而以剩下五个值的平均值为试验结果。如果五个测定值中再有超出它们平均值的±10%，则此组结果作废。

【例 3-1】 按 GB/T 17671—1999 ISO 法，有一组矿渣 42.5 水泥的 28d 强度试验结果如下：抗折试验破坏荷载分别为：2.70kN、2.80kN、3.20kN；抗压试验破坏荷载分别为：69.1kN、71.9kN、72.6kN、72.9kN、74.1kN、82.8kN。计算该水泥 28d 抗折和抗压强度。

解：（1）抗折强度：$R_f = \dfrac{1.5F_f L}{b^3} = 0.00234F_f$

$R_{f1} = 0.00234 F_{f1} = 0.00234 \times 2.70 \times 1000 = 6.3$ (MPa)

$R_{f2} = 0.00234 F_{f2} = 0.00234 \times 2.80 \times 1000 = 6.6$ (MPa)

$R_{f3} = 0.00234 F_{f3} = 0.00234 \times 3.20 \times 1000 = 7.5$ (MPa)

平均值:$\overline{R}_f = \dfrac{R_{f1}+R_{f2}+R_{f3}}{3} = \dfrac{6.3+6.6+7.5}{3} = 6.8$ (MPa)

最大值和最小值与平均值比较:$\dfrac{7.5-6.8}{6.8} \times 100\% = 10.3\% > 10\%$

$$\dfrac{6.8-6.3}{6.8} \times 100\% = 7.4\% < 10\%$$

抗折强度代表值 $R_f = \dfrac{R_{f1}+R_{f2}}{2} = \dfrac{6.3+6.6}{2} = 6.4$ (MPa)

(2) 抗压强度:$R_c = \dfrac{F_c}{A} = 0.000625 F_f$

$R_{c1} = 0.000625 F_{f1} = 0.000625 \times 69.1 \times 1000 = 43.2$ (MPa)

$R_{c2} = 0.000625 F_{f2} = 0.000625 \times 71.9 \times 1000 = 44.9$ (MPa)

$R_{c3} = 0.000625 F_{f3} = 0.000625 \times 72.6 \times 1000 = 45.4$ (MPa)

$R_{c4} = 0.000625 F_{f4} = 0.000625 \times 72.9 \times 1000 = 45.6$ (MPa)

$R_{c5} = 0.000625 F_{f5} = 0.000625 \times 74.1 \times 1000 = 46.3$ (MPa)

$R_{c6} = 0.000625 F_{f6} = 0.000625 \times 82.8 \times 1000 = 51.8$ (MPa)

平均值:$\overline{R}_c = \dfrac{R_{c1}+R_{c2}+R_{c3}+R_{c4}+R_{c5}+R_{c6}}{6} = 46.2$ (MPa)

最大值和最小值与平均值比较:

$$\dfrac{51.8-46.2}{46.2} \times 100\% = 12.1\% > 10\%$$

$$\dfrac{46.2-43.2}{46.2} \times 100\% = 6.5\% < 10\%$$

最大值超差,次最大值与平均值比较:

$$\dfrac{46.3-46.2}{46.2} \times 100\% = 0.2\% < 10\%$$

剔除超差值,取剩下5个值的平均值:

$$\overline{R}_c = \dfrac{R_{c1}+R_{c2}+R_{c3}+R_{c4}+R_{c5}}{6} = 45.1 \text{(MPa)}$$

最大值和最小值与平均值比较:

$$\dfrac{46.3-45.1}{45.1} \times 100\% = 2.7\% < 10\%$$

$$\dfrac{45.1-43.2}{45.1} \times 100\% = 4.2\% < 10\%$$

所以抗压强度代表值为 $R_c = 45.1$ MPa

小 结

工程中常用的六大水泥即硅酸盐水泥、普通硅酸盐水泥、矿渣硅酸盐水泥、火山灰质硅酸盐水泥、粉煤灰硅酸盐水泥和复合硅酸盐水泥。水泥主要技术指标有细度、凝结时间、安定性、强度、不溶物、烧失量、氧化镁、三氧化硫、碱含量等。水泥试验结果评定分为合格水泥和不合格水泥。水泥必检项目为强度、凝结时间、安定性；标准法和简易法的试验方法。水泥胶砂强度的计算方法及评定。

自 测 练 习

一、名词解释

（1）初凝时间；（2）硅酸盐水泥；（3）水泥的体积安定性；（4）标准稠度用水量；（5）水泥与外加剂相容性；（6）通用硅酸盐水泥。

二、填空题

1. 水泥品种和强度等级相同时，混凝土强度随水灰比的增大而（　　　　）。
2. 水泥胶砂强度是用标准制作方法制成 40mm×40mm×160mm 的标准试件，在标准条件（　　　　）℃，相对湿度 90% 以上的空气中带模养护（　　　　）d；拆模后放入（　　　　）℃的水中养护，测其 3d、28d 抗折和抗压强度。
3. 水泥复试项目有（　　　　）、（　　　　）、（　　　　）。
4. 试饼法检测水泥安定性时，试饼直径为（　　　　）mm，厚度为（　　　　）mm。
5. 硅酸盐水泥的比表面积应大于（　　　　）m^2/kg。

三、简答题

1. 试饼的规格是多少？成型方法是什么？养护时间是多少？
2. 如何判定合格品水泥与不合格品水泥？
3. 通用水泥在保管时需要注意哪些方面？
4. 什么叫人工四分法缩分？
5. 测定凝结时间时需注意哪些问题？
6. 散装水泥的取样有哪些要求？
7. 袋装水泥的取样有哪些要求？
8. 水泥抗压强度的评定规则是什么？

四、计算题

1. 按 GB/T 17671—1999（ISO 法），有一组矿渣 42.5 水泥 28d 强度结果如下：

抗折试验破坏荷载分别为：2.60kN、2.70kN、3.10kN；抗压试验破坏荷载分别为：68.1kN、71.2kN、72.2kN、72.8kN、73.9kN、74.1kN。计算该水泥 28d 抗折和抗压强度。

2. 按 GB/T 17671—1999（ISO 法），有一组矿渣 42.5 水泥 28d 强度结果如下：

抗折试验破坏荷载分别为：2.60kN、2.70kN、2.90kN；抗压试验破坏荷载分别为：68.1kN、71.2kN、72.2kN、72.8kN、73.9kN、81.7kN。计算该水泥 28d 抗折和抗压强度。

五、单项选择题

1. 矿渣硅酸盐水泥的表示符号为（　　）。
A. P·S　　　　B. P·C　　　　C. P·O　　　　D. P·Ⅱ
2. 水泥取样数量不得少于（　　）。

A. 30kg　　　　B. 20kg　　　　C. 12kg　　　　D. 8kg

3. 普通水泥的终凝时间不能迟于（　　）。
A. 45min　　　B. 6.5h　　　　C. 10h　　　　D. 65min

4. 水泥胶砂强度试验用试模的规格为（　　）。
A. 40mm×40mm×40mm　　　　　B. 100mm×100mm×100mm
C. 150mm×150mm×150mm　　　　D. 40mm×40mm×160mm

5. 普通硅酸盐水泥的表示符号为（　　）。
A. P·S　　　　B. P·C　　　　C. P·O　　　　D. P·Ⅱ

6. 硅酸盐水泥的终凝时间不能迟于（　　）。
A. 45min　　　B. 6.5h　　　　C. 10h　　　　D. 65min

7. 下列水泥中属特性水泥的是（　　）。
A. 砌筑水泥　　　　　　　　　　B. 复合硅酸盐水泥
C. 白色硅酸盐水泥　　　　　　　D. 矿渣硅酸盐水泥

8. 试饼法检验水泥的安定性只能检测由以下哪种所致的安定性不良（　　）。
A. f-MgO　　B. f-CaO　　C. 石膏　　　　D. ①+②

9. 白色硅酸盐水泥的表示符号为（　　）。
A. M　　　　　B. P·C　　　　C. P·P　　　　D. P·W

10. 硅酸盐水泥的终凝时间不能超过（　　）。
A. 10h　　　　B. 12h　　　　C. 6.5h　　　　D. 8h

11. 普通硅酸盐水泥的强度等级为（　　）。
A. 32.5、32.5R、42.5、42.5R、52.5、52.5R
B. 42.5、42.5R、52.5、52.5R、62.5、62.5R
C. 32.5、42.5、52.5
D. 12.5、22.5

12. 关于水泥的细度，下列说法正确的是（　　）。
A. 普通硅酸盐水泥的比表面积大于 $300m^2/kg$
B. 复合硅酸盐水泥的比表面积大于 $300m^2/kg$
C. 低热矿渣硅酸盐水泥的比表面积不低于 $250m^2/kg$
D. 砌筑水泥的比表面积不低于 $250m^2/kg$

13. 32.5矿渣硅酸盐水泥28d抗折强度为（　　）。
A. 6.5MPa　　B. 5.5MPa　　　C. 7.0MPa　　　D. 8.0MPa

14. 散装水泥的取样，每一检验批的总量不得超过（　　）。
A. 200t　　　　B. 300t　　　　C. 400t　　　　D. 500t

15. 普通水泥的复验应在水泥出厂日期超过（　　）。
A. 1个月　　　B. 2个月　　　C. 3个月　　　D. 4个月

16. 水泥成型室的温湿度条件为（　　）。
A. 温度（20±5）℃，湿度≥50%　　　B. 温度（20±2）℃，湿度≥90%
C. 温度（20±1）℃，湿度≥90%　　　D. 温度（20±2）℃，湿度≥50%

17. 水泥试体养护池水温为（　　）。

A. (20±1)℃   B. (20±2)℃   C. (20±3)℃   D. (20±5)℃

18. 水泥细度试验需称取水泥质量为（　　）。
A. 20g   B. 25g   C. 50g   D. 100g

19. 代用法测定水泥标准稠度用水量的固定水量法的用水量为（　　）。
A. 100.5mL   B. 125.5mL   C. 140.5mL   D. 142.5mL

20. 测定水泥初凝的试针有效长度为（　　）。
A. (30±1) mm   B. (40±1) mm   C. (50±1) mm   D. (60±1) mm

21. 第一次测定初凝是试件在湿气养护箱中养护至加水后（　　）。
A. 25min   B. 30min   C. 35min   D. 40min

22. 临近终凝时，每测定1次间隔（　　）。
A. 5min   B. 10min   C. 15min   D. 20min

23. 在测定凝结时间过程中，试针沉入的位置至少距离试模（　　）。
A. 5mm   B. 10mm   C. 15mm   D. 20mm

六、判断对错题（对的打"√"，错的打"×"）

1. 水泥胶砂强度检测用试件，在养护过程中，要随时加水，但不许在养护期间全部换水。（　　）

2. 测定水泥体积安定性的方法有雷氏夹法和试饼法两种，如有争议，以试饼法为准。（　　）

3. 通用硅酸盐水泥的初凝时间不能早于45min。（　　）

项目四 混凝土外加剂和掺合料性能检测

知识目标

1. 了解混凝土外加剂的种类及定义
2. 了解混凝土掺合料的种类及来源
3. 掌握混凝土外加剂匀质性检验方法，掺外加剂的混凝土性能检验
4. 掌握不同外加剂的掺量范围和使用环境
5. 掌握混凝土掺合料性能检测方法

能力目标

1. 能够按照工程需求、环境要求，选择不同种类的混凝土外加剂
2. 通过试验方法，确定外加剂的最佳掺量。能够合理运用掺合料，选择适合环境的掺合料种类及最大掺量
3. 通过本项目的学习，将为以后的工程施工和混凝土的配置奠定必要的基础

任务 1 混凝土外加剂概述

混凝土外加剂是水泥混凝土组分中除水泥、砂、石、混合材料、水以外的第六种组成部分。混凝土外加剂是一种复合型化学建材。大量的工程实践证明，在混凝土中掺入适量的外加剂，可以改善混凝土的性能，提高混凝土强度、节省水泥和能源，改善工艺和劳动条件，提高施工速度和工程质量，保护环境，具有显著的经济效益和社会效益。

一、混凝土外加剂的分类

混凝土外加剂按其功能主要分为以下 5 类：

（1）改善新拌混凝土流动性的外加剂，包括普通减水剂、高效减水剂、早强减水剂、缓凝减水剂、引气减水剂或泵送减水剂。

（2）调节混凝土凝结时间和硬化性能的外加剂，有速凝剂、缓凝剂和早强剂等。

（3）改善混凝土耐久性的外加剂，如抗冻剂、防水剂等。

（4）调节混凝土含气量的外加剂，有引气剂和消泡剂。

（5）提高混凝土特殊性能的外加剂，如膨胀剂、养护剂、防锈剂等。

二、混凝土外加剂应用

外加剂除了能提高混凝土的质量和施工工艺外，还在于应用不同类型的外加剂，可获得如下的一种或几种效果。

(1) 改善混凝土或砂浆拌合物的施工和易性,提高施工速度和质量,减少噪声及劳动强度,满足泵送混凝土、水下混凝土等特种施工要求。

(2) 提高混凝土或砂浆的强度及其他物理力学性能,提高混凝土的强度等级或用较低强度等级水泥配制较高强度的混凝土。

(3) 加速混凝土或砂浆早期强度的发展,缩短工期,加速模板及场地周转,提高产量。

(4) 缩短热养护时间或降低热养护温度,节省能源。

(5) 节约水泥及代替特种水泥。

(6) 调节混凝土或砂浆的凝结硬化速度。

(7) 调节混凝土或砂浆的空气含量,改善混凝土内部结构,提高混凝土的抗渗性和耐久性。

(8) 降低水泥初期水化热或延缓水化放热。

(9) 提高新拌混凝土的抗冻害功能,促使负温下混凝土强度增长。

(10) 提高混凝土耐侵蚀性盐类的腐蚀。

(11) 减弱碱—骨料反应。

(12) 减少或补偿混凝土的收缩,提高混凝土的抗裂性。

(13) 提高钢筋的抗锈蚀能力。

(14) 提高骨料与砂浆界面的粘接力,提高钢筋与混凝土的握裹力,提高新老混凝土界面的粘接力。

(15) 改变砂浆及混凝土的颜色。

外加剂的主要功能及适用范围见表4-1。

表 4-1 外加剂的主要功能及适用范围

外加剂类型	主 要 功 能	适 用 范 围
普通减水剂	(1) 在混凝土和易性及强度不变的条件下,可节省水泥5%~10%; (2) 在保证混凝土工作性及水泥用量不变的条件下,可减少用水量10%左右,混凝土强度提高10%左右; (3) 在保持混凝土用水量及水泥用量不变条件下,可增大混凝土流动性	(1) 用于日最低气温+5℃以上的混凝土施工; (2) 各种预制及现浇混凝土、钢筋混凝土及预应力混凝土; (3) 大模板施工、滑模施工、大体积混凝土、泵送混凝土及商品混凝土
高效减水剂	(1) 在保证混凝土工作性及水泥用量不变的条件下,减少用水量15%左右,混凝土强度提高20%左右; (2) 在保持混凝土用水量及水泥用量不变条件下,可大幅度提高混凝土拌合物流动性; (3) 可节省水泥10%~20%	(1) 用于日最低气温0℃以上的混凝土施工; (2) 高强混凝土、高流动性混凝土、早强混凝土、蒸养混凝土
引气剂及引气减水剂	(1) 提高混凝土耐久性和抗渗性; (2) 提高混凝土拌合物和易性,减少混凝土泌水离析; (3) 引气减水剂还具有减水剂的功能	(1) 有抗冻融要求的混凝土、防水混凝土; (2) 抗盐类结晶破坏及耐碱混凝土; (3) 泵送混凝土、流态混凝土、普通混凝土; (4) 轻集料混凝土
早强剂及早强高效减水剂	(1) 提高混凝土的早期强度; (2) 缩短混凝土的蒸养时间; (3) 早强减水剂还具有减水剂功能	(1) 用于日最低温度-5℃以上及有早强或防冻要求的混凝土; (2) 用于常温或低温下有早强要求的混凝土、蒸养混凝土

续表

外加剂类型	主 要 功 能	适 用 范 围
缓凝剂及缓凝高效减水剂	(1) 延缓混凝土的凝结时间； (2) 降低水泥初期水化热； (3) 缓凝减水剂还具有减水剂功能	(1) 大体积混凝土； (2) 夏季和炎热地区的混凝土施工； (3) 有缓凝要求的混凝土，如商品混凝土、泵送混凝土以及滑模施工； (4) 用于日最低气温5℃以上的混凝土施工
防冻剂	能在一定的负温条件下浇注混凝土而不受冻害，并达到预期强度	负温条件下混凝土施工
膨胀剂	使混凝土体积在水化、硬化过程中产生一定膨胀，减少混凝土干缩裂缝，提高抗裂性和抗渗性能	(1) 用于防水屋面、地下防水、基础后浇缝、防水堵漏等； (2) 设备底座灌浆、地脚螺栓固定等
速凝剂	能使砂浆或混凝土在1~5min之间初凝，2~10min终凝	喷射混凝土、喷射砂浆、临时性堵漏用砂浆及混凝土
防水剂	混凝土的抗渗性能显著提高	地下防水、贮水构筑物、防潮工程等

三、混凝土外加剂的发展

随着建筑工程向高层化、大荷载、大跨度、大体积、快速、经济、节能方向发展，新型高性能混凝土的大量采用，在混凝土材料向高新技术领域发展的同时，也促进了混凝土外加剂向高效、多功能和复合化的方向发展。因此，如何提高混凝土外加剂的减水率，以便在保持工作度情况下最大限度地减少拌和用水；如何更大地提高混凝土的密实性，减少收缩，提高抗冻融性能等，使混凝土的物理力学性能进一步地提高。发展和研制新的高效、多功能、复合型外加剂产品是混凝土外加剂工业面临的新课题。

任务2　混凝土外加剂匀质性检验

一、外加剂匀质性检验项目

1. 术语和定义

高性能减水剂：比高效减水剂具有更高减水率、更好坍落度保持性能、较小干燥收缩，且具有一定引气性能的减水剂。

基准水泥：基准水泥是检验混凝土外加剂性能的专用水泥，是由符合下列品质指标的硅酸盐水泥熟料与二水石膏共同粉磨而成的42.5强度等级的P·I型硅酸盐水泥。

基准混凝土：按照标准规定的试验条件配制的不掺外加剂的混凝土。

受检混凝土：按照标准规定的试验条件配制的掺有外加剂的混凝土。

2. 匀质性指标

匀质性指标应符合表4-2的要求。

表4-2　匀质性指标

项　　目	指　　标
氯离子含量/%	不超过生产厂控制值
总碱量/%	不超过生产厂控制值

续表

项　　目	指　　标
含固量/%	$S>25\%$时，应控制在$0.95S\sim1.05S$； $S\leqslant25\%$时，应控制在$0.90S\sim1.10S$
含水率/%	$W>5\%$时，应控制在$0.90W\sim1.10W$； $W\leqslant5\%$时，应控制在$0.80W\sim1.20W$
密度/（g/cm³）	$D>1.1$时，应控制在$D\pm0.03$； $D\leqslant1.1$时，应控制在$D\pm0.02$
细度	应在生产厂控制范围内
pH值	应在生产厂控制范围内
硫酸钠含量/%	不超过生产厂控制值

注：1. 生产厂应在相关的技术资料中明示产品匀质性指标的控制值；
　　2. 对相同和不同批次之间的匀质性和等效性的其他要求，可由供需双方商定；
　　3. 表中的S、W和D分别为含固量、含水率和密度的生产厂控制值。

二、外加剂匀质性试验方法

1. 含固量

（1）方法提要　在已恒量的称量瓶内放入被测试样，于一定的温度下烘至恒量。

（2）仪器

1）天平：不应低于四级，精确至0.0001g；

2）鼓风电热恒温干燥箱：温度范围0～200℃；

3）带盖称量瓶：25mm×65mm；

4）干燥器：内盛变色硅胶。

（3）试验步骤

1）将洁净带盖称量瓶放入烘箱内，于100～105℃烘30min，取出置于干燥器内，冷却30min后称量，重复上述步骤直至恒量，其质量为m_0。

2）将被测试样装入已经恒量的称量瓶内，盖上盖称出试样及称量瓶的总质量为m_1。

试样称量：固体产品1.0000～2.0000g；液体产品3.0000～5.0000g。

3）将盛有试样的称量瓶放入烘箱内，开启瓶盖，升温至100～105℃（特殊品种除外）烘干，盖上盖置于干燥器内冷却30min后称量，重复上述步骤直至恒量，其质量为m_2。

（4）结果表示　含固量$x_固$按下式计算：

$$x_固=\frac{m_2-m_0}{m_1-m_0}\times100 \tag{4-1}$$

式中　$x_固$——含固量，%；

m_0——称量瓶的质量，g；

m_1——称量瓶加试样的质量，g；

m_2——称量瓶加烘干后试样的质量，g。

（5）允许差　室内允许差为0.30%；室间允许差为0.50%。

2. 密度

（1）比重瓶法

1）方法提要　将已校正容积（V值）的比重瓶灌满被测溶液，在20℃±1℃恒温下，在天平上称出其质量。

2) 测试条件

a) 液体样品直接测试；

b) 固体样品溶液的浓度为 10g/L；

c) 被测溶液的温度为 20℃±1℃；

d) 被测溶液必须清澈，如有沉淀应滤去。

3) 仪器

a) 比重瓶：25mL 或 50mL；

b) 天平：不应低于四级，精确至 0.0001g；

c) 干燥器：内盛变色硅胶；

d) 超级恒温器或同等条件的恒温设备。

4) 试验步骤

a) 比重瓶容积的校正　比重瓶依次用水、乙醇、丙酮和乙醚洗涤并吹干，塞子连瓶一起放入干燥器内，取出，称量比重瓶之质量为 m_0，直至恒量。然后将预先煮沸并经冷却的水装入瓶内，塞上塞子，使多余的水分从塞子毛细管流出，用吸水纸吸干瓶外的水。注意不能让吸水纸吸出塞子毛细管里的水，水要保持与毛细管上口相平，立即在天平称出比重瓶装满水后的质量 m_1。

容积 V 按下式计算：

$$V = \frac{m_1 - m_0}{0.9982} \tag{4-2}$$

式中　V——比重瓶在 20℃时的容积，mL；

m_0——干燥的比重瓶质量，g；

m_1——比重瓶盛满 20℃水的质量，g；

0.9982——20℃时纯水的密度，g/mL。

b) 外加剂溶液密度 ρ 的测定　将已校正 V 值的比重瓶洗净、干燥，灌满被测溶液，塞上塞子后浸入 20℃±1℃超级恒温器内，恒温 20min 后取出，用吸水纸吸干瓶外的水及由毛细管溢出的溶液后，在天平上称出比重瓶装满外加剂溶液后的质量 m_2。

5) 结果表示　外加剂溶液的密度 ρ 按下式计算：

$$\rho = \frac{m_2 - m_0}{V} = \frac{m_2 - m_0}{m_1 - m_0} \times 0.9982 \tag{4-3}$$

式中　ρ——20℃时外加剂溶液密度，g/mL；

m_2——比重瓶装满 20℃外加剂溶液后的质量，g。

6) 允许差　室内允许差为 0.001g/mL；室间允许差为 0.002g/mL。

(2) 液体比重天平法

1) 方法提要　在液体比重天平的一端挂有一标准体积与质量的测锤，浸没于液体之中获得浮力而使横梁失去平衡，然后在横梁的 V 形槽里放置各种定量骑码使横梁恢复平衡，所加骑码的读数 d，再乘以 0.9982g/mL 即为被测溶液的密度 ρ 值。

2) 测试条件（同前）

3) 仪器

a) 液体比重天平(构造示意见图 4-1);
b) 超级恒温器或同等条件的恒温设备。
4) 试验步骤
a) 液体比重天平的调试 将液体比重天平安装在平稳不受震动的水泥台上,其周围不得有强力磁源及腐蚀性气体,在横梁 2 的末端钩子上挂上等重砝码 8,调节水平调节螺钉 9,使横梁上的指针与托架指针成水平线相对,天平即调成水平位置;如无法调节平衡时,可将平衡调节器 3 的定位小螺钉松开,然后略微轻动平衡调节器 3,直至平衡为止。仍将中间定位螺钉旋紧,防止松动。

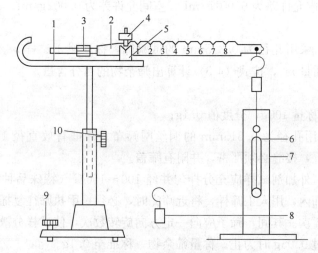

图 4-1 液体比重天平
1—托架;2—横梁;3—平衡调节器;4—灵敏度调节器;5—玛瑙刃座;6—测锤;
7—量筒;8—等重砝码;9—水平调节螺钉;10—固定螺钉

将等重砝码取下,换上整套测锤 6,此时天平必须保持平衡,允许有±0.0005 的误差存在。

如果天平灵敏度过高,可将灵敏度调节器 4 旋低,反之旋高。

b) 外加剂溶液密度 ρ 的测定 将已恒温的被测溶液倒入量筒 7 内,将液体比重天平的测锤浸没在量筒中被测溶液的中央,这时横梁失去平衡,在横梁 V 形槽与小钩上加放各种骑码后使之恢复平衡,所加骑码之读数 d,再乘以 0.9982g/mL,即为被测溶液的密度 ρ 值。

5) 结果表示 将测得的数值 d 代入公式,计算出密度 ρ:

$$\rho = 0.9982d \tag{4-4}$$

式中 d——20℃时被测溶液所加骑码的数值。

6) 允许差 室内允许差为 0.001g/mL;室间允许差为 0.002g/mL。

(3) 精密密度计法
1) 方法提要 先用波美比重计测出溶液的密度,再参考波美比重计所测的数据,用精密密度计准确测出试样的密度 ρ 值。
2) 测试条件(同前)
3) 仪器

a) 波美比重计;

b) 精密密度计;

c) 超级恒温器或同等条件的恒温设备。

4) 试验步骤 将已恒温的外加剂倒入500mL玻璃量筒内,把波美比重计插入溶液中测出该溶液的密度。

参考波美比重计所测溶液的数据,选择这一刻度范围的精密密度计插入溶液中,精确读出溶液凹液面与精密密度计相齐的刻度即为该溶液的密度 ρ。

5) 结果表示 测得的数据即为20℃时外加剂溶液的密度。

6) 允许差 室内允许差为0.001g/mL;室间允许差为0.002g/mL。

3. 细度

(1) 方法提要 采用孔径为0.315mm的试验筛,称取烘干试样 m_0 倒入筛内,用人工筛样,称量筛余物质量 m_1,按式(4-5)计算出筛余物的百分含量。

(2) 仪器

1) 药物天平:称量100g,分度值0.1g;

2) 试验筛:采用孔径为0.315mm的铜丝网筛布。筛框有效直径150mm,高50mm。筛布应紧绷在筛框上,接缝必须严密,并附有筛盖。

(3) 试验步骤 外加剂试样应充分拌匀并经100~150℃(特殊品种除外)烘干,称取烘干试样10g倒入筛内,用人工筛样,将近筛完时,必须一手执筛往复摇动,一手拍打,摇动速度约每分钟120次。其间,筛子应向一定方向旋转数次,使试样分散在筛布上,直至每分钟通过质量不超过0.05g时为止。称量筛余物,称准至0.1g。

(4) 结果表示 细度用筛余(%)表示,按下式计算:

$$筛余 = \frac{m_1}{m_0} \times 100\% \tag{4-5}$$

式中 m_1——筛余物质量,g;

m_0——试样质量,g。

(5) 允许差

室内允许差为0.40%;室间允许差为0.60%。

4. pH值

(1) 方法提要 根据奈斯特(Nemst)方程 $E = E_0 + 0.05915 \lg [H^+]$,$E = E_0 - 0.05915 pH$,利用一对电极在不同pH值溶液中能产生不同电位差,这一对电极由测试电极(玻璃电极)和参比电极(饱和甘汞电极)组成,在25℃时每相差一个单位pH值时产生59.15mV的电位差,pH值可在仪器的刻度表上直接读出。

(2) 仪器

1) 酸度计;

2) 甘汞电极;

3) 玻璃电极;

4) 复合电极。

(3) 测试条件

1) 液体样品直接测试;

2) 固体样品溶液的浓度为 10g/L；

3) 被测溶液的温度为 20℃±3℃。

(4) 测试步骤

1) 校正　按仪器的出厂说明书校正仪器。

2) 测量　当仪器校正好后，先用水，再用测试溶液冲洗电极，然后再将电极浸入被测溶液中轻轻摇动试杯，使溶液均匀。待到酸度计的读数稳定 1min，记录读数。测量结束后，用水冲洗电极，以待下次测量。

(5) 结果表示　酸度计测出的结果即为溶液的 pH 值。

(6) 允许差　室内允许差为 0.2；室间允许差为 0.5。

5. 氯离子含量

(1) 方法提要　用电位滴定法，以银电极或氯电极为指示电极，其电势随 Ag^+ 浓度而变化。以甘汞电极为参比电极，用电位计或酸度计测定两电极在溶液中组成原电池的电势，银离子与氯离子反应生成溶解度很小的氯化银白色沉淀。在等当点前滴入硝酸银生成氯化银沉淀，两电极间电势变化缓慢，等当点时氯离子全部生成氯化银沉淀，这时滴入少量硝酸银即引起电势急剧变化，指示出滴定终点。

(2) 试剂

1) 硝酸 (1+1)；

2) 硝酸银溶液 (17g/L)：准确称取 17g 硝酸银 ($AgNO_3$)，用水溶解，放入 1L 棕色容量瓶中稀释至刻度，摇匀，用 0.1000mol/L 氯化钠标准溶液对硝酸银溶液进行标定；

3) 氯化钠标准溶液 [c (NaCl) = 0.1000mol/L]：称取约 10g 氯化钠 (基准试剂)，盛在称量瓶中，在 130～150℃下烘干 2h，在干燥器内冷却后精确称取 5.8443g，用水溶解并稀释至 1L，摇匀。

标定硝酸银溶液 (17g/L)：

用移液管吸取 10mL 0.1000mol/L 的氯化钠标准溶液于烧杯中，加水稀释至 200mL，加 4mL 硝酸 (1+1)，在电磁搅拌下，用硝酸银溶液以电位滴定法测定终点，过等当点后，在同一溶液中再加入 0.1000mol/L 氯化钠标准溶液 10mL，继续用硝酸银溶液滴定至第二个终点，用二次微商法计算出硝酸银溶液消耗的体积 V_{01}、V_{02}。体积 V_0 按下式计算：

$$V_0 = V_{02} - V_{01} \tag{4-6}$$

式中　V_0——10mL 0.1000mol/L 氯化钠消耗硝酸银溶液的体积，mL；

　　　V_{01}——空白试验中 200mL 水，加 4mL 硝酸 (1+1)，加 10mL 0.1000mol/L 氯化钠标准溶液所消耗的硝酸银溶液的体积，mL；

　　　V_{02}——空白试验中 200mL 水，加 4mL 硝酸 (1+1)，加 20mL 0.1000mol/L 氯化钠标准溶液所消耗的硝酸银溶液的体积，mL。

浓度 c 按下式计算：

$$c = \frac{c'V'}{V_0} \tag{4-7}$$

式中　c——硝酸银溶液的浓度，mol/L；

　　　c'——氯化钠标准溶液的浓度，mol/L；

　　　V'——氯化钠标准溶液的体积，mL。

(3) 仪器

1) 电位测定仪或酸度仪；
2) 银电极或氯电极；
3) 甘汞电极；
4) 电磁搅拌器；
5) 滴定管（25mL）；
6) 移液管（10mL）。

(4) 试验步骤

1) 准确称取外加剂试样 0.5000～5.0000g，放入烧杯中，加 200mL 水和 4mL 硝酸（1+1），使溶液呈酸性，搅拌至完全溶解，如不能完全溶解，可用快速定性滤纸过滤，并用蒸馏水洗涤残渣至无氯离子为止。

2) 用移液管加入 10mL 0.1000mol/L 的氯化钠标准溶液，烧杯内加入电磁搅拌子，将烧杯放在电磁搅拌器上，开动搅拌器并插入银电极（或氯电极）及甘汞电极，两电极与电位计或酸度计相连接，用硝酸银溶液缓慢滴定，记录电势和对应的滴定管读数。

由于接近等当点时，电势增加很快，此时要缓慢滴加硝酸银溶液，每次定量加入 0.1mL，当电势发生突变时，表示等当点已过，此时继续滴入硝酸银溶液，直至电势趋向变化平缓。得到第一个终点时硝酸银溶液消耗的体积 V_1。

3) 在同一溶液中，用移液管再加入 10mL 0.1000mol/L 氯化钠标准溶液（此时溶液电势降低），继续用硝酸银溶液滴定，直至第二个等当点出现，记录电势和对应的 0.1mol/L 硝酸银溶液消耗的体积 V_2。

4) 空白试验。在干净的烧杯中加入 200mL 水和 4mL 硝酸（1+1），用移液管加入 10mL 0.1000mol/L 的氯化钠标准溶液，在不加入试样的情况下，在电磁搅拌下，缓慢滴加硝酸银溶液，记录电势和对应的滴定管读数，直至第一个终点出现。过等当点后，在同一溶液中，再用移液管加入 10mL 0.1000mol/L 的氯化钠标准溶液，继续用硝酸银溶液滴定至第二个终点，用二次微商法计算出硝酸银溶液消耗的体积 V_{01} 及 V_{02}。

(5) 结果表示　用二次微商法计算结果。通过电压对体积二次导数（即 $\Delta^2 E/\Delta V^2$）变成零的办法来求出滴定终点。假如在临近等当点时，每次加入的硝酸银溶液是相等的，此函数（$\Delta^2 E/\Delta V^2$）必定会在正负两个符号发生变化的体积之间的某一点变成零，对应这一点的体积即为终点体积，可用内插法求得。

外加剂中氯离子所消耗的硝酸银体积 V 按下式计算：

$$V=\frac{(V_1-V_{01})+(V_2-V_{02})}{2} \tag{4-8}$$

式中　V_1——试样溶液加 10mL 0.1000mol/L 氯化钠标准溶液所消耗的硝酸银溶液体积，mL；

V_2——试样溶液加 20mL 0.1000mol/L 氯化钠标准溶液所消耗的硝酸银溶液体积，mL。

外加剂中氯离子含量 X_{Cl^-} 按下式计算：

$$X_{Cl^-}=\frac{cV\times 35.45}{m\times 1000}\times 100 \tag{4-9}$$

式中　X_{Cl^-}——外加剂氯离子含量，%；

m——外加剂样品质量，g。

用 1.565 乘氯离子的含量，即获得无水氯化钙 X_{CaCl_2} 的含量，按下式计算：

$$X_{CaCl_2} = 1.565 \times X_{Cl^-} \tag{4-10}$$

式中　X_{CaCl_2}——外加剂中无水氯化钙的含量，%。

(6) 允许差　室内允许差为 0.05%；室间允许差为 0.08%。

6. 硫酸钠含量

(1) 重量法

1) 方法提要　氯化钡溶液与外加剂试样中的硫酸盐生成溶解度极小的硫酸钡沉淀，称量经高温灼烧后的沉淀来计算硫酸钠的含量。

2) 试剂

a) 盐酸 (1+1)；

b) 氯化铵溶液 (50g/L)；

c) 氯化钡溶液 (100g/L)；

d) 硝酸银溶液 (1g/L)。

3) 仪器

a) 电阻高温炉：最高使用温度不低于 900℃；

b) 天平：不应低于四级，精度至 0.0001g；

c) 电磁电热式搅拌器；

d) 瓷坩埚：18～30mL；

e) 烧杯：400mL；

f) 长颈漏斗；

g) 慢速定量滤纸，快速定性滤纸。

4) 试验步骤

a) 准确称取试样约 0.5g，于 400mL 烧杯中，加入 200mL 水搅拌溶解，再加入氯化铵溶液 50mL，加热煮沸后，用快速定性滤纸过滤，用水洗涤数次后，将滤液浓缩至 200mL 左右，滴加盐酸 (1+1) 至浓缩滤液显示酸性，再多加 5～10 滴盐酸，煮沸后在不断搅拌下趁热滴加氯化钡溶液 10mL，继续煮沸 15min，取下滤杯，置于加热板上，保持 50～60℃ 静置 2～4h 或常温静置 8h。

b) 用两张慢速定量滤纸过滤，烧杯中的沉淀用 70℃ 水洗净，使沉淀全部转移到滤纸上，用温热水洗涤沉淀至无氯根为止（用硝酸银溶液检验）。

c) 将沉淀与滤纸移入预先灼烧恒重的坩埚中，小火烘干，灰化。

d) 在 800℃ 电阻高温炉中灼烧 30min，然后在干燥器里冷却至室温（约 30min），取出称量，再将坩埚放回高温炉中，灼烧 20min，取出冷却至室温称量，如此反复直至恒量（连续两次称量之差小于 0.0005g）。

5) 结果表示　硫酸钠含量 $X_{Na_2SO_4}$ 按下式计算：

$$X_{Na_2SO_4} = \frac{(m_2 - m_1) \times 0.6086}{m} \times 100 \tag{4-11}$$

式中　$X_{Na_2SO_4}$——外加剂中硫酸钠含量，%；

m——试样质量，g；

m_1——空坩埚质量，g；

m_2——灼烧后滤渣加坩埚质量，g；

0.6086——硫酸钡换算成硫酸钠的系数。

6) 允许差　室内允许差为0.50%；室间允许差为0.80%。

(2) 离子交换重量法　采用重量法测定，试样加入氯化铵溶液沉淀处理过程中，发现絮凝物而不易过滤时改用离子交换重量法。

1) 方法提要（同前）。

2) 试剂　同前，并增加预先经活化处理过的717—OH型阴离子交换树脂。

3) 仪器（同前）。

4) 试验步骤

a) 准确称取外加剂样品0.2000～0.5000g，置于盛有6g 717—OH型阴离子交换树脂的100mL烧杯中，加入60mL水和电磁搅拌棒，在电磁电热式搅拌器上加热至60～65℃，搅拌10min，进行离子交换。

b) 将烧杯取下，用快速定性滤纸于三角漏斗上过滤，弃去滤液。

c) 然后用50～60℃氯化铵溶液洗涤树脂五次，再用温水洗涤五次，将洗液收集于另一干净的300mL烧杯中，滴加盐酸（1+1）至溶液显示酸性，再多加5～10滴盐酸，煮沸后在不断搅拌下趁热滴加氯化钡溶液10mL，继续煮沸15min，取下烧杯，置于加热板上保持50～60℃，静置2～4h或常温静置8h。

d) 重复重量法2)～4)步骤。

5) 结果表示（同重量法）。

6) 允许差（同重量法）。

7. 碱含量

(1) 方法提要　试样用约80℃的热水溶解，以氨水分离铁、铝；以碳酸钙分离钙、镁。滤液中的碱（钾和钠），采用相应的滤光片，用火焰光度计进行测定。

(2) 试剂与仪器

1) 盐酸（1+1）。

2) 氨水（1+1）。

3) 碳酸铵溶液（100g/L）。

4) 氧化钾、氧化钠标准溶液：精确称取已在130～150℃烘过2h的氯化钾（KCl光谱纯）0.7920g及氯化钠（NaCl光谱纯）0.9430g，置于烧杯中，加水溶解后，移入1000mL容量瓶中，用水稀释至标线，摇匀，转移至干燥的带盖的塑料瓶中。此标准溶液每毫升相当于氧化钾及氧化钠0.5mg。

5) 甲基红指示剂（2g/L乙醇溶液）。

6) 火焰光度计。

(3) 试验步骤

1) 工作曲线的绘制　分别向100mL容量瓶中注入0.00、1.00mL、2.00mL、4.00mL、8.00mL、12.00mL的氧化钾、氧化钠标准溶液（分别相当于氧化钾、氧化钠各0.00、0.50mg、1.00mg、2.00mg、4.00mg、6.00mg），用水稀释至标线，摇匀，然后分别于火焰光度计上按仪器使用规程进行测定，根据测得的检流计读数与溶液的浓度关系，分别绘制氧化钾及氧化钠的工作曲线。

2) 准确称取一定量的试样置于 150mL 的瓷蒸发皿中,用 80℃ 左右的热水润湿并稀释至 30mL,置于电热板上加热蒸发,保持微沸 5min 后取下,冷却,加 1 滴甲基红指示剂,滴加氨水(1+1),使溶液呈黄色;加入 10mL 碳酸铵溶液,搅拌,置于电热板上加热并保持微沸 10min,用中速滤纸过滤,以热水洗涤,滤液及洗液盛于容量瓶中,冷却至室温,以盐酸(1+1)中和至溶液呈红色,然后用水稀释至标线,摇匀,以火焰光度计按仪器使用规程进行测定。称样量及稀释倍数见表 4-3。

表 4-3 称样量及稀释倍数

总碱量/%	称样量/g	稀释体积/mL	稀释倍数 n
1.00	0.2	100	1
1.00～5.00	0.1	250	2.5
5.00～10.00	0.05	250 或 500	2.5 或 5.0
大于 10.00	0.05	500 或 1000	5.0 或 10.0

(4) 结果表示
1) 氧化钾与氧化钠含量计量
氧化钾含量 X_{K_2O} 按下式计算:

$$X_{K_2O} = \frac{C_1 \cdot n}{m \times 1000} \times 100 \tag{4-12}$$

式中　X_{K_2O}——外加剂中氧化钾含量,%;
　　　C_1——在工作曲线上查得每 100mL 被测定液中氧化钾的含量,mg;
　　　n——被测溶液的稀释倍数;
　　　m——试样质量,g。

氧化钠含量 X_{Na_2O} 按下式计算:

$$X_{Na_2O} = \frac{C_2 \cdot n}{m \times 1000} \times 100 \tag{4-13}$$

式中　X_{Na_2O}——外加剂中氧化钠含量,%;
　　　C_2——在工作曲线上查得每 100mL 被测定液中氧化钠的含量,mg。
　　　n,m 意义同式(4-12)。

2) $X_{总碱量}$ 按下式计算

$$X_{总碱量} = 0.658 \times X_{K_2O} \times X_{Na_2O} \tag{4-14}$$

式中　$X_{总碱量}$——外加剂中的总碱量,%。

(5) 允许差　见表 4-4。

表 4-4 总碱量允许差

总碱量/%	室内允许差/%	室间允许差/%
1.00	0.10	0.15
1.00～5.00	0.20	0.30
5.00～10.00	0.30	0.50
大于 10.00	0.50	0.80

注:1. 矿物质的混凝土外加剂:如膨胀剂等,不在此范围之内。
2. 总碱量的测定亦可采用原子吸收光谱法。

任务3　掺外加剂混凝土的性能检验

一、混凝土外加剂掺量的确定试验

1. 水泥

基准水泥是检验混凝土外加剂性能的专用水泥,是由符合下列品质指标的硅酸盐水泥熟料与二水石膏共同粉磨而成的 42.5 强度等级的 P·I 型硅酸盐水泥。基准水泥必须由经中国建材联合会混凝土外加剂分会与有关单位共同确认具备生产条件的工厂供给。

2. 砂

采用 II 区的中砂,但细度模数为 2.6～2.9,含泥量小于 1%。

3. 石子

公称粒径为 5～20mm 的碎石或卵石,采用二级配,其中 5～10mm 占 40%,10～20mm 占 60%,满足连续级配要求,针片状物质含量小于 10%,空隙率小于 47%,含泥量小于 0.5%。如有争议,以碎石结果为准。

4. 水

符合混凝土拌和用水的技术要求。

5. 外加剂（需要检测的外加剂）

6. 配合比

基准混凝土配合比按标准要求进行设计。掺非引气型外加剂的受检混凝土和其对应的基准混凝土的水泥、砂、石的比例相同。配合比设计应符合以下规定：

1) 水泥用量：掺高性能减水剂或泵送剂的基准混凝土和受检混凝土的单位水泥用量为 $360kg/m^3$；掺其他外加剂的基准混凝土和受检混凝土单位水泥用量为 $330kg/m^3$。

2) 砂率：掺高性能减水剂或泵送剂的基准混凝土和受检混凝土的砂率均为 43%～47%；掺其他外加剂的基准混凝土和受检混凝土的砂率为 36%～40%；但掺引气减水剂或引气剂的受检混凝土的砂率应比基准混凝土的砂率低 1%～3%。

3) 外加剂掺量：按生产厂家指定掺量。

4) 用水量：掺高性能减水剂或泵送剂的基准混凝土和受检混凝土的坍落度控制在 (210±10) mm,用水量为坍落度在 (210±10) mm 时的最小用水量；掺其他外加剂的基准混凝土和受检混凝土的坍落度控制在 (80±10) mm。

用水量包括液体外加剂、砂、石材料中所含的水量。

二、掺外加剂混凝土和易性试验

1. 混凝土性能

掺外加剂混凝土的性能应符合表 4-5 的要求。

2. 混凝土搅拌

采用公称容量为 60L 的单卧轴式强制搅拌机。搅拌机的拌合量应不少于 20L,不宜大于 45L。外加剂为粉状时,将水泥、砂、石、外加剂一次投入搅拌机,干拌均匀,再加入拌合水,一起搅拌 2min。外加剂为液体时,将水泥、砂、石一次投入搅拌机,干拌均匀,再加入掺有外加剂的拌合水一起搅拌 2min。出料后,在铁板上用人工翻拌至均匀,再行试验。各种混凝土试验材料及环境温度均应保持在 (20±3)℃。

表 4-5 受检混凝土性能指标

项 目	高性能减水剂 HPWR 早强型 HPWR-A	高性能减水剂 HPWR 标准型 HPWR-S	高性能减水剂 HPWR 缓凝型 HPWR-R	高效减水剂 HWR 标准型 HWR-S	高效减水剂 HWR 缓凝型 HWR-R	普通减水剂 WR 早强剂 WR-A	普通减水剂 WR 标准型 WR-S	普通减水剂 WR 缓凝型 WR-R	引气减水剂 AEWR	泵送剂 PA	早强剂 Ac	缓凝剂 Re	引气剂 AE
减水率/%，不小于	25	25	25	14	14	8	8	8	10	12	—	—	6
泌水率/%，不大于	50	60	70	90	100	95	95	100	70	70	100	100	70
含气量/%	≤6.0	≤6.0	≤6.0	≤3.0	≤4.5	≤4.0	≤4.0	≤5.5	≥3.0	≤5.5	—	—	≥3.0
凝结时间之差/min 初凝	−90~+90	−90~+120	>+90	−90~+120	>+90	−90~+90	−90~+120	>+90	−90~+120	—	−90~+90	>+90	−90~+120
凝结时间之差/min 终凝													
1h经时变化量 坍落度/mm	—	≤80	≤60	—	—	—	—	—	—	≤80	—	—	—
1h经时变化量 含气量/%	—	—	—	—	—	—	—	—	−1.5~+1.5	—	—	—	−1.5~+1.5
抗压强度比/%，不小于 1d	180	170	—	140	—	135	—	—	—	—	135	—	—
抗压强度比/%，不小于 3d	170	160	—	130	—	130	115	—	—	—	130	—	95
抗压强度比/%，不小于 7d	145	150	140	125	125	110	115	110	110	115	110	100	95
抗压强度比/%，不小于 28d	130	140	130	120	120	100	110	110	100	110	100	100	90
收缩率比/%，不大于 28d	110	110	110	135	135	135	135	135	135	135	135	135	135
相对耐久性(200次)/%，不小于	—	—	—	—	—	—	—	—	80	—	—	—	80

注：1. 表中抗压强度比、收缩率比、相对耐久性为强制性指标，其余为推荐性指标。
2. 除含气量外，表中所列数据为掺外加剂混凝土与基准混凝土的差值或比值。
3. 凝结时间之差性能指标中的"—"号表示提前，"+"号表示延缓。
4. 相对耐久性（200次）性能指标中的"≥80"表示将28d龄期的受检混凝土试件快速冻融循环200次后，动弹性模量保留值≥80%。
5. 1h含气量经时变化量是否需要测定相对耐久性指标，由供、需双方协商确定。
6. 其他品种的外加剂是否需要测定相对耐久性指标，由供、需双方协商确定。
7. 当用户对泵送剂等产品有特殊要求时，需要进行补充的试验项目，试验方法及指标，由供、需双方协商确定。

3. 试验项目及所需试件数量

试验项目及所需试件数量见表4-6。

表4-6 试验项目及所需数量

试验项目		外加剂类别	试验类别	试验所需数量			
				混凝土拌合批数	每批取样数目	基准混凝土总取样数目	受检混凝土总取样数目
减水率		除早强剂、缓凝剂外的各种外加剂	混凝土拌合物	3	1次	3次	3次
泌水率比		各种外加剂		3	1个	3个	3个
含气量				3	1个	3个	3个
凝结时间差				3	1个	3个	3个
1h经时变化量	坍落度	高性能减水剂、泵送剂		3	1个	3个	3个
	含气量	引气剂、引气减水剂		3	1个	3个	3个
抗压强度比		各种外加剂	硬化混凝土	3	6、9或12块	18、27或36块	18、27或36块
收缩率比				3	1条	3条	3条
相对耐久性		引气减水剂、引气剂	硬化混凝土	3	1条	3条	3条

注：1. 试验时，检验同一种外加剂的三批混凝土的制作宜在开始试验一周内的不同日期完成。对比的基准混凝土和受检混凝土应同时成型。
2. 试验龄期参考表4-5试验项目栏。
3. 试验前后应仔细观察试样，对有明显缺陷的试样和试验结果都应舍去。

三、混凝土拌合物性能试验方法

1. 坍落度和坍落度1h经时变化量测定

每批混凝土取一个试样。坍落度和坍落度1h经时变化量均以三次试验结果的平均值表示。三次试验的最大值和最小值与中间值之差有一个超过10mm时，将最大值和最小值一并舍去，取中间值作为该批的试验结果；最大值和最小值与中间值之差均超过10mm时，则应重做。

坍落度及坍落度1h经时变化量测定值以"mm"表示，结果表达修约到5mm。

(1) 坍落度测定 坍落度与坍落扩展度法适用于粗集料最大粒径不大于40mm、坍落度值不小于10mm的混凝土拌合物的和易性测定。

1) 主要仪器：

坍落度筒：规格尺寸，如图4-2所示。

捣棒：规格尺寸，如图4-3所示。

其他仪器：底板、钢尺、小铲等。

2) 试验步骤

a) 湿润坍落度筒及其他用具，并把筒放在不吸水的刚性水平底板上，然后用脚踩住两边的脚踏板，使坍落度筒在装料时保持位置固定。

b) 把按要求取得或制备的混凝土试样用小铲分三层均匀地装入筒内，使捣实后每层高度为筒高的1/3左右。每层用捣棒插捣25次，插捣应沿螺旋方向由外向中心进行，各次插捣应在截面上均匀分布。插捣筒边混凝土时，捣棒可以稍稍倾斜。插捣时捣棒应贯穿本层至下一层的表面（或底面）。

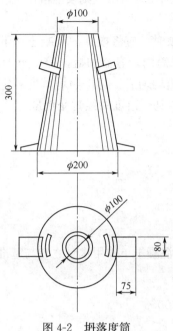

图 4-2　坍落度筒

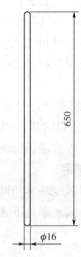

图 4-3　捣棒

c）浇灌顶层时，混凝土应灌到高出筒口。插捣过程中，如混凝土沉落到低于筒口，则应随时添加。顶层插捣完后，刮去多余的混凝土，并用抹刀抹平。

d）清除筒边底板上的混凝土后，垂直平稳地提起坍落度筒。坍落度筒的提离过程应在 5～10s 内完成。

从开始装料到提坍落度筒的整个过程应不间断地进行，并应在 150s 内完成。

提起坍落度筒后，测量筒高与坍落后混凝土试体最高点之间的高度差，即为该混凝土拌合物的坍落度值。

坍落度筒提离后，如混凝土发生崩坍或一边剪坏现象，则应重新取样另行测定。如第二次试验仍出现上述现象，则表示该混凝土和易性不好，应予记录备查。

当混凝土拌合物的坍落度大于 220mm 时，用钢尺测量混凝土扩展后最终的最大直径和最小直径，若两个直径之差小于 50mm 时，取其算术平均值作为坍落扩展度值；否则，此次试验无效。

3）试验结果　坍落度不大于 220mm 时，拌合物和易性的评定：

稠度：用坍落度值表示，以"mm"为单位，结果精确至 5mm。

黏聚性：用捣棒在已坍落的混凝土锥体侧面轻轻敲打，如锥体逐渐下沉，表示黏聚性良好；如锥体倒塌、部分崩裂或出现离析现象，则表示黏聚性不好。

保水性：坍落度筒提起后如底部有较多稀浆析出，锥体部分的混凝土也因失浆而集料外露，表明保水性不好；如无稀浆或仅有少量稀浆自底部析出，则表明保水性良好。

坍落度大于 220mm 时，拌合物和易性的评定：

稠度：以坍落扩展度值表示，以"mm"为单位，结果精确至 5mm。

抗离析性：提起坍落度筒后，如果拌合物在扩展的过程中，始终保持其匀质性，不论是扩展的中心还是边缘，粗集料的分布都是均匀的，也无浆体从边缘析出，表明混凝土拌合物抗离析性良好；如果发现粗集料在中央集堆或边缘有水泥浆析出，则表明混凝土拌合物抗离析性不好。

(2) 坍落度 1h 经时变化量测定　当要求测定此项时，应将搅拌的混凝土留下足够一次混凝土坍落度的试验数量，并装入用湿布擦过的试样筒内，容器加盖，静置至 1h（从加水搅拌时开始计算），然后倒出，在铁板上用铁锹翻拌至均匀后，再按照坍落度测定方法测定坍落度。计算出机时和 1h 之后的坍落度之差值，即得到坍落度的经时变化量。

坍落度 1h 经时变化量按下式计算：

$$\Delta Sl = Sl_0 - Sl_{1h} \tag{4-15}$$

式中　ΔSl——坍落度经时变化量，mm；
　　　Sl_0——出机时测得的坍落度，mm；
　　　Sl_{1h}——1h 后测得的坍落度，mm。

2. 减水率测定

减水率为坍落度基本相同时，基准混凝土和受检混凝土单位用水量之差与基准混凝土单位用水量之比。减水率按下式计算，应精确到 0.1%。

$$W_R = \frac{W_0 - W_1}{W_0} \times 100\% \tag{4-16}$$

式中　W_R——减水率，%；
　　　W_0——基准混凝土单位用水量，kg/m³；
　　　W_1——受检混凝土单位用水量，kg/m³。

W_R 以三批试验的算术平均值计，精确到 1%。若三批试验的最大值或最小值中有一个与中间值之差超过中间值的 15% 时，则把最大值与最小值一并舍去，取中间值作为该组试验的减水率。若有两个测值与中间值之差均超过 15% 时，则该批试验结果无效，应该重做。

3. 泌水率比测定

泌水率比按下式计算，应精确到 1%。

$$R_B = \frac{B_t}{B_c} \times 100\% \tag{4-17}$$

式中　R_B——泌水率比，%；
　　　B_t——受检混凝土泌水率，%；
　　　B_c——基准混凝土泌水率，%。

泌水率的测定和计算方法如下：

先用湿布润湿容积为 5L 的带盖筒（内径为 185mm、高 200mm），将混凝土拌合物一次装入，在振动台上振动 20s，然后用抹刀轻轻抹平，加盖以防水分蒸发。试样表面应比筒口边低约 20mm。自抹面开始计算时间，在前 60min，每隔 10min 用吸液管吸出泌水一次，以后每隔 20min 吸水一次，直至连续三次无泌水为止。每次吸水前 5min，应将筒底一侧垫高约 20mm，使筒倾斜，以便于吸水。吸水后，将筒轻轻放平盖好。将每次吸出的水都注入带塞量筒，最后计算出总的泌水量，精确至 1g，并按下式计算泌水率：

$$B = \frac{V_W}{(W/G)G_W} \times 100\% \tag{4-18}$$

$$G_W = G_1 - G_0 \tag{4-19}$$

式中　B——泌水率，%；

　　　V_W——泌水总质量，g；

　　　W——混凝土拌合物的用水量，g；

　　　G——混凝土拌合物的总质量，g；

　　　G_W——试样质量，g；

　　　G_1——筒及试样质量，g；

　　　G_0——筒质量，g。

试验时，从每批混凝土拌合物中取一个试样，泌水率取三个试样的算术平均值，精确到 0.1%。若三个试样的最大值或最小值中有一个与中间值之差大于中间值的 15%，则把最大值与最小值一并舍去，取中间值作为该组试验的泌水率，如果最大值和最小值与中间值之差均大于中间值的 15% 时，则应重做。

4. 含气量和含气量 1h 经时变化量的测定

试验时，从每批混凝土拌合物取一个试样，含气量以三个试样测值的算术平均值来表示。若三个试样中的最大值或最小值中有一个与中间值之差超过 0.5% 时，将最大值与最小值一并舍去，取中间值作为该批的试验结果；如果最大值和最小值与中间值之差均超过 0.5%，则应重做。含气量和 1h 经时变化量测定值精确到 0.1%。

(1) 含气量测定　用气水混合式含气量测定仪，并按仪器说明进行操作，但混凝土拌合物应一次装满并稍高于容器，用振动台振实 15~20s。

(2) 含气量 1h 经时变化量测定　当要求测定此项时，将搅拌的混凝土留下足够一次含气量试验的数量，并装入用湿布擦过的试样筒内，容器加盖，静置至 1h（从加水搅拌时开始计算），然后倒出，在铁板上用铁锹翻拌均匀后，再按照含气量测定方法测定含气量。计算出机时和 1h 之后的含气量之差值，即得到含气量的经时变化量。含气量 1h 经时变化量按下式计算：

$$\Delta A = A_0 - A_{1h} \tag{4-20}$$

式中　ΔA——含气量经时变化量，%；

　　　A_0——出机后测得的含气量，%；

　　　A_{1h}——1h 后测得的含气量，%。

5. 凝结时间差测定

凝结时间差按下式计算：

$$\Delta T = T_t - T_c \tag{4-21}$$

式中　ΔT——凝结时间之差，min；

　　　T_t——受检混凝土的初凝或终凝时间，min；

　　　T_c——基准混凝土的初凝或终凝时间，min。

凝结时间采用贯入阻力仪测定，仪器精度为 10N，凝结时间测定方法如下：将混凝土拌合物用 5mm（圆孔筛）振动筛筛出砂浆，拌匀后装入上口内径为 160mm，下口内径为 150mm，净高 150mm 的刚性不渗水的金属圆筒，试样表面应略低于筒口约 10mm，用振动台振实，3~5s，置于（20±2）℃的环境中，容器加盖。一般基准混凝土在成型后 3~4h 开始测定，掺早强剂的在成型后 1~2h、掺缓凝剂的在成型后 4~6h 开始测定，以后每

0.5h 或 1h 测定一次，但在临近初、终凝时，可以缩短测定间隔时间。每次测点应避开前一次测孔，其净距为试针直径的 2 倍，但至少不小于 15mm，试针与容器边缘的距离不小于 25mm。测定初凝时间用截面积为 100mm² 的试针，测定终凝时间用 20mm² 的试针。

测试时，将砂浆试样筒置于贯入阻力仪上，测针端部与砂浆表面接触，然后在 (10±2) s 内均匀地使测针贯入砂浆 (25±2) mm 深度。记录贯入阻力值，精确至 10N；记录测量时间，精确至 1min。按下式计算，精确到 0.1MPa。

$$R = \frac{P}{A} \tag{4-22}$$

式中 R——贯入阻力值，MPa；

P——贯入深度达 25mm 时所需的净压力，N；

A——贯入阻力仪试针的截面积，mm²。

根据计算结果，以贯入阻力值为纵坐标，测试时间为横坐标，绘制贯入阻力值与时间关系曲线，求出贯入阻力值达 3.5MPa 时，对应的时间作为初凝时间；贯入阻力值达 28MPa 时，对应的时间作为终凝时间。从水泥与水接触时开始计算凝结时间。

试验时，每批混凝土拌合物取一个试样，凝结时间取三个试样的平均值。若三批试验的最大值或最小值之中有一个与中间值之差超过 30min，把最大值与最小值一并舍去，取中间值作为该组试验的凝结时间。若两测值与中间值之差均超过 30min，则该组试验结果无效，则应重做。凝结时间以 min 表示，并修约到 5min。

四、掺外加剂混凝土力学性能试验

1. 抗压强度比测定

(1) 主要仪器

1) 钢尺：精度 1mm；

2) 台秤：称量 100kg，感量 1kg；

3) 压力机或万能压力机：上下压板平整并有足够刚度，可以均匀地连续加荷卸荷，可以保持固定荷载。开机停机均灵活自如，能够满足量程要求。

(2) 试验步骤 经标准养护条件下养护到规定龄期。

取出试件，先检查其尺寸及形状，相对两面应平行，表面倾斜偏差不得超过 0.5mm。量出棱边长度，精确至 1mm（试件的受力截面积按其与压力机上、下接触面的平均值计算）。试件如有蜂窝缺陷，应在试验前三天用浓水泥浆填补平整，并在报告中说明。在破型前，保持试件原有湿度，在试验时擦干试件。

以试件与模壁相接触的平面作为受压面，将试件安放在球座上，球座置于压力机压板中心，几何对中（指试件或球座偏离机台几何中心在 5mm 以内），强度等级＜C30 的混凝土取 0.3～0.5MPa/s 的加荷速度；强度等级≥C30＜C60 时则取 0.5～0.8MPa/s 的加荷速度；强度等级≥C60 的混凝土取 0.8～1.0MPa/s 的加荷速度。当试件接近破坏而开始迅速变形时，应停止调整试验机油门，直至试件破坏，记下破坏极限荷载。

(3) 试验结果 混凝土立方体试件抗压强度的计算见下式：

$$f = F/A \tag{4-23}$$

式中 f——抗压强度，MPa；

F——极限荷载，N；

A——受压面积,mm^2。

以 3 个试件测值的算术平均值为测定值。如任一个测值与中间值的差超过中间值的 15% 时,则取中间值为测定值;如有两个测值与中间值的差均超过中间值的 15% 时,则该组试验结果无效,应该重做。

试验结果计算精确至 0.1MPa。

混凝土抗压强度以 150mm×150mm×150mm 的立方体试件为标准试件,其他尺寸试件抗压强度换算系数见表 4-7,并应在报告中注明。

表 4-7 抗压强度尺寸换算系数表

试件尺寸/(mm×mm×mm)	换 算 系 数	集料最大粒径/mm
100×100×100	0.95	30
150×150×150	1.00	40
200×200×200	1.05	60

抗压强度比以掺外加剂混凝土与基准混凝土同龄期抗压强度之比表示,按下式计算,精确到 1%。

$$R_f = \frac{f_t}{f_c} \times 100\% \tag{4-24}$$

式中 R_f——抗压强度比,%;

f_t——受检混凝土的抗压强度,MPa;

f_c——基准混凝土的抗压强度,MPa。

2. 收缩率比测定

收缩率比以 28d 龄期时受检混凝土与基准混凝土的收缩率的比值表示,按下式计算:

$$R_\varepsilon = \frac{\varepsilon_t}{\varepsilon_c} \times 100\% \tag{4-25}$$

式中 R_ε——收缩率比,%;

ε_t——受检混凝土的收缩率,%;

ε_c——基准混凝土的收缩率,%。

受检混凝土及基准混凝土试件用振动台成型,振动 15~20s。

每批混凝土拌合物取一个试样,以三个试样收缩率比的算术平均值表示,计算精确到 1%。

3. 相对耐久性试验

试件采用振动台成型,振动 15~20s,标准养护 28d 进行冻融循环试验(快冻法)。

相对耐久性指标是以掺外加剂混凝土冻融 200 次后的动弹性模量是否不小于 80% 来评定外加剂的质量。每批混凝土拌合物取一个试样,相对动弹性模量以三个试件测值的算术平均值表示。

任务 4 混凝土掺合料概述

高性能混凝土中活性矿物掺合料是必要的组分之一,它可降低温升,改善工作性,增进后期强度，并可改善混凝土内部结构，提高混凝土耐久性和抗侵蚀作用能力。

一、混凝土掺合料的种类

1. 矿渣微粉

粒化高炉矿渣磨细后的细粉称为矿渣微粉。矿渣是高炉炼铁时产生的废渣，在高炉出渣口将熔融状态的渣倒入冲渣池，经水急冷后的高炉水淬矿渣。经粉磨后即可得到磨细矿渣，一般的比表面积都在 $4000cm^2/g$ 以上。细度大的矿渣具有高度活性。贮存时间久会使活性下降。磨细矿渣比表面积愈大活性愈好，将磨细矿渣直接掺入混凝土中做掺合料时，可使混凝土的多项性能得到大的改善。

一般在工程上应用时：比表面积大于 $4000cm^2/g$ 时，适用于 C40～C60 混凝土；比表面积大于 $5000cm^2/g$ 时，适用于 C60～C70 混凝土；比表面积大于 $6000cm^2/g$ 时，适用于 C80 以上混凝土。

2. 粉煤灰

粉煤灰是火力发电厂排放出来的烟道灰，其主要成分为 SiO_2、Al_2O_3 以及少量 Fe_2O_3、CaO、MgO 等。由直径在几个微米的实心和空心玻璃微珠体及少量石英等结晶物质组成。到目前为止，混凝土中所使用的都是干排灰，并经粉磨达到规定细度的产品，但多数用于 C40 以下的混凝土中。

使用于高性能混凝土中必须是 I 级粉煤灰。

经磨细或风选后的磨细粉煤灰、微珠粉煤灰不但活性好，且由于其粒形效应还可以降低需水量。

3. 硅灰

硅粉是二氧化硅蒸气直接冷凝成非晶态的球状微粒，是电炉生产硅铁合金或单晶硅的副产品。形状为球状的玻璃体。具有极微细的粒径，比表面积达 $200000cm^2/g$。质量好的硅粉 SiO_2 含量在 90% 以上。其中活性 SiO_2 达 40% 以上〔用其在饱和 $Ca(OH)_2$ 溶液中的溶解度来表示〕，其活性很高。硅粉对混凝土的增强作用十分明显，当硅粉内掺 10% 时，混凝土的抗压强度可提高 25% 以上。但随着硅粉掺量的增加，需水量也增加，混凝土黏度也增加，硅粉的掺入还会加大混凝土的收缩，因此硅粉的掺量一般在 5%～10% 之间。可以和粉煤灰、矿粉、减水剂等复合使用。

4. 沸石粉

天然沸石是一种经长期压力、温度、碱性水介质作用而沸石化了的凝灰岩，是一种含水的架状结构铝硅酸盐矿物，由火山玻璃体在碱性水介质作用下经水化、水解、结晶生成的多孔、有较大内表面的沸石结构。脱水后的沸石多孔，因而有吸附性和离子交换特性。可作高效减水剂的载体，制成载体流化剂用以控制混凝土坍落度损失。未经脱水的沸石细粉直接掺入混凝土中使水化反应均匀而充分，改善混凝土强度及密实性。其强度发展、抗渗性、徐变和因吸附碱离子而抑制碱—骨料反应能力均较粉煤灰及矿粉更好。

沸石粉多以 5%～10% 等量取代水泥。

5. 偏高岭土

层状硅酸盐构造的高岭土在 600℃ 下加热会失掉所含的结晶水，变成无水硅酸铝 $Al_2O_3 \cdot 2SiO_2$，AS_2，也就是偏高岭土。

偏高岭土中的活性成分无水硅酸铝与水泥水化析出的氢氧化钙生成具有凝胶性质的水化

钙铝黄长石和二次C—S—H凝胶，这些水化产物显著增强，不仅使混凝土的抗压强度，而且还使抗弯和劈裂抗拉强度增高，增加纤维混凝土抗弯韧性。这些由偏高岭土水化生成的产物后期强度仍不断增长，甚至和硅灰的增强作用相当。

掺偏高岭土不影响混凝土的和易性及流动性，在相同掺量如5%且保持同坍落度情况下，掺偏高岭土的混凝土黏稠性较掺硅灰的小，表面易于抹平，比后者可节约25%的高效减水剂。同时掺偏高岭土和粉煤灰的混凝土流动性比单掺的明显增大。当偏高岭土掺量达到20%水泥量时，能有效地抑制碱—骨料反应。

6. 石灰石粉

将石灰石磨细至 $3000cm^2/g$ 的细度即成为矿物外加剂。除了具有微集料作用掺入混凝土能减少泌水和离析外，石灰石粉能延缓混凝土坍落度损失，增大混凝土坍落度，还因与铝酸盐反应生成水化碳铝硅酸钙而增强。

二、掺合料在混凝土中的应用

（1）配制强度等级C60以上（含C60）的混凝土，宜采用Ⅰ级粉煤灰、沸石粉、S105或S95级矿粉或硅灰，也可采用复合掺合矿物以使其性能互补。

（2）掺矿物外加剂的混凝土，应优先采用硅酸盐水泥、普通水泥和矿渣水泥。

（3）混凝土掺矿物外加剂的同时，还应同时掺用化学外加剂，其相容性和合理掺量应经试验确定。

（4）掺矿物外加剂混凝土设计配合比时应当遵照《普通混凝土配合比设计规程》（JGJ 55—2011）的规定，按等稠度、等强度级别进行等效置换。

小　　结

混凝土外加剂的使用是混凝土技术的重大突破；随着混凝土材料广泛应用，对其性能提出了许多新的要求，要使混凝土具备这些性能，必须加入一定种类、掺量的混凝土外加剂。混凝土外加剂的性能及与混凝土的相容性，决定了混凝土的使用环境及施工方法。掺合料的加入，改善了混凝土的一些性能，起到了节能环保作用，根据掺合料的技术性能选择种类及最大掺量。

自 测 练 习

一、判断题

1. 外加剂减水率、泌水率、抗压强度比等性能指标测定结果以三批试验的平均值表示。若三批试验的最大值或最小值中有一个与中间值之差超过中间值的15%时，则把最大值与最小值一并舍去，取中间值作为该批试验的结果。（　　　）

2. 匀质性试验标准所列允许差为相对偏差。（　　　）

3. 混凝土防水剂凝结时间差用贯入阻力仪进行检验。（　　　）

4. 匀质性试验用两次试验平均值表示测定结果。（　　　）

5. 匀质性试验用水除特殊注明外为蒸馏水或同等纯度的水。（　　　）

6. 混凝土工程用泵送剂可由减水剂、缓凝剂、引气剂复合而成。（　　　）

7. 炎热环境条件下混凝土宜使用早强剂、早强减水剂。（　　　）

二、简答题
1. 简述混凝土泵送剂主要性能指标。
2. 简述测定混凝土外加剂常压泌水率试验步骤。
3. 简述混凝土泵送剂检验时拌合物搅拌方法。

项目五　普通混凝土性能检测

知识目标

1. 了解普通混凝土的优缺点
2. 掌握混凝土拌合物性能及检测方法
3. 掌握硬化后混凝土的主要技术性质强度及耐久性的检测方法、评价标准及影响因素
4. 熟悉原材料、工艺对混凝土质量的影响

能力目标

1. 能够按照不同的工程需求，选择不同的试验方法检测混凝土拌合物和易性，硬化混凝土强度，耐久性，并能够根据试验结果评定混凝土的质量
2. 通过本项目的学习，为以后的施工、结构等专业课学习和工程实践奠定必要的基础

混凝土是由胶凝材料、粗骨料、细骨料和水（或不加水）按适当的比例配合、拌和制成混合物，经一定时间后硬化而成的人造石材。

混凝土是当代最重要的建筑材料。我国混凝土年使用量已超过5亿立方米，其技术与经济意义是其他建筑材料所无法比拟的。其根本原因是混凝土材料具备下列诸多优点。

（1）组成材料中砂、石等地方材料占80%以上，符合就地取材和经济原则。

（2）易于加工成型。新拌混凝土有良好的可塑性和流动性，可满足设计要求的形状和尺寸。

（3）匹配性好。各组成材料之间有良好的匹配性，如混凝土与钢筋、钢纤维或其他增强材料，可组成共同的又有互补性的受力整体。

（4）可调整性强。因混凝土的性能决定于其组成材料的质量和组合情况，因此可通过调整其组成材料的品种、质量和组合比例，达到所要求的性能。即可根据使用性能的要求与设计来配制相应的混凝土。

（5）钢筋混凝土结构可代替钢、木结构，而节省大量的钢材和木材。

（6）耐久性好，维修费少。

由于混凝土有上述重要优点，所以广泛应用于工业与民用建筑工程、水利工程、地下工程、公路、铁路、桥涵及国防军事各类工程中。但混凝土自重大、比强度小、抗拉强度低、变形能力差、绝热性差和易开裂等缺点，也是有待研究改进的。

任务1 混凝土技术性能

混凝土的性能包括两个部分：一是混凝土硬化之前的性能，即和易性；二是混凝土硬化之后的性能，包括强度、变形性能和耐久性等。

一、混凝土拌合物性能

由混凝土组成材料拌和而成尚未硬化的混合料，称为混凝土拌合物，又称新拌混凝土。和易性指混凝土拌合物易于施工操作（拌和、运输、浇筑和振捣），不发生分层、离析、泌水等现象，以获得质量均匀、密实的混凝土的性能。和易性是反映混凝土拌合物易于流动但组分间又不分离的一种性能，是一项综合技术性能，包括流动性、黏聚性和保水性三个方面的含义。

(1) 流动性是指混凝土拌合物在本身自重或施工机械振捣的作用下，克服内部阻力和与模板、钢筋之间的阻力，产生流动，并均匀密实地填满模板的能力。

(2) 黏聚性是指混凝土拌合物具有一定的黏聚力，在施工、运输及混凝土浇筑过程中，不致出现分层离析，使混凝土保持整体均匀性的能力。

(3) 保水性是指混凝土拌合物具有一定的保水能力，在施工中不致产生严重的泌水现象。混凝土拌合物的流动性、黏聚性和保水性，三者既相互联系又相互矛盾。当流动性大时，往往黏聚性和保水性差，反之亦然。因此，和易性良好就是要使这三方面的性质达到良好的统一。

二、硬化混凝土性能

1. 混凝土的强度

包括抗压强度、抗拉强度、抗剪强度等，其中抗压强度最大，抗拉强度最小。混凝土的抗压强度是工程施工中控制和评定混凝土质量的重要指标。

(1) 立方体抗压强度标准值 根据《普通混凝土力学性能试验方法标准》(GB/T 50081—2002)规定，混凝土立方体抗压强度是以边长为150mm的立方体标准试件，在温度(20 ± 2)℃，相对湿度95%以上的标准条件下，养护到28d龄期，用标准试验方法测得的抗压强度值，具有95%的保证率，用$f_{cu,k}$表示。在实际工程中，允许采用非标准尺寸的试件。当混凝土强度等级<C60时，用非标准试件测得的强度值均应乘以尺寸换算系数，其值为：边长200mm，试件为1.05；边长100mm，试件为0.95，当混凝土强度等级≥C60时，宜采用标准试件。

(2) 混凝土的强度等级 根据立方体抗压强度标准值划分，用符号"C"与立方体抗压强度标准值表示。单位为N/mm^2或MPa。共有C15、C20、C25、C30、C35、C40、C45、C50、C55、C60、C65、C70、C75、C80等14个等级。混凝土的强度等级是混凝土施工中控制工程质量和工程验收时的重要依据。

2. 混凝土的变形性能

混凝土在凝结硬化过程和凝结硬化以后，均将产生一定量的体积变形。主要包括化学收缩、干湿变形、自收缩、温度变形及荷载作用下的变形。

(1) 化学收缩：由于水泥水化产物的体积小于反应前水泥和水的总体积，从而使混凝土出现体积收缩。这种由水泥水化和凝结硬化而产生的自身体积减缩,称为化学收缩。其收缩值随混凝土龄期的增加而增大,大致与时间的对数成正比,亦即早期收缩大,后期收缩小。收缩量与水泥用量和水泥品种有关。水泥用量越大,化学收缩值越大。

(2) 干缩湿胀:因混凝土内部水分蒸发引起的体积变形,称为干燥收缩。混凝土吸湿或吸水引起的膨胀,称为湿胀。在混凝土凝结硬化初期,如空气过于干燥或风速大、蒸发快,可导致混凝土塑性收缩裂缝。在混凝土凝结硬化以后,当收缩值过大,收缩应力超过混凝土极限抗拉强度时,可导致混凝土干缩裂缝。

(3) 温度变形:混凝土的温度膨胀系数大约为 10×10^{-6} m/m·℃。即温度每升高或降低 1℃,长 1m 的混凝土将产生 0.01mm 的膨胀或收缩变形。混凝土的温度变形对大体积混凝土、纵长结构混凝土及大面积混凝土工程等极为不利,极易产生温度裂缝。

3. 混凝土的耐久性

混凝土的耐久性是指在外部和内部不利因素的长期作用下,保持其原有设计性能和使用功能的性质,是混凝土结构经久耐用的重要指标。外部因素指的是酸、碱、盐的腐蚀作用,冰冻破坏作用,水压渗透作用,碳化作用,干湿循环引起的风化作用,荷载应力作用和振动冲击作用等。内部因素主要指的是碱—骨料反应和自身体积变化。通常用混凝土的抗渗性、抗冻性、抗碳化性能、抗腐蚀性能和碱—骨料反应综合评价混凝土的耐久性。

(1) 混凝土的抗渗性　混凝土的抗渗性是指混凝土抵抗压力液体渗透作用的能力,是决定混凝土耐久性能的最主要因素。它用抗渗等级 P 表示。是以 28d 龄期的标准试件,按标准试验方法,以试件不渗水时所能承受的最大水压来确定。分为 P4、P6、P8、P10、P12 五级,相应表示混凝土能抵抗 0.4MPa、0.6MPa、0.8MPa、1.0MPa、1.2MPa 的压力水而不渗水。提高混凝土抗渗性的关键是提高混凝土的密实性。

(2) 混凝土的抗冻性　混凝土的抗冻性是指混凝土在吸水饱和状态下能经受多次冻融循环而不破坏,同时也不严重降低强度的性能。混凝土冻融破坏的机理,主要是内部毛细孔中的水结冰时产生 9% 左右的体积膨胀,在混凝土内部产生膨胀应力,当这种膨胀应力超过混凝土局部的抗拉强度时,就可能产生微细裂缝,在反复冻融作用下,混凝土内部的微细裂缝逐渐增多和扩大,最终导致混凝土强度下降,或混凝土表面(特别是棱角处)产生酥松剥落,直至完全破坏。

混凝土抗冻性以抗冻标号表示,抗冻标号的测定根据国标的规定进行。将吸水饱和的混凝土试件在 −15℃ 条件下冰冻 4h,再在 20℃ 水中融化 4h 作为一个循环,以抗压强度下降不超过 25%,重量损失不超过 5% 时,混凝土所能承受的最大冻融循环次数来表示。分为 F10、F15、F25、F50、F100、F150、F200、F250 和 F300 九个等级,其中数字表示混凝土能经受的最大冻融循环次数。抗冻混凝土是指抗冻等级等于或大于 F50 的混凝土。

影响混凝土抗冻性的主要因素有:①水灰比或孔隙率。水灰比大,则孔隙率大,导致吸水率增大,冰冻破坏严重,抗冻性差。②孔隙特征。连通毛细孔易吸水饱和,冻害严重。若为封闭孔,则不易吸水,冻害就小。故加入引气剂能提高抗冻性。若为粗大孔洞,则混凝土一离开水面水就流失,冻害就小。故无砂大孔混凝土的抗冻性较好。③吸水饱和程度。若混凝土的孔隙非完全吸水饱和,冰冻过程产生的压力促使水分向孔隙处迁移,从而降低冰冻膨胀应力,对混凝土破坏作用就小。④混凝土的自身强度。在相同的冰冻破坏应力作用下,混凝土强度越高,冻害程度也就越低。此外还与降温速度和冰冻温度有关。

(3) 混凝土的抗碳化性能

1) 混凝土碳化机理。混凝土碳化是指混凝土内水化产物 Ca(OH)$_2$ 与空气中的 CO_2 在一定湿度条件下发生化学反应，产生 $CaCO_3$ 和水的过程。碳化使混凝土的碱度下降，故也称混凝土中性化。碳化过程是由表及里逐步向混凝土内部发展的，碳化深度大致与碳化时间的平方根成正比。碳化速度系数与混凝土的原材料、孔隙率和孔隙构造、CO_2 浓度、温度、湿度等条件有关。

2) 碳化对混凝土性能的影响。碳化作用对混凝土的负面影响主要有两方面，一是碳化作用使混凝土的收缩增大，导致混凝土表面产生拉应力，从而降低混凝土的抗拉强度和抗折强度，严重时直接导致混凝土开裂。由于开裂降低了混凝土的抗渗性能，使得腐蚀介质更易进入混凝土内部，加速碳化作用，降低耐久性。二是碳化作用使混凝土的碱度降低，失去混凝土强碱环境对钢筋的保护作用，导致钢筋锈蚀膨胀，严重时，使混凝土保护层沿钢筋纵向开裂，直至剥落，进一步加速碳化和腐蚀，严重影响钢筋混凝土结构的力学性能和耐久性能。

任务2　混凝土拌合物性能检测

混凝土拌合物性能检测以《普通混凝土拌合物性能试验方法标准》（GB/T 50080—2002）为依据。

一、取样及试样制备

1. 取样

(1) 同一组混凝土拌合物的取样应从同一盘混凝土或同一车混凝土中取样。取样量应多于试验所需量的 1.5 倍，且不小于 20L。

(2) 取样应具有代表性，宜采用多次采样的方法。一般在同一盘混凝土或同一车混凝土中的约 1/4 处、1/2 处和 3/4 处之间分别取样，从第一次取样到最后一次取样不宜超过 15min，然后人工搅拌均匀。

(3) 从取样完毕到开始做各项性能试验不宜超过 5min。

2. 试样制备

(1) 试验用原材料和试验室温度应保持 (20±5)℃，或与施工现场保持一致。

(2) 拌和混凝土时，材料用量以质量计，称量精度：骨料为 ±1%；水、水泥及掺合料、外加剂均为 ±0.5%。

(3) 从试样制备完毕到开始做各项性能试验不宜超过 5 min。

(4) 混凝土拌合物的制备应符合《普通混凝土配合比设计规程》（JGJ 55—2011）中的有关规定。

3. 记录

(1) 取样记录：取样日期和时间，工程名称，结构部位，混凝土强度等级，取样方法，试样编号，试样数量，环境温度及取样的混凝土温度。

(2) 试样制备记录：试验室温度，各种原材料品种、规格、产地及性能指标，混凝土配合比和每盘混凝土的材料用量。

二、混凝土拌和方法

1. 人工拌和

（1）按所定配合比称取各材料试验用量，以干燥状态为准。

（2）将拌板和拌铲用湿布润湿后，将砂倒在拌板上，然后加入水泥，用拌铲自拌板一端翻拌至另一端。如此反复，直至充分混合、颜色均匀，再加入石子翻拌混合均匀。

（3）将干混合料堆成锥形，在中间作一凹槽，将已量好的水，倒入一半左右（不要使水流出），仔细翻拌，然后徐徐加入剩余的水，继续翻拌，每翻拌一次，用铲在混合料上铲切一次，至拌和均匀为止。

（4）拌和时力求动作敏捷，拌和时间自加水时算起，应符合标准规定：拌和体积为30L以下时为4~5min；拌和体积为30~50L时为5~9min；拌和体积为51~75L时为9~12min。

（5）拌好后，应立即做和易性试验或试件成型。从开始加水时起，全部操作须在30min内完成。

2. 机械搅拌

（1）按所定配合比称取各材料试验用量，以干燥状态为准。

（2）按配合比称量的水泥、砂、水及少量石预拌一次，使水泥砂浆先黏附满搅拌机的筒壁，倒出多余的砂浆，以免影响正式搅拌时的配合比。

（3）依次将称好的石子、砂和水泥倒入搅拌机内，干拌均匀，再将水徐徐加入，全部加料时间不得超过2min，加完水后继续搅拌2 min。

（4）卸出拌合物，倒在拌板上，再经人工拌和2~3次。

（5）拌好后，应立即做和易性试验或试件成型。从开始加水时起，全部操作须在30min内完成。

三、混凝土拌合物和易性试验

1. 坍落度与坍落扩展度法

坍落度试验适用于坍落度值不小于10mm，骨料最大粒径不大于40mm的混凝土拌合物稠度测定。

实验目的：确定混凝土拌合物和易性是否满足施工要求。

（1）主要仪器设备 坍落度筒搅拌机、台秤、量筒、天平、拌铲、拌板、钢尺、装料漏斗、抹刀等。

（2）试验步骤

1）润湿坍落度筒及铁板，在坍落度内壁和铁板上应无明水。铁板应放置在坚实水平面上，并把筒放在铁板中心，然后用脚踩住两边的脚踏板，坍落度筒在装料时应保持固定的位置。筒顶部加上漏斗，放在铁板上，双脚踩住脚踏板。

2）把混凝土试样用小铲分三层均匀地装入筒内，每层高度约为筒高的三分之一左右。每层用捣棒插捣25次，插捣应沿螺旋方向由外向中心进行，各次插捣应在截面上均匀分布。插捣筒边混凝土时，捣棒可以稍稍倾斜。插捣底层时，捣棒应贯穿整个深度。插捣第二层和顶层时，捣棒应插透本层至下一层的表面。浇灌顶层时，混凝土应灌到高出筒口。插捣过程中，如混凝土沉落到低于筒口，则应随时添加。顶层插捣完后，刮去多余的混凝土，并用抹刀抹平。

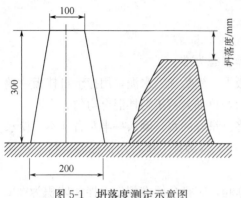

图 5-1 坍落度测定示意图

3) 清除筒边底板上的混凝土后,垂直平稳地提起坍落度筒。坍落度筒的提离过程应在 5~10s 内完成;从开始装料到提坍落度筒的整个过程应不间断地进行,并应在 150s 内完成。

(3) 结果评定 提起坍落度筒后,测量筒高与坍落后混凝土试体最高点之间的高度差,即为该混凝土拌合物的坍落度值,精确至 1mm(图 5-1)。坍落度筒提离后,如混凝土发生崩塌或一边剪坏现象,则应重新取样另行测定;如第二次试验仍出现上述现象,则表示该混凝土和易性不好,应予记录备查。观察坍落后混凝土试体的黏聚性及保水性。黏聚性的检查方法是用捣棒在已坍落的混凝土锥体侧面轻轻敲打,如果锥体逐渐下沉,则表示黏聚性良好,如果锥体倒塌、部分崩裂或出现离析现象,则表示黏聚性不好。保水性的检查方法是坍落度筒提起后,如有较多的稀浆从底部析出,锥体部分的混凝土也因失浆而骨料外露,则表示保水性不好;如无稀浆或仅有少量稀浆自底部析出,则表示保水性良好。

当混凝土拌合物的坍落度大于 220mm 时,用钢尺测量混凝土扩展后最终的最大直径和最小直径,在两直径之差小于 50mm 的条件下,其算术平均值为坍落扩展度值,否则,此次试验无效。如果发现粗骨料在中央集堆或边缘有水泥浆析出,表示此混凝土拌合物抗离析性不好,应予记录。

混凝土拌合物和坍落扩展度值以毫米(mm)为单位测量精确至 1mm,结果修约至 5mm。

2. 维勃稠度法

(1) 使用条件 本方法适用于骨料最大粒径不大于 40mm,维勃稠度在 5~30s 之间的混凝土拌合物稠度测定。坍落度不大于 50 mm 或干硬性混凝土的稠度测定。

(2) 维勃稠度试验步骤

1) 维勃稠度仪应放置在坚实水平面上,用湿布把容器、坍落度筒、喂料斗内壁及其他用具润湿。

2) 将喂料斗提到坍落度筒上方扣紧,校正容器位置,使其中心与喂料中心重合,然后拧紧固定螺钉。

3) 把按要求取样或制作的混凝土拌合物试样用小铲分三层经喂料斗均匀地装入筒内。

4) 把喂料斗转离,垂直地提起坍落度筒,此时应注意不使混凝土试体产生横向的扭动。

5) 把透明圆盘转到混凝土圆台顶面,放松测杆螺钉,降下圆盘,使其轻轻接触到混凝土顶面。

6) 拧紧定位螺钉,并检查测杆螺钉是否已经完全放松。

7) 在开启振动台的同时用秒表计时,当振动到透明圆盘的底面被水泥浆布满的瞬间停止计时,关闭振动台。

8) 由秒表读出时间即为该混凝土拌合物的维勃稠度值,精确至 1s。

四、混凝土凝结时间测定

(1) 适用于从混凝土拌合物中筛出的砂浆,用贯入阻力法来确定坍落度值不为零的混凝土拌合物凝结时间的测定。

(2) 贯入阻力仪应由加荷装置、测针、砂浆试样筒和标准筛组成,可以是手动的,也可以是自动的。贯入阻力仪应符合下列要求:

1) 加荷装置:最大测量值应不小于1000N,精度为±10N;

2) 测针:长为100mm,承压面积为100mm²、50mm²和20mm²三种测针;在距贯入端25mm处刻有一圈标记;

3) 砂浆试样筒:上口径为160mm,下口径为150mm,净高为150mm刚性不透水的金属圆筒,并配有盖子;

4) 标准筛:筛孔为5mm的符合现行国家标准《试验筛 金属丝编织网、穿孔板和电成型薄板 筛孔的基本尺寸》(GB/T 6005—2008)规定的金属圆孔筛。

(3) 凝结时间试验应按下列步骤进行:

1) 按标准制备或现场取样的混凝土拌合物试样中,用5mm标准筛筛出砂浆,每次应筛净,然后将其拌和均匀。将砂浆一次分别装入三个试样筒中,做三个试验。取样混凝土坍落度不大于70mm的混凝土宜用振动台振实砂浆;取样混凝土坍落度大于70mm的宜用捣棒人工捣实。用振动台振实砂浆时,振动应持续到表面出浆为止,不得过振;用捣棒人工捣实时,应沿螺旋方向由外向中心均匀插捣25次,然后用橡皮锤轻轻敲打筒壁,直至插捣孔消失为止。振实或插捣后,砂浆表面应低于砂浆试样筒口约10mm;砂浆试样筒应立即加盖。

2) 砂浆试样制备完毕,编号后应置于温度为20℃±2℃的环境中或现场同条件下待试,并在以后的整个测试过程中,环境温度应始终保持20℃±2℃。现场同条件测试时,应与现场条件保持一致。在整个测试过程中,除在吸取泌水或进行贯入试验外,试样筒应始终加盖。

3) 凝结时间测定从水泥与水接触瞬间开始计时。根据混凝土拌合物的性能,确定测针试验时间,以后每隔0.5h测试一次,在临近初、终凝时可增加测定次数。

4) 在每次测试前2min,将一片20mm厚的垫块垫入筒底一侧使其倾斜,用吸管吸去表面的泌水,吸水后平稳地复原。

5) 测试时将砂浆试样筒置于贯入阻力仪上,测针端部与砂浆表面接触,然后在10s±2s内均匀地使测针贯入砂浆25mm±2mm深度,记录贯入压力,精确至10N;记录测试时间,精确至1min;记录环境温度,精确至0.5℃。

6) 各测点的间距应大于测针直径的两倍且不小于15mm。测点与试样筒壁的距离应不小于25mm。

7) 贯入阻力测试在0.2~28MPa之间应至少进行6次,直至贯入阻力大于28MPa为止。

(4) 贯入阻力的结果计算以及初凝时间和终凝时间的确定应按下述方法进行:

1) 贯入阻力 应按下式计算:

$$f_{pr}=\frac{P}{A} \tag{5-1}$$

式中 f_{pr}——贯入阻力,MPa;

P——贯入压力,N;

A——测针面积,mm²。

计算应精确至 0.1MPa。

2) 凝结时间 宜通过线性回归方法确定，是将贯入阻力和时间分别取自然对数 $\ln(f_{pr})$ 和 $\ln(t)$，然后把 $\ln(f_{pr})$ 当作自变量，$\ln(t)$ 当作因变量作线性回归得到：

$$\ln(t) = A + B \ln(f_{pr}) \tag{5-2}$$

式中 t ——时间，min；

f_{pr} ——贯入阻力，MPa；

A，B ——线性回归系数。

根据公式求得，当贯入阻力为 3.5MPa 时为初凝时间 t，贯入阻力为 28MPa 时为终凝时间 t。

3) 用三个试验结果的初凝和终凝时间的算术平均值作为此次试验的初凝和终凝时间。如果三个测值的最大值或最小值中有一个与中间值之差超过中间值的 10%，则以中间值为试验结果；如果最大值和最小值与中间值之差均超过中间值的 10% 时，则此次试验无效。凝结时间用 min 表示，并修约至 5min。

五、泌水试验

1. 泌水试验仪器

(1) 试样筒：容积为 5L 的容量筒并配有盖子；

(2) 台秤：称量为 50kg，感量为 50g；

(3) 量筒：容量为 10mL、50mL、100mL 的量筒及吸管；

(4) 振动台：应符合《混凝土试验用振动台》(JG/T 245—2009) 中技术要求的规定。

2. 泌水试验步骤

(1) 用湿布湿润试样筒内壁后立即称量，记录试样筒的质量，再将混凝土试样装入试样筒，混凝土的装料及捣实方法有两种：用振动台振实，用捣棒捣实。

(2) 在以下吸取混凝土拌合物表面泌水的整个过程中，应使试样筒保持水平、不受振动；除了吸水操作外，应始终盖好盖子；室温应保持在 20℃±2℃。

(3) 从计时开始后 60min 内，每隔 10min 吸取 1 次试样表面渗出的水。60min 后，每隔 30min 吸 1 次水，直至认为不再泌水为止。为了便于吸水，每次吸水前 2min，将一片 35mm 厚的垫块垫入筒底一侧使其倾斜，吸水后平稳地复原。吸出的水放入量筒中，记录每次吸水的水量并计算累计水量，精确至 1mL。

3. 泌水量和泌水率的结果计算及其确定方法

泌水量应按下式计算：

$$B_a = \frac{V}{A} \tag{5-3}$$

式中 B_a ——泌水量，mL/mm^2；

V ——最后一次吸水后累计的泌水量，mL；

A ——容量筒截面积。

计算应精确至 $0.01mL/mm^2$。泌水量取三个试样测值的平均值。三个测值中的最大值或最小值，如果有一个与中间值之差超过中间值的 15%，则以中间值为试验结果；如果最大值和最小值与中间值之差均超过中间值的 15% 时，则此次试验无效。

泌水率应按下式计算：

$$B = \frac{V_W}{(W/G)\,G_W} \times 100\% \tag{5-4}$$

$$G_W = G_1 - G_0 \tag{5-5}$$

式中 B——泌水率，%；

V_W——泌水总量，mL；

G_W——试样质量，g；

W——混凝土拌合物总用水量，mL；

G——混凝土拌合物总质量，g；

G_1——试样筒及试样总质量，g；

G_0——试样筒质量，g。

计算应精确至 1%。泌水率取三个试样测值的平均值。三个测值中的最大值或最小值，如果有一个值与中间值之差超过中间值的 15%，则以中间值为试验结果；如果最大值和最小值与中间值之差均超过中间值的 15% 时，则此次试验无效。

六、含气量试验

(1) 本方法适于骨料最大粒径不大于 40mm 的混凝土拌合物含气量测定。

(2) 含气量试验所用设备

1) 含气量测定仪：如图 5-2 所示，由容器及盖体两部分组成。容器应由硬质、不易被水泥浆腐蚀的金属制成，其内表面粗糙度不应大于 3.21μm，内径应与深度相等，容积为 7L。盖体应用与容器相同的材料制成。盖体部分应包括有气室、水找平室、加水阀、排水阀、操作阀、进气阀、排气阀及压力表。压力表的量程为 0～0.25MPa，精度为 0.01MPa。容器及盖体之间应设置密封垫圈，用螺栓连接，连接处不得有空气存留，并保证密闭。

2) 振动台：应符合《混凝土试验用振动台》(JG/T 245—2009) 中技术要求的规定。

3) 台秤：称量 50kg，感量 50g。

4) 橡皮锤：应带有质量约 250g 的橡皮锤头。

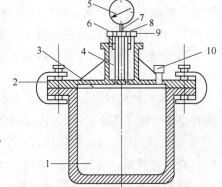

图 5-2 含气量测定仪
1—容器；2—盖体；3—水找平室；
4—气室；5—压力表；6—排气阀；
7—操作阀；8—排水阀；
9—进气阀；10—加水阀

(3) 在进行拌合物含气量测定之前，应先按下列步骤测定拌合物所用骨料的含气量：

1) 计算每个试样中粗、细骨料的质量。

2) 在容器中先注入 1/3 高度的水，然后把通过 40mm 网筛的质量为 m_g、m_s 的粗细骨料称好、拌匀，慢慢倒入容器。水面每升高 25mm 左右，轻轻插捣 10 次，并略予搅动，以排除夹杂进去的空气，加料过程中应始终保持水面高出骨料的顶面；骨料全部加入后，应浸泡约 5min，再用橡皮锤轻敲容器外壁，排净气泡，除去水面泡沫，加水至满，擦净容器上口边缘；装好密封圈，加盖拧紧螺栓。

3) 关闭操作阀和排气阀，打开排水阀和加水阀，通过加水阀，向容器内注入水；当排水阀流出的水流不含气泡时，在注水的状态下，同时关闭加水阀和排水阀。

4) 开启进气阀，用气泵向气室内注入空气，使气室内的压力略大于 0.1MPa，待压力表显示值稳定；微开排气阀，调整压力至 0.1MPa，然后关紧排气阀。

5）开启操作阀，使气室里的压缩空气进入容器，待压力表显示值稳定后记录示值，然后开启排气阀，压力仪表示值应回零。

（4）混凝土拌合物含气量试验应按下列步骤进行：

1）用湿布擦净容器和盖的内表面，装入混凝土拌合物试样。

2）捣实可采用手工或机械方法。当拌合物坍落度大于 70mm 时，宜采用手工插捣，当拌合物坍落度不大于 70mm 时，宜采用机械振捣，如振动台或插入式振捣器等；用捣棒捣实时，应将混凝土拌合物分 3 层装入，每层捣实后高度约为 1/3 容器高度；每层装料后由边缘向中心均匀地插捣 25 次，捣棒应插透本层高度，再用木锤沿容器外壁重击 10～15 次，使插捣留下的插孔填满。最后一层装料应避免过满，表面出浆即止，不得过度振捣；若使用插入式振动器捣实，应避免振动器触及容器内壁和底面；在施工现场测定混凝土拌合物含气量时，应采用与施工振动频率相同的机械方法捣实。

3）捣实完毕后立即用刮尺刮平，表面如有凹陷应予填平抹光；如需同时测定拌合物表观密度时，可在此时称量和计算；然后在正对操作阀孔的混凝土拌合物表面贴一小片塑料薄膜，擦净容器上口边缘，装好密封垫圈，加盖并拧紧螺栓。

4）关闭操作阀和排气阀，打开排水阀和加水阀，通过加水阀，向容器内注入水；当排水阀流出的水流不含气泡时，在注水的状态下，同时关闭加水阀和排水阀。

5）然后开启进气阀，用气泵注入空气至气室内压力略大于 0.1MPa，待压力仪示值稳定后，微微开启排气阀，调整压力至 0.1MPa，关闭排气阀。

6）开启操作阀，待压力仪示值稳定后，测得压力值 p_{01}（MPa）。

7）开启排气阀，压力仪示值回零；重复上述 5）至 6）的步骤，对容器内试样再测一次压力值 p_{02}（MPa）。

8）若和的相对误差小于 0.2% 时，则取 p_{01}、p_{02} 的算术平均值，按压力与含气量关系曲线查得含气量（精确至 0.1%）；若不满足，则应进行第三次试验，测得压力值 p_{03}（MPa）。

当 p_{03} 与 p_{01}、p_{02} 中较接近一个值的相对误差不大于 0.2% 时，则取此二值的算术平均值，查得含气量；当仍大于 0.2%，此次试验无效。

（5）混凝土拌合物含气量计算

$$A = A_0 - A_g \tag{5-6}$$

式中　A——混凝土拌合物含气量，%；

　　　A_0——两次含气量测定的平均值，%；

　　　A_g——骨料含气量，%。

计算精确至 0.1%。

任务 3　预拌混凝土工作性能检测

预拌混凝土是指由水泥、集料、水以及根据需要掺入的外加剂和掺合料等组分按一定比例在集中搅拌站（厂）经计量、拌制后出售，并采用运输车在规定时间内运至使用地点的混凝土拌合物。

预拌混凝土是现代建筑工程结构最重要的材料之一，它是经集中搅拌以商品形式出售给用户使用的半成品混凝土，具有工业化、专业化、现代化生产的特点，有利于采用新材料、新设备及现代新技术进行自动化、程序化生产，实行电脑微机控制，配料、计量精确，大大地提高了预拌混凝土质量的稳定性；有利于降低原材料消耗，节约水泥，推广应用散装水泥，改善施工现场环境，减少粉尘、噪音等环境污染；有利于推行混凝土施工作业机械化，加快工程施工速度。

一、预拌混凝土概述

1. 产品分类及标记

预拌混凝土分为通用品和特制品两类。

（1）通用品　是指强度等级不超过C50、坍落度不大于180mm、粗集料最大粒径不大于40mm，并无特殊要求的预拌混凝土。

通用品应在合同中指定混凝土强度等级、坍落度及粗集料最大粒径，其值可按下列范围选取：

强度等级：不大于C50。

坍落度（mm）：25、50、80、100、120、150、180。

粗集料最大粒径（mm）：20、25、31.5、40。

（2）特制品　系指超出通用品规定范围或有特殊要求的预拌混凝土。

特制品应在合同中指定混凝土的强度等级、坍落度及粗集料最大粒径。对混凝土强度等级和坍落度除按通用品规定的范围外，尚可按下列范围选取：

强度等级：C55、C60、C65、C70、C75、C80。

坍落度（mm）：大于180 mm。

粗集料最大粒径（mm）：20 mm、大于20 mm。

（3）标记　用于预拌混凝土标记的符号，应根据其分类及使用材料不同按下列规定选用：

1）预拌混凝土分类符号　通用品以符号A表示，特制品以符号B表示；

2）水泥品种以符号P·O、P·I表示；

3）粗集料最大粒径符号，是在所选定的粗集料最大粒径值（mm）之前加大写英文字母GD；

4）坍落度符号，直接用所选定的混凝土坍落度值（mm）表示。

预拌混凝土标记用其类别、强度等级、坍落度、粗集料最大粒径和水泥品种等符号的组合表示：

标记示例：

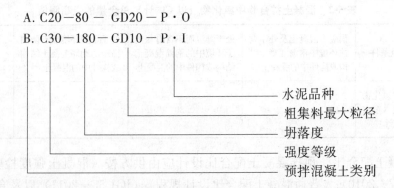

2. 技术要求

（1）材料

1) 水泥　水泥应符合 GB 175 相应标准的规定。水泥进货时必须具有质量证明书，对进厂水泥应按批检验其强度和安定性，合格后方可使用。

2) 集料　集料应符合《普通混凝土用砂、石质量及检验方法标准》(JGJ 52—2006) 规定。

预拌混凝土应采用砂石生产场或材料供应站供应的集料，并应具有质量证明书。对进厂集料应根据《普通混凝土用砂、石质量及检验方法标准》(JGJ 52—2006) 规定按批进行复验，合格后方可使用。

3) 拌和用水　拌制混凝土用水，应符合《混凝土用水标准》(JGJ 63—2006) 规定。

4) 外加剂　外加剂应符合《混凝土外加剂》(GB 8076—2008) 规定。外加剂必须经过技术鉴定，并应具有质量证明书。其掺量及水泥的适应性应按《混凝土外加剂应用技术规范》(GB 50119—2003) 的规定通过试验确定。

5) 掺合料　粉煤灰掺合料应符合《用于水泥和混凝土中的粉煤灰》(GB/T 1596—2005) 规定。粉煤灰应具有质量证明书，其掺量应按相关规定通过试验确定。当采用其他品种掺合料时，必须经过鉴定，并应在使用前进行试验验证。

（2）质量

1) 强度　预拌混凝土的强度应符合《混凝土强度检验评定标准》(GB/T 50107—2010) 的规定。

2) 坍落度　在交货地点测得的混凝土坍落度与合同规定的坍落度之差，不应超过表 5-1 的允许偏差。

表 5-1　坍落度允许偏差　　　　　　　　　　　　　　　　　　　　　　单位：mm

规定的坍落度	允许偏差
≤40	±10
50～90	±20
≥100	±30

3) 含气量　含气量与合同规定值之差不应超过±1.5%。

4) 氯化物总含量　混凝土拌合物中氯化物总含量不应超过合同指定值，当合同未指定时，不应超过表 5-2 的规定。

表 5-2　混凝土拌合物中氯化物（以 Cl^- 计）总含量的最高限值

结构种类及环境条件	预应力混凝土及处于腐蚀环境中钢筋混凝土结构或构件中的混凝土	处于潮湿而不含有氯离子环境中的钢筋混凝土结构或构件中的混凝土	处于干燥环境或有防潮措施的钢筋混凝土结构或构件中的混凝土	素混凝土
混凝土拌合物中氯化物总含量最高限值（按水泥用量的百分比计）	0.06	0.30	1.00	2.00

（3）混凝土配合比　预拌混凝土配合比设计应由供方按《混凝土强度检验评定标准》(GB/T 50107—2010)、《普通混凝土配合比设计规程》(JGJ 55—2011) 以及合同要求的有

关规定进行,但对坍落度的确定应考虑混凝土在运输过程中的损失值。

当出现下列情况之一时,供方应对混凝土配合比重新进行设计:

1) 合同有要求时;

2) 所用原材料的产地或品种有显著变化时;

3) 该配合比的混凝土生产间断半年以上时。

(4) 计量设备 计量设备的精度应满足《混凝土搅拌站(楼)》(GB/T 10171—2005) 有关规定,计量设备应具有法定计量部门签发的有效合格证,计量设备必须能连续计量不同配合比混凝土的各种材料。

通用品应检验混凝土强度和坍落度。特制品除应检验强度和坍落度项目外,还应按合同规定检验其他项目;对有含气量检验要求的混凝土,应检验其含气量。

二、预拌混凝土拌合物性能

为了使所生产的混凝土达到规定的强度和耐久性,需要在合理地选择原材料和配合比的同时,还要使混凝土拌合物具有良好的工作性能。预拌混凝土要经过长时间的运输,到达工地后又要通过泵送入模板中,所以工作性能是预拌混凝土重要技术指标。

预拌混凝土的工作性能包括:

流动性:表征拌合物流动的难易程度。

黏聚性:说明拌合物在运输、浇筑、振实过程中不易泌水和离析分层的性能。

可泵性:它是混凝土拌合物克服管道和弯头阻力流动性的指标,是衡量预拌混凝土工作性能的重要指标。

1. 流动性

混凝土拌合物是一种非匀质材料,它的流动性很难用物理参数来表示。从工程实用性出发,目前较为直观和简便易行的办法是坍落度测定法,它已列入各国标准和规程,作为一种标准测试方法。

影响拌合物流动性的主要因素,是拌合物中水泥浆的数量和水泥浆本身的流动性,而影响水泥浆流动性的因素是拌合物中水胶比、水泥性质和外加剂。因此,影响拌合物流动性的因素归结为拌合物用水量、胶结料用量、水泥和掺合料性质和外加剂。

混凝土拌合物流动性随用水量增大而增大。表 5-3 介绍其他几个因素对流动性的影响。

表 5-3 材料对混凝土拌合物流动性的影响

因素	影响性	影响程度
掺合料	火山灰质混合材增大混凝土需水量	大
	粉煤灰需水量小,混凝土拌合物用水量可大幅度降低。反之,低质粉煤灰会降低混凝土流动性	很大
水泥熟料	C_3A 需水量大,C_2S 需水量小	较大
减水剂	优质减水剂,混凝土减水率高,混凝土拌合物流动性好	很大
引气剂	优质引气剂引入空气微泡,每引入 1% 气,混凝土浆体增大体积 2%～3.5%,同时可在混凝土拌合物中起滚珠效果,提高混凝土流动性	大
集料	粗集料粒形近圆形、级配好,混凝土流动性好	较大
	细集料粒径细,需水量大,流动性差	大

2. 黏聚性（离析和泌水）

混凝土拌合物的各种组分由于其自身的比重和颗粒大小不同，在重力和外力作用下相互分离而造成不均匀的自动倾向，这就是离析性。而将其组分黏聚在一起抵抗这种分离的能力为黏聚性，也称为稳定性。

混凝土拌合物中，由于粗集料颗粒大而重，容易沉降在混凝土底部，而混凝土中水分由于密度小，也会从拌合物中分离出来，漂浮在混凝土表面，产生泌水现象。以上是混凝土黏聚性不良的表现。

3. 可泵性

随着预拌混凝土在我国的不断推广应用，特别在泵送高程达 400 余米或狭窄的施工场地，采用地泵浇筑超长结构混凝土，数百米垂直、水平输送管道和不计其数的弯头，以及高强混凝土数量的不断增多，都要求混凝土有优良的可泵性，以保证泵送过程的顺利进行。

（1）可泵性定义　在泵送过程中，混凝土拌合物和泵管壁产生摩擦，经过管道弯头时遇到阻力，拌合物必须克服这些阻力才能顺利流动。管道和弯头阻力越小，则可泵性越好。

在拌合物的组成材料中，只有水是可泵的，混凝土泵送过程中压力靠水传递到其他固体组成材料，这个压力必须克服管道的所有阻力，才能推动拌合物移动。在泵管壁内有一层具有一定厚度的水泥浆润滑层，管壁的摩擦阻力决定于润滑层水泥浆的流变性以及润滑层厚度。润滑层水泥浆流动性差，润滑层薄，则水泥浆不易流动。为保证混凝土可泵性，拌合物必须有足够量的泥浆，而且水泥浆必须有良好的流动性，不能太黏。

在工程实际泵送过程中有两种情况会造成堵泵，一种是拌合物本身流动性偏小，坍落度太小；另一种原因是拌合物虽坍落度不小，但泌水，当拌合物遇到弯头等障碍物，水及泥浆沿泵管流回泵斗，弯头处水脱离了拌合物而形成无水泥浆的骨料堆，造成堵泵。因此，拌合物流变性和黏聚性是综合反映混凝土可泵性的两个指标。这是预拌混凝土与普通混凝土重要的区别。泵送混凝土除了要求有良好的流动性，还要控制压力泌水值。只有实行双控才能保证有良好可泵性。

（2）可泵性的评价方法　压力泌水值是在一定压力下，一定量拌合物在一定时间内泌水的总量，以总泌水量（mL）或单位混凝土泌水量（kg/m^3 混凝土）来表示。压力泌水值过大，混凝土拌合物泌水量大，可能堵泵，但压力泌水值过小，拌合料黏稠，泵送阻力大，也不易泵送。因此，压力泌水值必须有一个合理范围。

三、预拌混凝土工作性能检测

按标准《预拌混凝土》（GB/T14902—2003）检测。

1. 取样与组批

（1）用于交货检验的混凝土试样应在交货地点采取。用于出厂检验的混凝土试样应在搅拌地点采取。

（2）交货检验混凝土试样的采取和坍落度的检测应在混凝土运送到交货地点后按 GBJ 80 规定在 20min 内完成；强度试件的制作应在 40min 内完成。

（3）每个试样应随机地从一盘或一运输车中抽取；混凝土试样应在卸料过程中卸料量的 1/4 至 3/4 之间采取。

（4）每个试样量应满足混凝土质量检验项目所需用量的 1.5 倍，且不宜少于 $0.02m^3$。

（5）混凝土强度检验的试样，其取样频率和组批条件应按下列规定进行：

1) 用于出厂检验的试样,每 100 盘相同配合比的混凝土取样不得少于一次;每一个工作班相同配合比的混凝土不足 100 盘时,取样亦不得少于一次。

2) 用于交货检验的试样,每 $100m^3$ 相同配合比的混凝土,取样不得少于一次,一个工作班拌制的相同配合比的混凝土不足 $100m^3$ 时,取样也不得少于一次。

3) 混凝土试样的组批条件,应符合 GB/T 50107—2010 的规定。

(6) 混凝土拌合物的质量,每车应目测检查;混凝土坍落度检验试样,每 $100m^3$ 相同配合比的混凝土取样检验不得少于一次,当一个工作班相同配合比的混凝土不足 $100m^3$ 时。其取样检验也不得少于一次。

(7) 混凝土拌合物的含气量、氯化物总含量和特殊要求项目的取样检验频率应按合同规定进行。

2. 试验方法

(1) 强度 混凝土抗压及抗折强度试验应按《普通混凝土力学性能试验方法标准》(GB/T 50081—2002) 的有关规定进行。

(2) 坍落度、含气量、混凝土拌合物表观密度 试验应按 GB/T 50080—2002 的有关规定进行。

(3) 混凝土抗渗性能、抗冻性能 试验应按 GB/T 50082—2009 的有关规定进行。

(4) 氯离子总含量 混凝土拌合物氯离子总含量可根据混凝土各组成材料的氯离子含量计算求得。

(5) 放射性核素比活度 试验应按 GB 6566—2010 有关规定进行。

(6) 特殊要求项目 对合同中有特殊要求的检验项目,应按国家现行有关标准要求进行,没有相应标准的应按合同规定进行。

3. 检验规划

(1) 一般规定预拌混凝土质量的检验分为出厂检验和交货检验。出厂检验的取样试验工作应由供方承担;交货检验的取样试验工作应由需方承担,当需方不具备试验条件时,供需双方可协商确定承担单位,其中包括委托供需双方认可的有试验资质的试验单位,并应在合同中予以明确。

(2) 当判断混凝土质量是否符合要求时,强度、坍落度及含气量应以交货检验结果为依据;氯离子总含量以供方提供的资料为依据;其他检验项目应按合同规定执行。

(3) 交货检验的试验结果应在试验结束后 15 天内通知供方。

(4) 进行预拌混凝土取样及试验人员必须具有相应资格。

(5) 检验项目 通用品应检验混凝土强度和坍落度,特制品还应按合同规定检验其他项目,掺有引气型外加剂的混凝土应检验其含气量。

任务 4 混凝土力学性能检测

一、混凝土力学性能取样

1. 采用标准

《普通混凝土拌合物性能试验方法标准》(GB/T 50080—2002)、《普通混凝土力学性能试验方法标准》(GB/T 50081—2002)。

2. 取样

普通混凝土的取样应符合《普通混凝土拌合物性能试验方法标准》(GB/T 50080—2002) 中的有关规定，普通混凝土力学性能试验应以三个试件为一组，每组试件所用的拌合物应从同一盘混凝土或同一车混凝土中取样。

二、混凝土立方体抗压强度检测

1. 试验目的

测定混凝土立方体抗压强度，作为评定混凝土质量的主要依据。

2. 设备

(1) 试模：100mm×100mm×100mm、150mm×150mm×150mm、200mm×200mm×200mm 三种试模。应定期对试模进行自检，自检周期宜为三个月。

(2) 振动台：振动台应符合《混凝土试验室用振动台》(JG/T 3020) 中技术要求的规定并应具有有效期内的计量检定证书。

(3) 压力试验机：压力试验机除满足液压式压力试验机中的技术要求外，其测量精度为±1%，试件破坏荷载应大于压力机全量程的 20%，且小于压力机全量程的 80%。应具有加荷速度指示装置或加荷控制装置，并应能均匀、连续地加荷。压力机应具有有效期内的计量检定证书。

(4) 混凝土尺寸按粗骨料的最大粒径来确定，如表 5-4 所示。

表 5-4 试件尺寸、插捣次数及抗压强度换算系数

试件尺寸	骨料最大粒径/mm	每层插捣次数	抗压强度换算系数
100mm×100mm×100mm	≤31.5	12	0.95
150mm×150mm×150mm	≤40	25	1
200mm×200mm×200mm	≤63	50	1.05

3. 试件的养护

试件的养护方法有标准养护、与构件同条件养护两种方法。

(1) 采用标准养护的试件成型后应立即用不透水的薄膜覆盖表面，在温度为 (20±5)℃ 的环境中静止 1～2 昼夜，然后编号拆模。拆模后立即放入温度为 (20±2)℃，相对湿度为 95% 以上的标准养护室中养护，或在温度为 (20±2)℃ 的不流动的 $Ca(OH)_2$ 饱和溶液中养护。养护试件应放在支架上，间隔 10～20mm，试件表面应保持潮湿，并不得被水直接冲淋，至试验龄期 28d。

(2) 同条件养护试件的拆模时间可与实际构件的拆模时间相同，拆模后，试件仍需保持同条件养护。

4. 抗压强度测定

(1) 试件从养护地点取出后，应及时进行试验并将试件表面与上下承压板面擦干净。

(2) 将试件安放在试验机的下压板或垫板上，试件的承压面应与成型时的顶面垂直。试件的中心应与试验机下压板中心对准，开动试验机，当上压板与试件或钢垫板接近时，调整球座，使接触均衡。

(3) 在试验过程中应连续均匀地加荷，混凝土强度等级<C30 时，加荷速度取每秒钟 0.3～0.5MPa；混凝土强度等级>C30 且<C60 时，取每秒钟 0.5～0.8MPa；混凝土强度等

级>C60 时，取每秒钟 0.8～1.0MPa。

(4) 当试件接近破坏开始急剧变形时，应停止调整试验机油门，直至破坏。记录破坏荷载。

5. 结果计算与评定

(1) 混凝土立方体抗压强度按下式计算，精确至 0.1MPa。

$$f = \frac{F}{A} \tag{5-7}$$

式中　f——混凝土立方体试件抗压强度，MPa；

　　　F——试件破坏荷载，N；

　　　A——试件承压面积，mm^2。

(2) 评定

1) 以三个试件测定值的算术平均值作为该组试件的强度值，精确至 0.1MPa。

2) 三个测定值中的最大值或最小值中如有一个与中间值的差值超过中间值的 15% 时，则把最大值及最小值一并舍去，取中间值作为该组试件的抗压强度值。

3) 如最大值和最小值与中间值的差均超过中间值的 15%，则该组试件的试验结果无效。

【例 5-1】 有一组 $15 \times 15 \times 15 cm^3$ 混凝土试件，原设计强度等级为 C30，标养 28d 试压破坏荷载分别为 712kN、733kN、835kN，计算该组混凝土抗压强度，指出代表值，要求写出计算过程。在只有这一组的情况下，该组混凝土是否符合 C30 强度等级的要求？

[解]　(1) 计算单块试件强度：$f_c = \frac{F_c}{A}$

$$f_{c1} = \frac{F_{c1}}{A} = \frac{712 \times 1000}{150^2} = 31.64 = 31.6 \text{（MPa）}$$

$$f_{c2} = \frac{F_{c2}}{A} = \frac{733 \times 1000}{150^2} = 32.57 = 32.6 \text{（MPa）}$$

$$f_{c3} = \frac{F_{c3}}{A} = \frac{835 \times 1000}{150^2} = 37.11 = 37.1 \text{（MPa）}$$

(2) 与中间值比较

$$\frac{37.1 - 32.6}{32.6} \times 100\% = 13.8\% < 15\% \qquad \frac{32.6 - 31.6}{32.6} \times 100\% = 3.1\% < 15\%$$

(3) 取三者算术平均值作为代表值

$$f_c = \frac{f_{c1} + f_{c2} + f_{c3}}{3} = \frac{31.6 + 32.6 + 37.1}{3} = 33.76 = 33.8 \text{（MPa）}$$

(4) 判定是否符合 C30 强度等级

$$\frac{33.8}{30} = 1.13 < 1.15$$

所以不满足 C30 要求。

6. 混凝土强度的检验评定

(1) 统计方法评定　连续生产的混凝土，生产条件在较长时间内保持一致，且同一品种、同一强度等级混凝土的强度变异性保持稳定时，混凝土强度的评定应符合以下要求。

一个检验批的样本容量应为连续的 3 组试件，其强度应同时符合下列规定：

$$\overline{f}_{cu} \geqslant f_{cu,k} + 0.7\sigma_0 \tag{5-8}$$

$$f_{cu,min} \geqslant f_{cu,k} - 0.7\sigma_0 \tag{5-9}$$

检验批混凝土立方体抗压强度的标准差应按下式计算:

$$\sigma_0 = \sqrt{\frac{\sum_{i=1}^{n} f_{cu,i}^2 - n\overline{f}_{cu}^2}{n-1}}$$

当混凝土强度等级不高于 C20 时,其强度的最小值尚应满足下式要求:

$$f_{cu,min} \geqslant 0.85 f_{cu,k} \tag{5-10}$$

当混凝土强度等级高于 C20 时,其强度的最小值尚应满足下列要求:

$$f_{cu,min} \geqslant 0.9 f_{cu,k} \tag{5-11}$$

式中 $\overline{f}_{cu}$——同一检验批混凝土立方体抗压强度的平均值,N/mm²,精确到 0.1(N/mm²);

$f_{cu,k}$——混凝土立方体抗压强度标准值,N/mm²,精确到 0.1(N/mm²);

σ_0——检验批混凝土立方体抗压强度的标准差,N/mm²,精确到 0.1(N/mm²);当检验批混凝土强度的标准差 σ_0 计算值小于 2.5 N/mm² 时,应取 2.5 N/mm²;

$f_{cu,i}$——前一个检验期内同一品种、同一强度等级的第 i 组混凝土试件的立方体抗压强度代表值,N/mm²,精确到 0.1(N/mm²);该检验期不应少于 60d,也不得大于 90d;

n——前一检验期内的样本容量,在该期间内样本容量不应少于 45;

$f_{cu,min}$——同一检验批混凝土立方体抗压强度的最小值,N/mm²,精确到 0.1(N/mm²)。

其他情况混凝土强度的评定应符合以下要求:

当样本容量不少于 10 组时,其强度应同时满足下列要求:

$$\overline{f}_{cu} \geqslant f_{cu,k} + \lambda_1 \cdot S_{f_{cu}} \tag{5-12}$$

$$f_{cu,min} \geqslant \lambda_2 f_{cu,i} \tag{5-13}$$

同一检验批混凝土立方体抗压强度的标准差应按下式计算:

$$S_{f_{cu}} = \sqrt{\frac{\sum_{i=1}^{n} f_{cu,i}^2 - n\overline{f}_{cu}^2}{n-1}}$$

式中 $S_{f_{cu}}$——同一检验批混凝土立方体抗压强度的标准差,N/mm²,精确到 0.1(N/mm²);当检验批混凝土强度的标准差 $S_{f_{cu}}$ 计算值小于 2.5 N/mm² 时,应取 2.5 N/mm²;

λ_1, λ_2——合格评定系数,按表 5-5 取用;

n——本检验期内的样本容量。

表 5-5 混凝土强度的合格判定系数

试件组数	10~14	15~19	≥20
λ_1	1.15	1.05	0.95
λ_2	0.90	0.85	

(2) 非统计方法评定 当用于评定的样本容量小于10组时,应采用非统计方法评定混凝土强度。其强度应同时符合下列规定:

$$\overline{f}_{cu} \geqslant \lambda_3 \cdot f_{cu,k} \tag{5-14}$$

$$f_{cu,min} \geqslant \lambda_4 \cdot f_{cu,k} \tag{5-15}$$

式中 λ_3,λ_4——合格评定系数,应按表5-6取用。

表5-6 混凝土强度的非统计法合格评定系数

混凝土强度等级	<C60	≥C60
λ_3	1.15	1.10
λ_4	0.95	

(3) 混凝土强度的合格性评定 当检验结果满足上述规定时,则该批混凝土强度应评定为合格;当不能满足上述规定时,该批混凝土强度应评定为不合格。

三、混凝土轴心抗压强度检测

1. 试验仪具

试模尺寸为150mm×150mm×300mm卧式棱柱体试模,其他所需设备与抗压强度试验相同。

2. 试验方法

(1) 按规定方法制作150mm×150mm×300mm棱柱体试件3根,在标准养护条件下,养护至规定龄期。

(2) 取出试件,清除表面污垢,擦干表面水分,仔细检查后,在其中部量出试件宽度(精确至1mm),计算试件受压面积。在准备过程中,要求保持试件湿度无变化。

(3) 在压力机下压板上放好棱柱体试件,几何对中;球座最好放在试件顶面并凸面朝上。

(4) 以立方体抗压强度试验相同的加荷速度,均匀而连续地加荷,当试件接近破坏而开始迅速变形时,应停止调整试验机油门,直至试件破坏,记录最大荷载。

3. 结果计算与评定

(1) 混凝土轴心抗压强度按下式计算,精确至0.1MPa。

$$f = \frac{F}{A} \tag{5-16}$$

式中 f——混凝土轴心抗压强度,MPa;
F——试件破坏荷载,N;
A——试件承压面积,mm^2。

(2) 取3根试件试验结果的算术平均值作为该组混凝土轴心抗压强度。如任一个测定值中间值的差值超过中间值的15%时,则取中间值为测值;如有2个测定值与中间值的差值均超过上述规定时,则该组试验结果无效,结果计算至0.1MPa。

四、混凝土抗拉强度检测

1. 试件制备

采用边长150mm立方块作为标准试件,其最大集料粒径应为40mm。本试件同龄期者为一组，每组为 3 个同条件制作和养护的混凝土试块。

2. 仪器设备

劈裂钢垫条和三合板垫层（或纤维板垫层），钢垫条顶面为直径 150mm 弧形，长度不短于试件边长。木质三合板或硬质纤维板垫层的宽度为 15～20mm，厚为 3～4mm，垫层不得重复使用。

3. 试验步骤

试件从养护地点取出后，擦拭干净，测量尺寸，检查外观，再按下列步骤进行：

（1）试件中部划出劈裂面位置线。劈裂面与试件成型时的顶面垂直，尺寸测量精确至 1mm。

（2）试件放在球座上，几何对中，放妥垫层垫条，其方向与试件成型时顶面垂直。

（3）当混凝土强度等级低于 C30 时，以 0.02～0.05MPa/s 的速度连续而均匀地加荷；当混凝土强度等级不低于 C30 时，以 0.05～0.08MPa/s 的速度连续而均匀地加荷，当上压板与试件接近时，调整球座使接触均衡，当试件接近破坏时，应停止调整油门，直至试件破坏，记下破坏荷载，准确至 0.01kN。

4. 试验结果计算

（1）混凝土劈裂抗拉强度 R_t，按下式计算：

$$R_t = \frac{2P}{\pi A} \tag{5-17}$$

式中　R_t——混凝土劈裂抗拉强度，MPa；

　　　P——极限荷载，N；

　　　A——试件劈裂面面积，mm^2。

（2）劈裂抗拉强度测定值的计算及异常数据的取舍原则，同混凝土抗压强度测定值的取舍原则相同。

（3）采用本试验法测得的劈裂抗拉强度值，如需换算为轴心抗拉强度，应乘以换算系数 0.9。采用 100mm×100mm×100mm 非标准试件时，取得的劈裂抗拉强度值应乘以换算系数 0.85。

任务 5　混凝土长期性能和耐久性能检测

混凝土的耐久性是指混凝土在实际使用条件下抵抗各种破坏因素的作用，长期保持强度和外观完整性的能力。混凝土耐久性是指结构在规定的使用年限内，在各种环境条件作用下，不需要额外的费用加固处理而保持其安全性、正常使用和可接受的外观能力。

一、混凝土耐久性概述

混凝土除应具有设计要求的强度，以保证其能安全地承受设计的荷载外，还应具有与自然环境及使用条件相适应的经久耐用的性能。例如受水压作用的混凝土，要求其具有抗渗性；与水接触并遭受冰冻作用的混凝土，要求具有抗冻性；处于侵蚀性环境中的混凝土，要求其具有相应的抗侵蚀性等；因此，混凝土抵抗环境介质作用并长期保持其良好的使用性能和外观完整性，从而维持混凝土结构的安全、正常使用的能力称为耐久性。混凝土耐久性主要包括抗渗、抗冻、抗侵蚀、抗碳化、抗碱-集料反应及混凝土中的钢筋耐锈蚀等性能。

二、影响混凝土耐久性的因素

1. 混凝土的抗渗性

混凝土的抗渗性是指抵抗压力液体（水、油、溶液等）渗透作用的能力。抗渗性是决定混凝土耐久性最主要的技术指标。因为混凝土抗渗性好，即混凝土密实性高，外界腐蚀介质不易侵入混凝土内部，从而抗腐蚀性能就好。同样，水不易进入混凝土内部，冰冻破坏作用和风化作用就小。因此混凝土的抗渗性可以认为是混凝土耐久性指标的综合体现。对一般混凝土结构，特别是地下建筑、水池、水塔、水管、水坝、排污管渠、油罐以及港工、海工混凝土结构，更应保证混凝土具有足够的抗渗性能。

影响混凝土抗渗性的主要因素有：

（1）水灰比和水泥用量。水灰比和水泥用量是影响混凝土抗渗透性能的最主要指标。水灰比越大，多余水分蒸发后留下的毛细孔道就多，亦即孔隙率大，又多为连通孔隙，故混凝土抗渗性能越差。特别是当水灰比大于 0.6 时，抗渗性能急剧下降。因此，为了保证混凝土的耐久性，对水灰比必须加以限制。如某些工程从强度计算出发可以选用较大水灰比，但为了保证耐久性又必须选用较小水灰比，此时只能提高强度、服从耐久性要求。为保证混凝土耐久性，水泥用量的多少，在某种程度上可由水灰比表示。因为混凝土达到一定流动性的用水量基本一定，水泥用量少，亦即水灰比大。

（2）骨料含泥量和级配。骨料含泥量高，则总表面积增大，混凝土达到同样流动性所需用水量增加，毛细孔道增多；另一方面，含泥量大的骨料界面粘接强度低，也将降低混凝土的抗渗性能。若骨料级配差，则骨料空隙率大，填满空隙所需水泥浆增大，同样导致毛细孔增加，影响抗渗性能。如水泥浆不能完全填满骨料空隙，则抗渗性能更差。

（3）施工质量和养护条件。搅拌均匀、振捣密实是混凝土抗渗性能的重要保证。适当的养护温度和浇水养护是保证混凝土抗渗性能的基本措施。如果振捣不密实留下蜂窝、空洞，抗渗性就严重下降，如果温度过低产生冻害或温度过高产生温度裂缝，抗渗性能严重降低。如果浇水养护不足，混凝土产生干缩裂缝，也严重降低混凝土抗渗性能。因此，要保证混凝土良好的抗渗性能，施工养护是一个极其重要的环节。

此外，水泥的品种、混凝土拌合物的保水性和黏聚性等，对混凝土抗渗性能也有显著影响。

提高混凝土抗渗性的措施，除了对上述相关因素加以严格控制和合理选择外，可通过掺入引气剂或引气减水剂提高抗渗性。其主要作用机理是引入微细闭气孔、阻断连通毛细孔道，同时降低用水量或水灰比。

2. 混凝土抗冻性

混凝土的抗冻性是指混凝土在吸水饱和状态下能经受多次冻融循环而不破坏，同时也不严重降低强度的性能。它是评价严寒条件下混凝土及钢筋混凝土结构耐久性的重要指标之一。

混凝土冻融破坏的机理，主要是内部毛细孔中的水结冰时产生 9% 左右的体积膨胀，在混凝土内部产生膨胀应力，当这种膨胀应力超过混凝土局部的抗拉强度时，就可能产生微细裂缝，在反复冻融作用下，混凝土内部的微细裂缝逐渐增多和扩大，最终导致混凝土强度下降，或混凝土表面（特别是棱角处）产生酥松剥落，直至完全破坏。混凝土遭到冻融破坏必须具备两个条件：一是混凝土处在饱和水状态，二是外界气温的正负变化。混凝土冻融破坏的影响因素是多方面的，影响混凝土抗冻性的主要因素有：

(1) 水灰比或孔隙率。水灰比大，则孔隙率大，导致吸水率增大，冰冻破坏严重，抗冻性差。

(2) 孔隙特征。连通毛细孔易吸水饱和，冻害严重。若为封闭孔，则不易吸水，冻害就小。故加入引气剂能提高抗冻性。若为粗大孔洞，则混凝土一离开水面水就流失，冻害就小。故无砂大孔混凝土的抗冻性较好。

(3) 吸水饱和程度。若混凝土的孔隙非完全吸水饱和，冰冻过程产生的压力促使水分向孔隙处迁移，从而降低冰冻膨胀应力，对混凝土破坏作用就小。

(4) 混凝土的自身强度。在相同的冰冻破坏应力作用下，混凝土强度越高，冻害程度也就越低。此外还与降温速度和冰冻温度有关。

从上述分析可知，要提高混凝土抗冻性，关键是提高混凝土的密实性，即降低水灰比；加强施工养护，提高混凝土的强度和密实性，同时也可掺入引气剂等改善孔结构。

3. 混凝土的碳化

混凝土的碳化是空气中二氧化碳与水泥石中的碱性物质相互作用的很复杂的一种物理化学过程。气体中的二氧化碳渗透到混凝土中，使混凝土碳化，生成碳酸钙，堵塞毛细孔，使其总孔隙率和小于5000nm的微毛细孔的含量下降，而大于5000nm的毛细孔相对比值增大。但总的看来，混凝土的渗透性下降了。

混凝土的碳化虽然增加其密实性，提高混凝土的抗化学腐蚀能力，但由于碳化会降低混凝土的碱度，破坏钢筋表面的钝化膜，使混凝土失去对钢筋的保护作用，给混凝土中钢筋锈蚀带来不利的影响，同时，混凝土碳化还会加剧混凝土的收缩，这些都可能导致混凝土的裂缝和结构的破坏。由此可见混凝土的碳化对钢筋混凝土结构的耐久性有很大影响。

混凝土碳化的主要因素，是混凝土本身的密实性和碱性物质储备的大小，即混凝土的渗透性及其$Ca(OH)_2$碱性物质含量的大小。若混凝土的孔隙率越小、渗透性越差、密实性越高、$Ca(OH)_2$含量越大，其抗碳化性越强。影响混凝土碳化的材料因素有水泥用量、水灰比、粉煤灰取代量、集料品种。

(1) 水泥是混凝土中最活跃的组成材料之一，其品种和用量对混凝土性能都有很大影响，水泥用量是影响混凝土碳化最主要因素之一。水泥用量越多，混凝土抗碳化性越强。提高混凝土的抗碳化性能，增加其水泥用量是十分必要的。这主要是因为增加水泥用量不仅可改善混凝土的和易性，提高混凝土的密实性，还可以增加混凝土的碱性储备，使其抗碳化性能大大增强。

(2) 水灰比对混凝土的孔隙结构影响极大。在水泥用量不变的条件下，水灰比越大，混凝土内部的孔隙率越大，密实性越差，渗透性越大，其碳化速度也越快。随着水灰比的增长，混凝土碳化速度加剧。

(3) 混凝土掺用粉煤灰，对节约水泥，改善混凝土的某些性能有很大作用。但由于粉煤灰是一种火山灰质材料，具有一定活性，它会与水泥水化后的氢氧化钙相结合，使混凝土的碱度降低，从而减弱了混凝土的抗碳化性能。粉煤灰取代水泥量越大，混凝土的抗碳化性能越差。

（4）由于集料形成或生产条件不同，其内部孔隙结构差别很大。结构较密实，吸水率小的集料抗碳化性强，多孔吸水率大的人造轻集料的抗碳化性弱。

4. 混凝土的碱—骨料反应

碱—骨料反应是指混凝土内水泥中所含的碱（K_2O 和 Na_2O）与骨料中的活性 SiO_2 发生化学反应，在骨料表面形成碱—硅酸凝胶，吸水后将产生 3 倍以上的体积膨胀，从而导致混凝土膨胀开裂而破坏。碱—骨料反应引起的破坏，一般要经过若干年后才会发现，而一旦发生则很难修复，因此，对水泥中碱含量大于 0.6%，骨料中含有活性 SiO_2 且在潮湿环境或水中使用的混凝土工程，必须加以重视。大型水工结构、桥梁结构、高等级公路、飞机场跑道一般均要求对骨料进行碱活性试验或对水泥的碱含量加以限制。

提高混凝土的耐久性可以从以下几方面进行：

（1）控制混凝土最大水灰比和最小水泥用量。

（2）合理选择水泥品种。

（3）选用良好的骨料质量和级配。

（4）加强施工质量控制。

（5）采用适宜的外加剂。

（6）掺入粉煤灰、矿粉、硅灰或沸石粉等活性混合材料。

三、混凝土耐久性检测方法

1. 基本规定

（1）混凝土取样　混凝土取样应符合现行国家标准《普通混凝土拌合物性能试验方法标准》（GB/T 50080—2002）中的规定。每组试件所用的拌合物应从同一盘混凝土或同一车混凝土中取样。

（2）试件的横截面尺寸。

（3）骨料最大公称粒径应符合现行行业标准《普通混凝土用砂、石质量及检验方法标准》（JGJ 52—2006）的规定。见表 5-7。

表 5-7　试件最小横截面尺寸

骨料最大粒径/mm	试件最小横截面尺寸/mm
≤31.5	100×100×100 或 ϕ100
≤40	150×150×150 或 ϕ150
≤63	200×200×200 或 ϕ200

2. 抗冻试验

（1）慢冻法

1）本方法适用于测定混凝土试件在气冻水融条件下，以经受的冻融循环次数来表示的混凝土抗冻性能。

2）慢冻法抗冻试验所采用的试件应符合下列规定：

试验应采用尺寸为 100mm×100mm×100mm 的立方体试件。慢冻法试验所需要的试件组数应符合表 5-8 的规定，每组试件应为 3 块。

表 5-8　慢冻法试验所需要的试件组数

设计抗冻标号	D25	D50	D100	D150	D200	D250	D300
检查强度时的冻融循环次数	25	50	50 及 100	100 及 150	150 及 200	200 及 250	250 及 300
鉴定 28d 强度所需试件组数	1	1	1	1	1	1	1
冻融试件组数	1	1	2	2	2	2	2
对比试件组数	1	1	2	2	2	2	2
总计试件组数	3	3	5	5	5	5	5

3）试验设备应符合下列规定：

冻融试验箱应能使试件静止不动，并应通过气冻水融进行冻融循环。在满载运转的条件下，冷冻期间冻融试验箱内空气的温度应能保持在－20～－18℃范围内；融化期间冻融试验箱内浸泡混凝土试件的水温应能保持在 18～20℃范围内；满载时冻融试验箱内各点温度极差不应超过 2℃。

采用自动冻融设备时，控制系统还应具有自动控制、数据曲线实时动态显示、断电记忆和试验数据自动存储等功能。

试件架应采用不锈钢或者其他耐腐蚀的材料制作，其尺寸应与冻融试验箱和所装的试件相适应。

称量设备的最大量程应为 20kg，感量不应超过 5g。

压力试验机应符合现行国家标准《普通混凝土力学性能试验方法标准》（GB/T 50081—2002）的相关要求。

温度传感器的温度检测范围不应小于－20～20℃，测量精度应为±5℃。

4）慢冻试验应按照下列步骤进行

（a）在标准养护室内或同条件养护的冻融试验的试件应在养护龄期为 24d 时提前将试件从养护地点取出，随后应将试件放在（20±2）℃水中浸泡，浸泡时水面应高出试件顶面 20～30mm，在水中浸泡的时间应为 4d，试件应在 28d 龄期时开始进行冻融试验。始终在水中养护的冻融试验的试件，当试件养护龄期达到 28d 时，可直接进行后续试验，对此种情况，应在试验报告中予以说明。

（b）当试件养护龄期达到 28d 时应及时取出冻融试验的试件，用湿布擦除表面水分后应对外观尺寸进行测量，并应分别编号、称重，然后按编号置入试件架内，且试件架与试件的接触面积不宜超过试件底面的 1/5。试件与箱体内壁之间应至少留有 20mm 的空隙。试件架中各试件之间应至少保持 30mm 的空隙。

（c）冷冻时间应在冻融箱内温度降至－18℃时开始计算。每次从装完试件到温度降至－18℃所需的时间应在 1.5～2.0h 内。冻融箱内温度在冷冻时应保持在－20～－18℃，每次冻融循环中试件的冷冻时间不应小于 4h。

冷冻结束后，应立即加入温度为 18～20℃的水，使试件转入融化状态，加水时间不应超过 10min。控制系统应确保在 30min 内水温不低于 10℃，且在 30min 后水温能保持在 18～20℃。冻融箱内的水面应至少高出试件表面 20mm。融化时间不应小于 4h。融化完毕视为该次冻融循环结束,可进入下一次冻融循环。

(d) 每 25 次循环宜对冻融试件进行一次外观检查。当出现严重破坏时,应立即进行称重。当一组试件的平均质量损失率超过 5%,可停止其冻融循环试验。

(e) 试件在达到表 5-8 规定的冻融循环次数后,试件应称重并进行外观检查,应详细记录试件表面破损、裂缝及边角缺损情况。当试件表面破损严重时,应先用高强石膏找平,然后应进行抗压强度试验。抗压强度试验应符合现行国家标准《普通混凝土力学性能试验方法标准》(GB/T 50081—2002)的相关规定。

(f) 当冻融循环因故中断且试件处于冷冻状态时,试件应继续保持冷冻状态,直至恢复冻融试验为止,并应将故障原因及暂停时间在试验结果中注明。当试件处在融化状态下因故中断时,中断时间不应超过两个冻融循环的时间。在整个试验过程中,超过两个冻融循环时间的中断故障次数不得超过两次。

(g) 当部分试件由于失效破坏或者停止试验被取出时,应用空白试件填充空位。

(h) 对比试件应继续保持原有的养护条件,直到完成冻融循环后,与冻融试验的试件同时进行抗压强度试验。

5) 当冻融循环出现下列三种情况之一时,可停止试验:
已达到规定的循环次数;抗压强度损失率已达到 25%;质量损失率已达到 5%。

6) 试验结果计算及处理应符合下列规定

(a) 强度损失率应按下式进行计算:

$$\Delta f_c = \frac{f_{c0} - f_{cn}}{f_{c0}} \tag{5-18}$$

式中 Δf_c——n 次冻融循环后的混凝土强度损失率,精确至 0.1;

f_{c0}——对比用的一组混凝土试件的抗压强度测定值,MPa,精确至 0.1MPa;

f_{cn}——经 n 次冻融循环后的一组混凝土试件抗压强度测定值,MPa,精确至 0.1MPa。

(b) f_{c0} 和 f_{cn} 应以三个试件抗压强度试验结果的算术平均值作为测定值。当三个试件抗压强度最大值或最小值与中间值之差超过中间值的 15% 时,应剔除此值,再取其余两值的算术平均值作为测定值;当最大值和最小值均超过中间值的 50% 时,应取中间值作为测定值。

(c) 单个试件的质量损失率应按下式计算:

$$\Delta w_n = \frac{w_{0i} - w_{ni}}{w_{0i}} \times 100 \tag{5-19}$$

式中 Δw_n——n 次冻融循环后第 i 个混凝土试件的质量损失率,%,精确至 0.01;

w_{0i}——冻融循环试验前的试件重量,g;

w_{ni}——n 次冻融循环后的试件重量,g。

(d) 每组试件的平均质量损失率应以三个试件的质量损失率试验结果的算术平均值作为测定值。当某个试验结果出现负值,应取 0,再取三个试件的算术平均值。当三个值中的最大值或最小值与中间值之差超过 1% 时,应剔除此值,再取其余两值的算术平均值作为测定值;当最大值和最小值与中间值之差均超过 1% 时,应取中间值作为测定值。

(e) 抗冻标号应以抗压强度损失率不超过 25% 或者质量损失率不超过 5% 时的最大冻融

循环次数按表 5-8 确定。

(2) 快冻法

1) 本方法适用于测定混凝土试件在水冻水融条件下,以经受的快速冻融循环次数来表示的混凝土抗冻性能。

2) 快冻试验应按照下列步骤进行

(a) 在标准养护室内或同条件养护的试件应在养护龄期为 24d 时提前将冻融试验的试件从养护地点取出,随后应将冻融试件放在 (20±2)℃水中浸泡,浸泡时水面应高出试件顶面 20~30mm。在水中浸泡时间应为 4d,试件应在 28d 龄期时开始进行冻融试验。始终在水中养护的试件,当试件养护龄期达到 28d 时,可直接进行后续试验。对此种情况,应在试验报告中予以说明。

(b) 当试件养护龄期达到 28d 时应及时取出试件,用湿布擦除表面水分后应对外观尺寸进行测量并应编号、称量试件初始质量 w_0;然后将试件放入试件盒内,试件应位于试件盒中心,然后将试件盒放入冻融箱内的试件架中,并向试件盒中注入清水。在整个试验过程中,盒内水位高度应始终保持至少高出试件顶面 5mm。

(c) 测温试件盒应放在冻融箱的中心位置。

(d) 冻融循环过程应符合下列规定:

每次冻融循环应在 2~4h 内完成,且用于融化的时间不得少于整个冻融循环时间的 1/4;在冷冻和融化过程中,试件中心最低和最高温度应分别控制在 (-18±2)℃和 (5±2)℃内。在任意时刻,试件中心温度不得高于 7℃,且不得低于 -20℃;每块试件从 3℃降至 -16℃所用的时间不得少于冷冻时间的 1/2;每块试件从 -16℃升至 3℃所用时间不得少于整个融化时间的 1/2,试件内外的温差不宜超过 28℃;冷冻和融化之间的转换时间不宜超过 10min。

(e) 当有试件停止试验被取出时,应另用其他试件填充空位。当试件在冷冻状态下因故中断时,试件应保持在冷冻状态,直至恢复冻融试验为止,并应将故障原因及暂停时间在试验结果中注明。试件在非冷冻状态下发生故障的时间不宜超过两个冻融循环的时间。在整个试验过程中,超过两个冻融循环时间的中断故障次数不得超过两次。

(f) 当冻融循环出现下列情况之一时,可停止试验:达到规定的冻融循环次数;试件的相对动弹性模量下降到 60%;试件的质量损失率达 50%。

3) 试验结果计算及处理同慢冻法。

3. 抗水渗透试验

(1) 渗水高度法

1) 本方法适用于以测定硬化混凝土在恒定水压力下的平均渗水高度来表示的混凝土抗水渗透性能。

2) 试验设备应符合下列规定:

混凝土抗渗仪应符合现行行业标准《混凝土抗渗仪》(JG/T 249—2009) 的规定,并应能使水压按规定的制度稳定地作用在试件上。抗渗仪施加水压力范围应为 0.1~2.0MPa。

试模应采用上口内部直径为 175mm、下口内部直径为 185mm 和高度为 150mm 的圆台体。

密封材料宜用石蜡加松香或水泥加黄油等材料,也可采用橡胶套等其他有效密封材料。

3）抗水渗透试验应按照下列步骤进行：

按先前规定的方法进行试件的制作和养护。抗水渗透试验应以6个试件为一组。

试件拆模后，应用钢丝刷刷去两端面的水泥浆膜，并应立即将试件送入标准养护室进行养护。

抗水渗透试验的龄期宜为28d。应在到达试验龄期的前一天，从养护室取出试件，并擦拭干净。待试件表面晾干后，应按下列方法进行试件密封：

试件准备好之后，启动抗渗仪，并开通6个试位下的阀门，使水从6个孔中渗出，水应充满试位坑，在关闭6个试位下的阀门后应将密封好的试件安装在抗渗仪上。

试件安装好以后，应立即开通6个试位下的阀门，使水压在24h内恒定控制在（1.2±0.05）MPa，且加压过程不应大于5min，应以达到稳定压力的时间作为试验记录起始时间（精确至1min）。在稳压过程中随时观察试件端面的渗水情况，当有某一个试件端面出现渗水时，应停止该试件的试验并应记录时间，并以试件的高度作为该试件的渗水高度。对于试件端面未出现渗水的情况，应在试验24h后停止试验，并及时取出试件。

将从抗渗仪上取出来的试件放在压力机上，并应在试件上下两端面中心处沿直径方向各放一根直径为6mm的钢垫条，并应确保它们在同一竖直平面内。然后开动压力机，将试件沿纵断面劈裂为两半。试件劈开后，应用防水笔描出水痕。

应将梯形板放在试件劈裂面上，并用钢尺沿水痕等间距量测10个测点的渗水高度值，读数应精确至1mm。当读数时若遇到某测点被骨料阻挡，可以靠近骨料两端的渗水高度算术平均值来作为该测点的渗水高度。

4）试验结果计算及处理应符合下列规定：

试件渗水高度应按下式进行计算：

$$\overline{h_i} = \frac{1}{10}\sum_{j=1}^{10} h_j \tag{5-20}$$

式中 h_j——第i个试件第j个测点处的渗水高度，mm；

$\overline{h_i}$——第i个试件的平均渗水高度，mm。应以10个测点渗水高度的平均值作为该试件渗水高度的测定值。

一组试件的平均渗水高度应按下式进行计算。

$$\overline{h} = \frac{1}{6}\sum_{i=1}^{6} h_i \tag{5-21}$$

式中 $\overline{h}$——一组6个试件的平均渗水高度，mm，应以一组6个试件渗水高度的算术平均值作为该组试件渗水高度的测定值。

（2）逐级加压法

1）本方法适用于通过逐级施加水压力来测定、以抗渗等级来表示的混凝土的抗水渗透性能。

2）试验步骤应符合下列规定：

试验时，水压应从0.1MPa开始，以后应每隔8h增加0.1MPa水压，并应随时观察试件端面渗水情况。当6个试件中有3个试件表面出现渗水时，或加至规定压力（设计抗渗等级）在8h内6个试件中表面渗水试件少于3个时，可停止试验，并记下此时的水压力。

3）混凝土的抗渗等级应以每组6个试件中有4个试件未出现渗水时的最大水压力乘以

10 来确定。混凝土的抗渗等级应按下式计算：

$$P = 10H - 1 \tag{5-22}$$

式中 P——混凝土抗渗等级；

H——6 个试件中有 3 个试件渗水时的水压力，MPa。

4. 碳化试验

(1) 碳化试验方法的适用范围和目的。

混凝土抗碳化能力是耐久性的一个重要指标，尤其在评定大气条件下混凝土对钢筋的保护作用（混凝土的护筋性能）时起着关键作用。本方法适用于测定在一定浓度的二氧化碳气体介质中混凝土试件的碳化程度。

(2) 试件及处理

1) 本方法宜采用棱柱体混凝土试件，应以 3 块为一组。棱柱体的长宽比不宜小于 3。

2) 无棱柱体试件时，也可用立方体试件，其数量应相应增加。

3) 试件宜在 28d 龄期进行碳化试验，掺有掺合料的混凝土可以根据其特性决定碳化前的养护龄期。碳化试验的试件宜采用标准养护，试件应在试验前 2d 从标准养护室取出，然后应在 60℃下烘 48h。经烘干处理后的试件，除应留下一个或相对的两个侧面外，其余表面应采用加热的石蜡予以密封。然后应在暴露侧面上沿长度方向用铅笔以 10mm 间距画出平行线，作为预定碳化深度的测量点。

(3) 试验设备应符合下列规定：

碳化箱应符合现行行业标准《混凝土碳化试验箱》（JG/T 247—2009）的规定，并应采用带有密封盖的密闭容器，容器的容积应至少为预定进行试验的试件体积的两倍。碳化箱内应有架空试件的支架、二氧化碳引入口、分析取样用的气体导出口、箱内气体对流循环装置、为保持箱内恒温恒湿所需的设施以及温湿度监测装置。宜在碳化箱上设玻璃观察口对箱内的温度进行读数；气体分析仪应能分析箱内二氧化碳浓度，并应精确至±1%；二氧化碳供气装置应包括气瓶、压力表和流量计。

(4) 混凝土碳化试验应按下列步骤进行

1) 首先应将经过处理的试件放入碳化箱内的支架上。各试件之间的间距不应小于 50mm。

2) 试件放入碳化箱后，应将碳化箱密封。密封可采用机械办法或油封，但不得采用水封。应开动箱内气体对流装置，徐徐充入二氧化碳，并测定箱内的二氧化碳浓度。应逐步调节二氧化碳的流量，使箱内的二氧化碳浓度保持在 (20±3)%。在整个试验期间应采取去湿措施，使箱内的相对湿度控制在 (70±5)%，温度应控制在 (20±2)℃的范围内。

3) 碳化试验开始后应每隔一定时期对箱内的二氧化碳浓度、温度及湿度作一次测定。宜在前 2d 每隔 2h 测定一次，以后每隔 4h 测定一次。试验中应根据所测得的二氧化碳浓度、温度及湿度随时调节这些参数，去湿用的硅胶应经常更换。也可采用其他更有效的去湿方法。

4) 应在碳化到了 3d、7d、14d 和 28d 时，分别取出试件，破型测定碳化深度。棱柱体试件应通过在压力试验机上的劈裂法或者用干锯法从一端开始破型。每次切除的厚度应为试件宽度的一半，切后应用石蜡将破型后试件的切断面封好，再放入箱内继续碳化，直到下一个试验期。当采用立方体试件时，应在试件中部劈开，立方体试件应只作一次检验，劈开测试碳化深度后不得再重复使用。

5) 随后应将切除所得的试件部分刷去断面上残存的粉末，然后应喷上（或滴上）浓度为 1%的酚酞酒精溶液（酒精溶液含 20%的蒸馏水）。约经 30s 后，应按原先标划的每 10mm 一个测量点用钢板尺测出各点碳化深度。当测点处的碳化分界线上刚好嵌有粗骨料颗粒，可取该颗粒两侧处碳化深度的算术平均值作为该点的深度值。碳化深度测量应精确至 0.5mm。

(5) 混凝土碳化试验结果计算和处理应符合下列规定：

1) 混凝土在各试验龄期时的平均碳化深度应按下式计算：

$$d_t = \frac{1}{n}\sum_{i=1}^{n} d_i \tag{5-23}$$

式中　d_t——试件碳化 t（d）后的平均碳化深度，mm，精确至 0.1mm；

　　　d_i——各测点的碳化深度，mm；

　　　n——测点总数。

2) 每组应以在二氧化碳浓度为 (20 ± 3)%，温度为 (20 ± 2)℃，湿度为 (70 ± 5)%的条件下，3 个试件碳化 28d 的碳化深度算术平均值作为该组混凝土试件碳化测定值。

3) 碳化结果处理时宜绘制碳化时间与碳化深度的关系曲线。

小　　结

普通混凝土性能检测是本章的重点，主要掌握混凝土的和易性、强度、耐久性等性能的检测方法、数据处理。能够根据检测结果合理选用和使用原材料，并掌握混凝土材料的质量要求。同时了解材料的取样成型及养护要求。

自测练习

一、名词解释

(1) 砂率；(2) 混凝土的和易性；(3) 混凝土的抗冻性；(4) 水灰比；(5) 混凝土；(6) 减水剂；(7) 大体积混凝土；(8) 合理砂率；(9) 压力泌水值。

二、填空题

1. 混凝土中掺用粉煤灰的方法有（　　　）、（　　　）和（　　　）三种方法。

2. 坍落度筒为圆台形：高（　　　）mm、底直径（　　　）mm、顶直径 100 mm。

3. 采用标准养护的混凝土抗压强度试件成型后，表面应覆盖，以防止水分蒸发，并在（　　　）℃的条件下，静置 1~2 昼夜后，编号拆模并立即放入温度为（　　　）℃，湿度为（　　　）以上的标准养护室进行养护。

4. 混凝土拌合物和易性包括（　　　）、（　　　）、（　　　）三个方面。

5. 设计混凝土配合比应同时满足（　　　）、（　　　）、（　　　）和（　　　）等四项基本要求。

6. 混凝土中掺入引气剂，可明显提高（　　　）性和（　　　）性。

7. 对于强度等级为 C60 的混凝土，其粗骨料的最大粒径不应大于（　　　）。

8. 混凝土强度等级≥C30 及＜C60 时，加荷速度每秒钟（　　　）。

9. 混凝土拌合物坍落度和坍落扩展度的测量精确至（　　　　），结果修约至（　　　　）。

10. 抗渗混凝土试件尺寸为：顶面直径（　　　　）mm，底面直径为（　　　　）mm，高度为（　　　　）mm 的圆台体或直径与高均为（　　　　）mm 的圆柱体。

三、选择题

1. 大体积混凝土常用外加剂是（　　　　）。
   A. 早强剂　　　　B. 缓凝剂　　　　C. 引气剂　　　　D. 速凝剂

2. 已知混凝土砂石比为 0.55，则砂率为（　　　　）。
   A. 0.35　　　　B. 0.30　　　　C. 0.55　　　　D. 1.82

3. 当在同一车混凝土中取样时，应在下料过程中分次进行，取样点在（　　　　）。
   A. 1/8　　　　B. 1/5　　　　C. 1/4　　　　D. 1/10

4. 测定混凝土强度用的标准试件尺寸为（　　　　）mm^3。
   A. 70.7×70.7×70.7　　　　B. 100×100×100
   C. 200×200×200　　　　D. 150×150×150

5. 寒冷地区的室外混凝土工程，常采用的混凝土外加剂是（　　　　）。
   A. 减水剂　　　　B. 早强剂　　　　C. 引气剂　　　　D. 防冻剂

6. 混凝土的强度等级通常划分为（　　　　）个等级。
   A. 10　　　　B. 12　　　　C. 8　　　　D. 14

7. 按国家标准规定，当连续 5d 日平均气温稳定低于（　　　　）℃，混凝土施工进入冬期施工。
   A. 0　　　　B. −5　　　　C. +5　　　　D. −10

8. 对混凝土塑化效果最好的减水剂是（　　　　）。
   A. 聚羧酸盐　　　　B. 木钙　　　　C. 氨基磺酸盐　　　　D. 多元醇

9. 若混凝土拌合物的坍落度值达不到设计要求，可掺入（　　　　）来提高坍落度。
   A. 木钙　　　　B. 松香热聚物　　　　C. 硫酸钠　　　　D. 三乙醇胺

10. 在相同条件下按规定可行的几种尺寸制作混凝土立方体抗压试块，试块尺寸越大，其强度值（　　　　）。
    A. 偏大　　　　B. 不变　　　　C. 偏小　　　　D. 不定

四、简答题

1. 混凝土配合比设计应满足哪些基本要求？
2. 改善混凝土和易性的措施有哪些？
3. 影响混凝土抗压强度的主要因素有哪些？
4. 砂率对混凝土性能有什么影响？
5. 水灰比对混凝土强度有什么影响？
6. 如何调整坍落度？
7. 坍落度的测定方法有哪些？
8. 影响混凝土强度的主要因素有哪些？通常采用哪些措施提高混凝土强度？
9. 什么是砂率？什么是最佳砂率？砂率大小对混凝土和易性有什么影响？
10. 常用的混凝土外加剂有几种？
11. 影响混凝土强度的试验条件是什么？如何提高混凝土强度？

12. 混凝土收缩变形有哪些种类？混凝土裂纹防治措施是什么？

13. 冬施已采取防冻剂措施，不必再覆盖保温材料或待浇筑完毕一块覆盖，这种认识对吗？请解释说明。

14. 预拌混凝土配合比设计与普通现场搅拌混凝土的不同之处是什么？

15. 试写出十种混凝土外加剂名称。

五、计算题

1. 一组 C30 混凝土试块，规格为 150mm×150mm×150mm，标养 28d，试压破坏荷载分别为 712kN、733kN、835kN，计算该组混凝土抗压强度，指出代表值。在只有这一组的情况下，该组混凝土是否符合 C30 强度等级的要求？

2. 有一组 15×15×15cm³ 混凝土试件，原设计强度等级为 C30，标养 28d，试压破坏荷载分别为 720kN、735kN、840kN，计算该组混凝土抗压强度，指出代表值，要求写出计算过程。在只有这一组的情况下，该组混凝土是否符合 C30 强度等级的要求？

六、判断对错题（对的打"√"，错的打"×"）

1. 混凝土立方体抗压强度是以边长为 150mm 的立方体标准试件，在温度（20±2）℃，相对湿度 90％以上的标准条件下，养护 28d 龄期，用标准试验方法测得的抗压强度值，具有 95％的保证率。（   ）

2. 在满足强度和耐久性要求的条件下，水灰比取最大值。（   ）

3. 当采用Ⅲ区砂子时，应适当降低砂率来保证混凝土的强度。（   ）

4. F10 表示混凝土能抵抗 1.0MPa 的压力水而不渗水。（   ）

5. P10 表示混凝土能抵抗 1.0 MPa 的压力水而不渗水。（   ）

6. 在满足强度和耐久性要求的条件下，水灰比取最大值。（   ）

七、试验分析题

1. 试验分析题

(1) 普通混凝土立方体抗压强度实验目的是什么？

(2) 普通混凝土立方体抗压强度试件养护条件是什么？

(3) 普通混凝土立方体抗压强度试验结果如何处理？

2. 测定混凝土拌合物的和易性

(1) 新拌混凝土拌合物坍落度试验适用范围是什么？

(2) 新拌混凝土拌合物坍落度试验主要仪器设备有哪些？

(3) 当混凝土拌合物出现下列情况如何调整：坍落度过大或者坍落度过小？

项目六　建筑砂浆性能检测

> **知识目标**

1. 了解建筑砂浆的分类
2. 理解建筑砂浆的技术性质
3. 掌握砂浆拌合物的性能检测方法，力学性能检测方法

> **能力目标**

1. 能根据建筑砂浆的性质合理地选择和使用建筑砂浆
2. 能评定砂浆拌合物的稠度
3. 能对砂浆试块强度值进行计算及评定

任务1　建筑砂浆技术性能

一、建筑砂浆的分类

建筑砂浆是由水泥基胶凝材料、细骨料、水以及根据性能确定的其他组分按适当比例配合、拌制并经硬化而成的工程材料。在块体结构中，是砂浆把单块的砖、石块及砌块等胶结起来，构成砌体结构。墙体的勾缝、预制墙板的接缝等要用砂浆填充。墙体、地面等也要用砂浆抹面。在装饰工程中，如镶贴大理石、贴面砖、瓷砖等都用砂浆。

建筑砂浆分为施工现场搅拌的砂浆和由专业生产厂家生产的预拌砂浆。预拌砂浆又分为湿拌砂浆和干混砂浆。湿拌砂浆是由水泥基胶凝材料、细骨料、水以及根据性能确定的其他组分按适当比例，在搅拌站经计量、拌制后，采用搅拌运输车运至使用地点，放入专用容器贮存，并在规定时间内使用完毕的湿拌拌合物。干混砂浆是经干燥筛分处理的骨料与水泥基胶凝材料以及根据性能确定的，按一定比例在专业生产厂混合而成，在使用地点按规定比例加水或配套液体拌和使用的干混拌合物，也称为干拌砂浆。

根据砂浆中胶凝材料的不同，可分为水泥砂浆、混合砂浆、石灰砂浆和石膏砂浆。根据用途可分为砌筑砂浆、抹面砂浆、装饰砂浆及特种砂浆。

二、建筑砂浆的技术性质

对新拌砂浆，应具有良好的和易性，在基面上宜铺砌成均匀的薄层，和基面粘接牢固，使砌体获得较高的强度和整体性，同时便于砌筑操作，保证工程质量。硬化后的砂浆应具有足够的与基面粘接强度，传递和承受荷载，使砌体获得整体性和耐久性。

1. 砂浆和易性

是指砂浆在搅拌、运输、浇筑等过程中都能保持成分均匀，不致分层离析的性能。

它包括流动性和保水性两个方面的性能。和易性好的砂浆,易于搅拌均匀,运输和浇筑时,不发生离析泌水现象。所制成的砂浆内部质地均匀密实,抹压时流动性大,易于抹压,有利于保证砂浆的强度与耐久性。和易性不好,施工操作困难,质量难以保证。

(1) 流动性（稠度）　是指砂浆在自重或外力作用下是否易于流动的性能,其大小用沉入度（或稠度值）(mm) 表示。即砂浆稠度测定仪的圆锥体沉入砂浆深度的毫米数。砂浆流动性与胶凝材料用量、用水量、砂子粗细、形状、级配及搅拌时间等因素有关。一般情况下,基底为多孔吸水性材料,或在干热条件下施工时,应选择流动性大的砂浆。反之,基底吸水少,或湿冷条件下施工,应选流动性小的砂浆。

(2) 保水性　新拌砂浆保存水分的能力称为保水性。也指砂浆中各组成材料不易分离的性质。保水性常用分层度（mm）表示。将搅拌均匀的砂浆,先测其沉入度,然后装入分层度测定仪,静置 30min 后,取底部 1/3 砂浆再测沉入量,先后两次沉入量的差值称为分层度。

砂浆的分层度一般控制在 10~30mm,分层度大于 30mm 的砂浆容易离析、泌水、分层或者水分流失快,不易施工,分层度小于 10mm 的砂浆硬化后易产生干缩裂缝。

影响砂浆保水性的主要因素是胶凝材料种类和用量,砂的品种、细度和用水量。提高砂浆的保水性的方法是在砂浆中掺入石灰膏、粉煤灰等粉状混合材料。

2. 砂浆的强度

砂浆的抗压强度是以边长为 70.7mm×70.7mm×70.7mm 的立方体试块,在温度为 (20±2)℃,相对湿度不小于 90% 的条件下养护 28d,用标准试验方法测得的抗压强度。根据抗压强度划分为 M2.5、M5.0、M7.5、M10、M15、M20 六个强度等级。工程中常用的强度等级有 M2.5、M5.0、M7.5、M10。

3. 黏结力

砂浆必须有足够的黏结力,才能使块体材料粘接成坚固的整体,黏结力的大小与砂浆的强度、块体材料表面的洁净程度、湿润情况以及养护情况等因素有关。其黏结力的大小会影响砌体的强度、耐久性、稳定性、抗震性等。

任务2　砂浆拌合物性能检测

一、砂浆拌合物取样

(1) 建筑砂浆试验用料应从同一盘砂浆或同一车砂浆中取样。取样量不应少于试验所需量的 4 倍。

(2) 当施工过程中进行砂浆试验时,砂浆取样方法应按相应的施工验收规范执行,并宜在现场搅拌点或预拌砂浆卸料点的至少 3 个不同部位及时取样。对于现场取样的试样,试验前应人工搅拌均匀。

(3) 从取样完毕到开始进行各项性能试验,不宜超过 15min。

二、试样的制备

(1) 在实验室制备砂浆试样时,所用原材料应提前 24h 运入室内。拌和时,实验室的温度应保持在（20±5）℃。当需要模拟施工条件下所用的砂浆时，所用原材料的温度宜与施工现场保持一致。

（2）试验所用原材料应与现场使用材料一致。砂应通过4.75mm筛。

（3）实验室拌制砂浆时，材料用量应以质量计。水泥、外加剂、掺合料等的称量精度应为±0.5％，细骨料的称量精度应为±1％。

（4）在试验室搅拌砂浆时应采用机械搅拌，搅拌机应符合现行行业标准《试验用砂浆搅拌机》（JG/T 3033—1996）的规定，搅拌的用量宜为搅拌机容量的30％～70％，搅拌时间不应少于120s。掺有掺合料和外加剂的砂浆，其搅拌时间不应少于180s。

三、砂浆稠度试验

1. 试验目的

测定砂浆稠度，主要是用于确定配合比。施工过程中控制砂浆稠度，是为了控制用水量，达到保证砂浆质量的目的。

2. 实验设备

（1）砂浆稠度测定仪由试锥、容器和支座三部分组成。试锥由钢材或铜材制成，锥高145mm，锥底直径75mm，试杆连同滑杆重300g（±2g）；盛砂浆容器为由钢板制成的截头圆锥形，筒高180mm，锥底内径150mm；支座分底座、支架及稠度显示三部分，由铸铁、钢及其他金属制成。

（2）钢制捣棒：直径10mm，长350mm，端部磨圆。

（3）砂浆拌和锅、铁铲和秒表等。

3. 试验步骤

（1）将试杆、容器表面用湿布擦净，用少量润滑油轻擦滑杆，保证滑杆自由滑动。

（2）将砂浆拌合物一次装入盛浆容器，使砂浆表面约低于容器口10mm，用捣棒自容器中心向边缘插捣25次（前12次需插到筒底），然后轻击容器5～6下，使砂浆表面平整，立即将容器置于稠度测定仪底座上。

（3）把试锥调至尖端与砂浆表面接触，拧紧制动螺钉，使齿条测杆下端刚接触滑杆上端，并将指针对准零点。

（4）拧开制动螺钉，使锥体自由落入砂浆中，同时按动秒表计时，待10s立即拧紧固定螺钉，使齿条测杆下端接触滑杆上端，从刻度盘上读出下层深度（精确至1mm），即为砂浆稠度值。

（5）砂浆试样不得重复使用，重新测定应重取新的试样。

4. 结果评定

稠度试验结果应以两次测定值的算术平均值为测定值，计算精确至1mm。两次测定值之差如大于10mm，应另取样搅拌后重新测定。

5. 试验要点及注意事项

（1）往盛浆容器中装入砂浆试样前，一定要将砂浆翻拌均匀，干稀一致。

（2）试验时应将刻度盘牢牢固定在相应位置，不得有松动，以免影响检测精度。

（3）到工地检查砂浆稠度时，如砂浆稠度仪不便携带，可携带试锥，在工地找其他容器装置砂浆做简易测定，用钢尺量测砂浆稠度（注意，应垂直量测）。

四、砂浆分层度试验

1. 试验目的

分层度试验是为测定砂浆拌合物在运输、停放、使用过程中的保水能力,即离析、泌水等内部组分的稳定性,是评定砂浆质量的重要指标。

2. 试验设备

(1) 砂浆分层度测定仪,由金属制成,内径为 150mm,上节无底,高度为 200mm,下节带底,净高为 100mm,由连接螺柱在两侧连接,上、下层连接处需加宽到 3~5mm,并设有橡胶垫圈。

(2) 砂浆稠度仪,木锥。

(3) 拌和锅等。

3. 试验步骤

(1) 将砂浆拌合物按砂浆稠度实验方法测定稠度。

(2) 将砂浆认真翻拌后一次装入分层度试筒内,用木锥在分层度试验筒四周距离大致相等的四个不同地方轻击 1~2 次,如砂浆沉落到分层度筒口以下,应随时添加砂浆,然后刮去多余的砂浆,并用抹刀抹平表面。

(3) 静置 30min 后,去掉上节 200mm 砂浆,剩余的 100mm 砂浆倒出来,在拌和锅内拌 2min,再按稠度试验方法测定其稠度。前后两次稠度之差即为该砂浆的分层度值 (mm)。

4. 结果评定

取两次试验结果的算术平均值为砂浆的分层度值。

任务 3　砂浆力学性能检测

一、试验目的

测定砂浆立方体抗压强度值,评定砂浆的强度等级。

二、试验设备

(1) 试模:尺寸为 70.7mm×70.7mm×70.7mm 的带底试模,试模内表面应机械加工,其不平度应为每 100mm 不超过 0.05mm,组装后各相邻面的不垂直度不应超过±0.5。

(2) 钢制捣棒:直径为 10mm,长度为 350mm,端部磨圆。

(3) 压力试验机:精度应为 1%,试件破坏荷载应不小于压力机量程的 20%,且不应大于全量程的 80%。

(4) 垫板:试验机上、下压板及试件之间可垫以钢垫板,其尺寸应大于试件的支承面,其不平度应为每 100mm 不超过 0.02mm。

(5) 振动台:空载中台面的垂直振幅应为 (0.5±0.05) mm,空载频率应为 (50±3) Hz,空载台面振幅均匀度不应大于 10%,一次试验应至少能固定 3 个试模。其技术参数与混凝土试验振动台技术参数基本一致,即混凝土振动台即可使用。

三、试件制作

(1) 试块数量:立方体抗压强度试验中,每组试块数为 3 块。

(2) 试模的准备工作:应采用黄油等密封材料涂抹试模的外接缝,试模内应涂刷薄层机油或隔离剂，应将拌制好的砂浆一次性装满砂浆试模。

（3）成型方法根据稠度确定，当稠度大于50mm时，宜采用人工插捣成型；当稠度小于等于50mm时，宜采用振动台振实成型，这是由于当稠度小于等于50mm时人工插捣较难密实且人工插捣易留下插孔影响强度结果。成型方式的选择以充分密实、避免离析为原则。

1）人工插捣：应采用捣棒均匀地由边缘向中心按螺旋方式插捣25次，插捣过程中当砂浆沉落低于试模口时，应随时添加砂浆，可用油灰刀插捣数次，并用手将试模一边抬高5~10mm各振动5次，砂浆应高出试模顶面6~8mm。

2）机械振动：将砂浆一次装满试模，放置到振动台上，振动时试模不得跳动，振动5~10s或持续到表面泛浆为止，不得过振。

（4）待表面水分稍干后，再将高出试模部分的砂浆沿试模顶面刮去并抹平。采用钢底模后因底模材料不吸水，表面出现麻斑状态的时间会较长，为避免砂浆沉缩，试件表面高于试模，一定要在出现麻斑状态再将高出试模部分的砂浆沿试模顶面刮去并抹平。

四、养护

试件制作后应在温度为（20±5）℃的环境下静置（24±2）h，对试件进行编号、拆模。当气温较低时，或者砂浆凝结时间大于24h，可适当延长时间，但不应超过2d。水泥砂浆、混合砂浆试件拆模后应统一立即放入温度为（20±2）℃，相对湿度为90%以上的标准养护室中养护。养护期间，试件彼此间隔不得小于10mm，而混合砂浆、湿拌砂浆试件上面应覆盖塑料布，防止有水滴在试件上。标准养护时间应从加水搅拌开始，标准养护龄期为28d，非标准养护龄期一般为7d或14d。

五、试验过程

（1）试件从养护地点取出后应及时进行试验，试验前应将试件表面擦拭干净，测量尺寸，检查外观。计算试件的承压面积，当实测尺寸与公称尺寸之差不超过1mm时，可按照公称尺寸进行计算。

（2）将试件安放在试验机的下压板上，试件的承压面应与成型时的顶面垂直，试件中心应与试验机下压板中心对准。开动试验机，当上压板与试件接近时，调整球座，使接触面均衡受压。承压试验应连续而均匀地加荷，加荷速度应为0.25~1.5kN/s；砂浆强度不大于2.5MPa时，宜取下限，当试件接近破坏而开始迅速变形时，停止调整试验机油门，直至试件破坏，然后记录破坏荷载。

六、计算公式

$$f_{m,cu} = K \frac{N_U}{A} \tag{6-1}$$

式中　$f_{m,cu}$——砂浆立方体抗压强度，MPa，应精确至0.1MPa；
　　　N_U——试件破坏荷载，N；
　　　A——试件承压面积，mm²；
　　　K——换算系数，取1.35。

七、评定

（1）应以三个试件测值的算术平均值作为该组试件的砂浆立方体抗压强度平均值，精确到 0.1MPa；

（2）当三个测值的最大值或最小值有一个与中间值的差值超过中间值的 15% 时，应把最大值及最小值一并舍去，取中间值作为该组试件的抗压强度值；

（3）当两个值与中间值的差值超过中间值的 15% 时，该组试件结果为无效。

【例 6-1】 有一组砂浆试件标养 28 天试压后，破坏荷载分别为：26.2kN、25.4kN、24.5kN，试计算该组砂浆的抗压强度代表值。

解： （1）单块抗压强度值计算公式

$$f_{m,cu} = K \frac{N_U}{A}$$

$$f_{m,cu1} = 1.35 \times \frac{26200}{70.7 \times 70.7} = 7.076 = 7.1 (MPa)$$

$$f_{m,cu2} = 1.35 \times \frac{25400}{70.7 \times 70.7} = 6.860 = 6.9 (MPa)$$

$$f_{m,cu3} = 1.35 \times \frac{24500}{70.7 \times 70.7} = 6.616 = 6.6 (MPa)$$

（2）最大值、最小值分别与中间值比较

$$\frac{7.1 - 6.9}{6.9} \times 100\% = 2.9\% < 15\%$$

$$\frac{6.9 - 6.6}{6.9} \times 100\% = 4.3\% < 15\%$$

（3）代表值为 3 块强度值的平均值

$$f_{m,cu} = \frac{7.1 + 6.9 + 6.6}{3} = 6.866 = 6.9 (MPa)$$

结论：该组砂浆的抗压强度代表值为 6.9MPa。

小 结

建筑砂浆分为现场搅拌的砂浆和预拌砂浆。预拌砂浆又分为湿拌砂浆和干混砂浆；按胶凝材料的不同，可分为水泥砂浆、混合砂浆、石灰砂浆和石膏砂浆；按用途可分为砌筑砂浆、抹面砂浆、装饰砂浆及特种砂浆。建筑砂浆的技术性质有和易性、抗压强度和黏结力。砂浆的流动性用其稠度表示，砂浆保水性用其分层度表示。砂浆力学性能检测为由每组 3 块，边长尺寸为 70.7mm 的立方体试块，温度为 (20±2)℃，湿度为 90% 的标准条件下养护 28d 测得的抗压强度值，其计算评定方法同混凝土抗压强度计算评定方法。

自 测 练 习

一、名词解释

（1）砂浆的保水性；（2）水泥混合砂浆；（3）砂浆立方体抗压强度；（4）干拌砂浆。

二、填空题

1. 砂浆的和易性包括（　　　　）和（　　　　）两方面含义。
2. 建筑砂浆养护条件为温度（　　　　）℃，相对湿度为（　　　　）以上。
3. 砂浆的保水性是指砂浆能保持水分的能力，用（　　　　）表示。
4. 砂浆的（　　　　）是指在自重或外力作用下能产生流动的性能，用（　　　　）表示，（　　　　）是指砂浆中各项组成材料不易分离的性质，用（　　　　）表示。

三、简答题

1. 影响砌筑砂浆稠度的因素有哪些？
2. 如何评定砂浆的强度？
3. 砂浆抗压强度试件养护条件是什么？

四、计算题

有一组砂浆试件标养 28d 试压后，破坏荷载分别为：23.4kN、24.5kN、24.1kN，试计算该组砂浆的抗压强度代表值并评定其强度等级。

项目七 块体材料质量检测

知识目标

1. 了解砖、砌块的分类
2. 理解烧结普通砖、烧结多孔砖、空心砖、砌块的技术性质及应用
3. 掌握烧结普通砖性能检测方法，力学性能检测方法

能力目标

1. 能合理的选择墙体材料，评定其强度等级
2. 能评定砖的泛霜等级
3. 能对烧结普通砖强度值进行计算及评定

任务1 烧结普通砖质量要求

烧结普通砖是以黏土、页岩、煤矸石和粉煤灰为主要原料，经配料、成型、干燥后入窑高温（950～1050）℃焙烧而成的块状建筑材料。主要用于承重部位，强度等级高。

根据《烧结普通砖》（GB 5101—2003）标准，烧结普通砖的技术要求具体如下：

1. 规格

烧结普通砖的外形为直角平行六面体，其公称尺寸为：长240mm、宽115mm、高53mm，砌筑时灰缝厚10mm，则4块砖长、8块砖宽、16块砖厚均为1m。1m³的砖砌体需砖数为：$4 \times 8 \times 16 = 512$ 块。

2. 质量等级

（1）强度等级　烧结普通砖根据抗压强度分为MU30、MU25、MU20、MU15、MU10五个强度等级。其强度值应符合表7-1的规定。

表7-1 烧结普通砖的强度等级　　　　　　　　　　　　　　单位：MPa

强度等级	抗压强度平均值 $\bar{f} \geqslant$	变异系数 $\delta \leqslant 0.21$ 强度标准值 $f_k \geqslant$	变异系数 $\delta > 0.21$ 单块最小抗压强度值 $f_{min} \geqslant$
MU30	30.0	22.0	25.0
MU25	25.0	18.0	22.0
MU20	20.0	14.0	16.0

续表

强 度 等 级	抗压强度平均值 $\bar{f}$ ≥	变异系数 δ ≤ 0.21	变异系数 δ > 0.21
		强度标准值 f_k ≥	单块最小抗压强度值 f_{min} ≥
MU15	15.0	10.0	12.0
MU10	10.0	6.5	7.5

（2）产品质量等级　强度和抗风化性能合格的烧结普通砖，根据尺寸偏差、外观质量、泛霜和石灰爆裂分为优等品（A）、一等品（B）、合格品（C）三个质量等级。优等品适用于清水墙和墙体装饰，一等品、合格品可用于混水墙。

1）尺寸偏差应符合表 7-2 的规定。

表 7-2　烧结普通砖尺寸允许偏差　　　　　单位：mm

公称尺寸	优 等 品		一 等 品		合 格 品	
	样本平均偏差	样本级差 ≤	样本平均偏差	样本级差 ≤	样本平均偏差	样本级差 ≤
240	±2.0	6	±2.5	7	±3.0	8
115	±1.5	5	±2.0	6	±2.5	7
53	±1.5	4	±1.6	5	±2.0	6

2）外观质量应符合表 7-3 的规定。

表 7-3　外 观 质 量　　　　　单位为：mm

项　目			优等品	一等品	合　格
两条面高度差		≤	2	3	4
弯曲		≤	2	3	4
杂质凸出高度		≤	2	3	4
缺棱掉角的三个破坏尺寸		不得同时大于	5	20	30
裂纹长度 ≤	a. 大面上宽度方向及其延伸至条面的长度		30	60	80
	b. 大面上长度方向及其延伸至顶面的长度或条顶面上水平裂纹的长度		50	80	100
完整面		不得少于	二条面和二顶面	一条面和一顶面	—
颜色			基本一致	—	—

注：为装饰而施加的色差、凹凸纹、拉毛、压花等不算作缺陷。
　　凡有下列缺陷之一者，不得称为完整面。
　　a）缺损在条面或顶面上造成的破坏面尺寸同时大于 10mm×10mm。
　　b）条面或顶面上裂纹宽度大于 1mm，其长度超过 30mm。
　　c）压陷、粘底、焦化在条面或顶面上的凹陷或凸出超过 2mm，区域尺寸同时大于 10mm×10mm。

3）抗风化性能是烧结普通砖主要的耐久性之一，风化指数是指日气温从正温降至负温或从负温升至正温的每年平均天数与从霜冻之日起至消失霜冻之日止这一期间降雨总量（以毫米计）的平均值的乘积。风化指数大于等于 12700 为严重风化区，小于 12700 为非严重风化区。全国风化区划分见表 7-4。

表 7-4　风化区的划分

严重风化区		非严重风化区	
1. 黑龙江省	11. 河北省	1. 山东省	11. 福建省
2. 吉林省	12. 北京市	2. 河南省	12. 台湾省
3. 辽宁省	13. 天津市	3. 安徽省	13. 广东省
4. 内蒙古自治区		4. 江苏省	14. 广西壮族自治区
5. 新疆维吾尔自治区		5. 湖北省	15. 海南省
6. 宁夏回族自治区		6. 江西省	16. 云南省
7. 甘肃省		7. 浙江省	17. 西藏自治区
8. 青海省		8. 四川省	18. 上海市
9. 陕西省		9. 贵州省	19. 重庆市
10. 山西省		10. 湖南省	

严重风化区中 1、2、3、4、5 地区的砖必须进行冻融试验。其他地区的砖抗风化性能符合表 7-5 的规定可不进行冻融试验，否则，必须进行冻融试验。在低温箱或冷冻室内温度可调至 −20℃ 或 −20℃ 以下，做（15 次）冻融循环，满足抗冻性要求。冻融试验后，每块砖样不允许出现裂纹、分层、掉皮、缺棱、掉角等冻坏现象，质量损失不得大于 2%。

表 7-5　抗风化性能

砖种类	严重风化区				非严重风化区			
	5h 沸煮吸水率/% ≤		饱和系数 ≤		5h 沸煮吸水率/% ≤		饱和系数 ≤	
	平均值	单块最大值	平均值	单块最大值	平均值	单块最大值	平均值	单块最大值
黏土砖	18	20	0.85	0.87	19	20	0.88	0.90
粉煤灰砖①	21	23			23	25		
页岩砖	16	18	0.74	0.77	18	20	0.78	0.80
煤矸石砖								

① 粉煤灰产入量（体积比）小于 30% 时，按黏土砖规定判定。

4）泛霜　泛霜是砖在使用中的一种盐析现象。砖的原料黏土含有钠盐，燃料煤中含有硫及硫化物，在焙烧过程中形成无水硫酸钠。砖在使用环境中经常处于潮湿的环境，无水硫酸钠与水结成结晶硫酸钠体积膨胀，使砖表面呈现白色附着物，砖表面粉化剥落，在装饰工程中会使瓷砖及抹灰层脱落，同时也降低了砖的耐久性和建筑房屋的美观。

根据标准规定，优等品砖不得有泛霜，一等品砖不允许出现中等泛霜，合格品砖不允许出现严重泛霜。在建筑施工中，中等泛霜的砖不能用于潮湿部位。

在小型家居建筑施工中，如发生泛霜现象应及时处理，采用水浇法，使其泛霜，再用水浇反复多次减轻泛霜程度。在砌筑时应尽量离地面高些，用一些无泛霜的砖混合交叉砌筑或挂钢网。在大型建筑施工中发生泛霜较重的此类事情时，应及时上报有关部门进行处理。

5）石灰爆裂　石灰爆裂是指砖坯中杂质含有石灰块，焙烧时形成的过烧石灰遇水后，产生氢氧化钙，体积膨胀使砖产生爆裂现象。石灰爆裂对砖砌体影响很大，轻者影响外观，重者使砖砌体强度降低影响建筑整体的耐久性。

根据标准规定,优等品砖不允许出现最大破坏尺寸大于2mm的爆裂区域;一等品砖最大破坏尺寸大于2mm且小于等于10mm的爆裂区域,每组砖样不得多于15处;合格品砖最大破坏尺寸大于2mm且小于15mm的爆裂区域,每组砖样不得多于15处。其中大于10mm的不得多于7处,不允许出现最大破坏尺寸大于15mm的爆裂区域。

(3) 产品标记　烧结普通砖的产品标记按产品名称、类别、强度等级、质量等级和标准编号顺序编写。

例:烧结普通砖,强度等级MU10合格品的黏土砖,其标记为:烧结普通砖　N MU10　C　GB 5101。

(4) 烧结普通砖的应用　烧结普通砖具有一定的强度,除可用于砌筑承重或非承重墙外,还可砌筑砖柱、砖拱、砖过梁、沟道、基础等,由于烧结普通砖大多采用黏土制作,故各地方有关部门对其使用有一定的规定。允许在±0.000以下使用烧结普通砖;在±0.000以上部位必须采用其他材料如烧结多孔砖、加气混凝土砌块等。

3. 检验方法

(1) 检验样品数为20块,按《砌墙砖试验方法》(GB/T 2542—2003)规定的检查方法进行。其中每一尺寸测量不足0.5mm按0.5mm计,每一方向尺寸以两个测量值的算术平均值表示。

样本平均偏差是20块试样同一方向40个测量尺寸的算术平均值减去其公差值;样本极差是抽检的20块试样中同一方向40个测量尺寸中最大测量值与最小测量值之差值。

(2) 按《砌墙砖试验方法》(GB/T 2542—2003)规定的检查方法进行。颜色的检验:抽试样20块,装饰面朝上随机分两排并列,在自然光下距离试样2m处目测。

4. 烧结普通砖检验批量

(1) 检验批的构成原则和批量大小按《砌墙砖检验规则》[JC/T 466—1992(1996)]规定。3.5万~15万块为一批,不足3.5万块按一批计。

(2) 烧结普通砖抽样数量见表7-6。

表7-6　抽　样　数　量　　　　　　　　　　　　单位:块

序　号	检验项目	抽样数量
1	外观质量	50 ($n_1=n_2=50$)
2	尺寸偏差	20
3	强度等级	10
4	泛霜	5
5	石灰爆裂	5
6	吸水率和饱和系数	5
7	冻融	5
8	放射性	4

(3) 外观质量采用《砌墙砖检验规则》[JC/T 466—1992(1996)]二次抽样方案,根

据表 7-2 规定的质量指标，检查出不合格品数 d_1 按下列规则判定：

$d_1 \leqslant 7$ 时，外观质量合格；

$d_1 \geqslant 11$ 时，外观质量不合格。

$d_1 > 7$，且 $d_1 < 11$ 时，需再次从该产品批中抽样 50 块检验，检查出不合格数 d_2，按下列规则判定：

$(d_1 + d_2) \leqslant 18$ 时，外观质量合格；

$(d_1 + d_2) \geqslant 19$ 时，外观质量不合格。

任务 2　烧结多孔砖和多孔砌块

烧结多孔砖和多孔砌块是以黏土、页岩、煤矸石、粉煤灰、淤泥（江河湖淤泥）及其他固体废弃物等为主要原料，经焙烧制成的块状建筑材料。主要用于承重部位，强度等级高。烧结多孔砌块经焙烧而成，孔洞率大于或等于 33%，孔的尺寸小而数量多。主要用于承重部位。按主要原料分为黏土砖和黏土砌块（N）、页岩砖和页岩砌块（Y）、煤矸石砖和煤矸石砌块（M）、粉煤灰砖和粉煤灰砌块（F）、淤泥砖和淤泥砌块（U）、固体废弃物砖和固体废弃物砌块（G）。

根据《烧结多孔砖和多孔砌块》（GB 13544—2011）标准，其技术要求具体如下。

一、规格

砖和砌块的外型一般为直角六面体，砖和砌块的长度、宽度、高度尺寸应符合下列要求：

砖规格尺寸（mm）：290、240、190、180、140、115、90。

砌块规格尺寸（mm）：490、440、390、340、290、240、190、180、140、115、90。

其他规格尺寸由供需双方协商确定。

二、等级

1. 强度等级

根据抗压强度分为 MU30、MU25、MU20、MU15、MU10 五个强度等级。

2. 密度等级

砖的密度等级分为 1000、1100、1200、1300 四个等级。

砌块的密度等级分为 900、1000、1100、1200 四个等级。

三、技术要求

1. 尺寸允许偏差

尺寸允许偏差应符合表 7-7 的规定。

表 7-7　尺寸允许偏差　　　　　　　　单位：mm

尺　寸	样品平均偏差	样品极差≤
>400	±3.0	10.0
300～400	±2.5	9.0
200～300	±2.5	8.0
100～200	±2.0	7.0
<100	±1.5	6.0

2. 外观质量

砖和砌块的外观质量应符合表 7-8 的规定。

表 7-8 外观质量　　　　　　　　　　　　　　　　　　单位：mm

项　目		指标
完整面	不得少于	一条面和一顶面
缺棱掉角的三个破坏尺寸	不得同时大于	30
裂纹长度	（a）大面（有孔面）上深入孔壁 15mm 以上宽度方向及其延伸到条面的长度	不大于	80
	（b）大面（有孔面）上深入孔壁 15mm 以上长度方向及其延伸到顶面的长度	不大于	100
	（c）条顶面上的水平裂纹	不大于	100
杂质在砖或砌块面上造成的凸出高度	不大于	5

注：凡有下列缺陷之一者，不能称为完整面：
（a）缺损在条面或顶面上造成的破坏面尺寸同时大于 20mm×30mm；
（b）条面或顶面上裂纹宽度大于 1mm，其长度超过 70mm；
（c）压陷、焦花、粘底在条面或顶面上的凹陷或凸出超过 2mm，区域最大投影尺寸同时大于 20mm×30mm。

3. 密度等级

密度等级应符合表 7-9 的规定。

表 7-9 密度等级　　　　　　　　　　　　　　　　　　单位：kg/m³

密 度 等 级		3 块砖或砌块干燥表观密度平均值
砖	砌 块	
—	900	≤900
1000	1000	900～1000
1100	1100	1000～1100
1200	1200	1100～1200
1300	—	1200～1300

4. 强度等级

强度应符合表 7-10 的规定。

表 7-10 强度等级　　　　　　　　　　　　　　　　　　单位：MPa

强度等级	抗压强度平均值 $f\geqslant$	强度标准值 $f_k \geqslant$
MU30	30.0	22.0
MU25	25.0	18.0
MU20	20.0	14.0
MU15	15.0	10.0
MU10	10.0	6.5

5. 孔型结构及孔洞率

孔型结构及孔洞率应符合表 7-11 的规定。

项目七 块体材料质量检测

表 7-11 孔型结构及孔洞率

孔型	孔洞尺寸/mm		最小外壁厚/mm	最小肋厚/mm	孔洞率/%		孔洞排列
	孔宽度尺寸 b	孔长度尺寸 L			砖	砌块	
矩形条孔或矩形孔	≤13	≤40	≤12	≤5	≤28	≤33	(1) 所有孔宽应相等，孔采用单向或双向交错排列； (2) 孔洞排列上下、左右应对称，分布均匀，手抓孔的长度方向尺寸必须平行于砖的条面

注：1. 矩形孔的孔长 L、孔宽 b 满足式 $L≥3b$ 时，为矩形条孔。
2. 孔四个角应做成过渡圆角，不得做成直尖角。
3. 如设有砌筑砂浆槽，则砌筑砂浆槽不计算在孔洞率内。
4. 规格大的砖和砌块应设置手抓孔，手抓孔尺寸为 (30～40)mm×(75～85)mm。

6. 泛霜

每块砖或砌块不允许出现严重泛霜。

7. 石灰爆裂

(1) 破坏尺寸大于 2mm 且小于或等于 15mm 的爆裂区域，每组砖和砌块不得多于 15 处。其中大于 10mm 的不得多于 7 处。

(2) 不允许出现破坏尺寸大于 15mm 的爆裂区域。

8. 抗风化性能

严重风化区中的 1、2、3、4、5 地区（同烧结普通砖）的砖、砌块和其他地区以淤泥、固体废弃物为主要原料生产的砖和砌块必须进行冻融试验；其他地区以黏土、粉煤灰、页岩、煤矸石为主要原料生产的砖和砌块的抗风化性能符合表 7-12 规定时可不做冻融试验，否则必须进行冻融试验。

表 7-12 抗风化性能

种类	项目							
	严重风化区				非严重风化区			
	5h沸煮吸水率/% ≤		饱和系数 ≤		5h沸煮吸水率/% ≤		饱和系数 ≤	
	平均值	单块最大值	平均值	单块最大值	平均值	单块最大值	平均值	单块最大值
黏土砖和砌块	21	23	0.85	0.87	23	25	0.88	0.90
粉煤灰砖和砌块①	23	25			30	32		
页岩砖和砌块	16	18	0.74	0.77	18	20	0.78	0.80
煤矸石砖和砌块	19	21			21	23		

① 粉煤灰掺入量（质量比）小于 30% 时按黏土砖和砌块规定判定。

15 次冻融循环试验后，每块砖和砌块不允许出现裂纹、分层、掉皮、缺棱掉角等冻坏现象。产品中不允许有欠火砖（砌块）、酥砖（砌块）。

9. 放射性核素限量

砖和砌块的放射性核素限量应符合《建筑材料放射性核素限量》（GB 6566—2010）的规定。

任务3　烧结砖抗压强度试验

一、主要仪器设备

(1) 材料试验机　试验机的示值相对误差不大于±1%，其下加压板应为球铰支座，预期最大破坏荷载应在量程的 20%～80% 之间。

(2) 试件制备平台　必须平整水平，可用金属或其他材料制作。

(3) 水平尺、钢直尺、制样模具。

(4) 振动台　振幅 0.3～0.6mm，振动频率 2600～3000 次/分。

(5) 砂浆搅拌机。

(6) 切割设备。

二、试样

试样数量按产品标准的要求确定。

三、试样制备

1. 普通制样

(1) 烧结普通砖

1) 将试样切断或锯成两个半截砖，断开的半截砖长不得小于 100mm，如图 7-1 所示。如果不足 100mm，应另取备用试样补足。

2) 在试样制备平台上，将已断开的两个半截砖放入室温的净水中浸 10～20min 后取出，并以断口相反方向叠放，两者中间抹以厚度不超过 5mm 的用强度等级 32.5 的普通硅酸盐水泥调制成稠度适宜的水泥净浆粘接，上下两面用厚度不超过 3mm 的同种水泥浆抹平。制成的试件上下两面须相互平行，并垂直于侧面，如图 7-2 所示。单位为 mm。

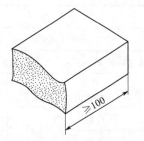

图 7-1　半截砖长度示意图

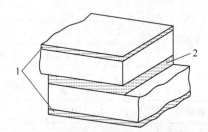

图 7-2　水泥净浆层厚度示意图
1—净浆层厚 3mm；2—净浆层

(2) 多孔砖、空心砖　试件制作采用坐浆法操作。即将玻璃板置于试件制备平台上，其上铺一张湿的垫纸，纸上铺一层厚度不超过 5mm 的用强度等级 32.5 的普通硅酸盐水泥调制成稠度适宜的水泥净浆，再将试件在水中浸泡 10～20min，在钢丝网架上滴水 3～5min 后，将试样受压面平稳地坐放在水泥浆上，在另一受压面上稍加压力，使整个水泥层与砖受压面相互粘接，砖的侧面应垂直于玻璃板。待水泥浆适当凝固后，连同玻璃板翻放在另一铺纸放浆的玻璃板上，再进行坐浆，用水平尺校正好玻璃板的水平。

(3) 非烧结砖　同一块试样的两半截砖切断口相反叠放，叠合部分不得小于 100mm，即为抗压强度试件。如果不足 100mm 时，则应剔除，另取备用试样补足。单位为 mm。

2. 模具制样

（1）将试样（烧结普通砖）切断成两个半截砖，截断面应平整，断开的半截砖长度不得小于 100mm，如果不足 100mm，应另取备用试样补足。

（2）将已断开的半截砖放入室温的净水中浸 20～30min 后取出，在铁丝网架上滴水 20～30min，以断口相反方向装入制样模具中。用插板控制两个半砖间距为 5mm，砖大面与模具间距 3mm，砖断面、顶面与模具间垫以橡胶垫或其他密封材料，模具内表面涂油或脱膜剂。制样模具及插板如图 7-3 所示。

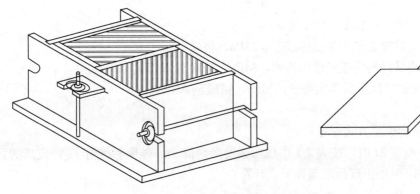

图 7-3 制样模具及插板

（3）将经过 1mm 筛的干净细砂 2‰～5‰与强度等级为 32.5 或 42.5 的普通硅酸盐水泥用砂浆搅拌机调制砂浆，水灰比 0.50～0.55 左右。

（4）将装好砖样的模具置于振动台上，在砖样上加少量水泥砂浆，接通振动台电源，边振动边向砖缝及砖模缝间加入水泥砂浆，加浆及振动过程为 0.5～1min。关闭电源，停止振动，稍置静置，将模具上表面刮平整。

（5）两种制样方法并行使用，仲裁检验采用模具制样。

四、试件养护

普通制样法制成的抹面试件应置于不低于 10℃的不通风室内养护 3d；机械制样的试件连同模具在不低于 10℃的不通风室内养护 24h 后脱模，再在相同条件下养护 48h，进行试验。非烧结砖试件不需养护，直接进行试验。

五、试验步骤

（1）测量每个试件连接面或受压面的长、宽尺寸各两个，分别取其平均值，精确至 1mm。

（2）将试件平放在加压板的中央，垂直于受压面加荷，应均匀平稳，不得发生冲击或振动。加荷速度以 4kN/s 为宜，直至试件破坏为止，记录最大破坏荷载 P。

六、结果计算与评定

（1）每块试样的抗压强度（R_p）按式计算，精确至 0.01MPa：

$$R_p = \frac{P}{LB}$$

式中 R_p——抗压强度，MPa；
$\quad\quad P$——最大破坏荷载，N；
$\quad\quad L$——受压面（连接面）的长度，mm；
$\quad\quad B$——受压面（连接面）的宽度，mm。

（2）计算10块砖变异系数（δ）、标准差（s）、标准值（f_k）和平均值（$\overline{f}$）：

$$\delta = \frac{s}{\overline{f}}$$

$$s = \sqrt{\frac{1}{9}\sum_{i=1}^{10}(f_i - \overline{f})^2}$$

式中 δ——砖强度变异系数，精确至0.01；
$\quad\quad s$——10块试样的抗压强度标准差，MPa，精确至0.01；
$\quad\quad \overline{f}$——10块试样的抗压强度平均值，MPa，精确至0.01；
$\quad\quad f_i$——单块试样抗压强度实测值，MPa，精确至0.01。

（3）评定

1）平均值—标准值方法评定：

变异系数 $\delta \leqslant 0.21$ 时，按表7-1中抗压强度平均值 $\overline{f}$、强度标准值 f_k 评定砖的强度等级。试样量 $n=10$ 时的强度标准值按下式计算：

$$f_k = \overline{f} - 1.8s$$

式中，f_k 为强度标准值，单位MPa，精确至0.1。

2）平均值—最小值方法评定：

变异系数 $\delta > 0.21$ 时，按表7-1中抗压强度平均值 $\overline{f}$、单块最小抗压值 f_{min} 评定砖的强度等级，单块最小抗压强度值精确至0.1MPa。

任务4 烧结砖泛霜和石灰爆裂试验

一、烧结砖泛霜试验

1. 仪器设备

（1）鼓风干燥箱。

（2）耐磨蚀的浅盘5个，容水深度25～35mm。

（3）能盖住浅盘的透明材料，在其中间部位开有大于试样宽度、高度或长度尺寸5～10mm的矩形孔。

（4）干、湿球温度计或其他温、湿度计。

2. 试样

试样数量按产品标准要求确定。烧结普通砖、烧结多孔砖用整砖，烧结空心砖用1/2或1/4块，可以用体积密度试验后的试样从长度方向的中间处锯取。

3. 试验步骤

（1）清理试样表面，然后放入105℃±5℃鼓风干燥箱中干燥24h，取出冷却至常温。

（2）将试样顶面或有孔洞的面朝上分别置于浅盘中，往浅盘中注入蒸馏水，水面高度不低于20mm。用透明材料覆盖在浅盘上，并将试样暴露在外面，记录时间。

（3）试样浸在盘中的时间为7d，开始2d内经常加水以保持盘内水面高度，以后则保持浸在水中即可。试验过程中要求环境温度为16～32℃，相对湿度35%～60%。

（4）7d后取出试样，在同样的环境条件下放置4d。然后在105℃±5℃鼓风干燥箱中干燥至恒量。取出冷却至常温。记录干燥后的泛霜程度。

（5）7d后开始记录泛霜情况，每天一次。

4. 结果评定

泛霜程度根据记录以最严重者表示。泛霜程度划分如下：

无泛霜：试样表面的盐析几乎看不到。

轻微泛霜：试样表面出现一层细小明显的霜膜，但试样表面仍清晰。

中等泛霜：试样部分表面或棱角出现明显霜层。

严重泛霜：试样表面出现起砖粉、掉屑及脱皮现象。

二、烧结砖石灰爆裂试验

1. 仪器设备

（1）蒸煮箱。

（2）钢直尺，分度值为1mm。

2. 试样

（1）试样为未经雨淋或浸水，且近期生产的砖样，数量按产品标准要求确定。

（2）烧结普通砖用整砖，烧结多孔砖可用1/2块，烧结空心砖用1/4块试验。烧结多孔砖、空心砖试样可以用孔洞率测定或体积密度试验后的试样锯取。

（3）试验前检查每块试样，将不属于石灰爆裂的外观缺陷作标记。

3. 试验步骤

（1）将试样平行侧立于蒸煮箱内的箅子板上，试样间隔不得小于50mm，箱内水面应低于箅上板40mm。

（2）加盖蒸6h后取出。

（3）检查每块试样上因石灰爆裂（含试验前已出现的爆裂）而造成的外观缺陷，记录其尺寸。

4. 结果评定

以试样石灰爆裂区域的尺寸最大者表示，精确至1mm。

任务5　普通混凝土小型砌块质量要求

一、等级

按其尺寸偏差，外观质量分为：优等品（A）、一等品（B）及合格品（C）。按其强度等级分为：MU3.5、MU5.0、MU7.5、MU10.0、MU15.0、MU20.0。

二、技术要求

1. 规格尺寸

主规格尺寸为390mm×90mm×190mm，其他规格尺寸可由供需双方协商。最小外壁厚应不小于30mm，最小肋厚应不小于25mm。空心率应不小于25%。尺寸允许偏差应符合表7-13要求。

表 7-13 尺寸允许偏差　　　　　　　　　　　　　　单位：mm

项目名称	优等品（A）	一等品（B）	合格品（C）
长度	±2	±3	±3
宽度	±2	±3	±3
高度	±2	±3	−4，+3

2. 外观质量

应符合表 7-14 规定。

表 7-14 外观质量

项目名称			优等品（A）	一等品（B）	合格品（C）
弯曲/mm		不大于	2	2	3
掉角缺棱	个数/个	不多于	0	2	2
	三个方向投影尺寸的最小值/mm	不大于	0	20	30
裂纹延伸的投影尺寸累计/mm		不大于	0	20	30

3. 强度等级

应符合表 7-15 规定。

表 7-15 强度等级

强度等级	砌块抗压强度/MPa	
	平均值，不小于	单块最小值，不小于
MU3.5	3.5	2.8
MU5.0	5.0	4.0
MU7.5	7.5	6.0
MU10.0	10.0	8.0
MU15.0	15.0	12.0
MU20.0	20.0	16.0

4. 相对含水率

应符合表 7-16 规定。

表 7-16 相对含水率

使用地区	潮湿	中等	干燥
相对含水率，不大于	45%	40%	35%

注：潮湿系指年平均相对湿度大于75%的地区；
中等系指年平均相对湿度50%～75%的地区；
干燥系指年平均相对湿度小于50%的地区。

小　　结

墙体材料的种类主要有烧结砖、非烧结砖和砌块；烧结普通砖、多孔砖、空心砖的技术要求及检测方法；普通混凝土小型砌块的质量要求。

自 测 练 习

一、名词解释

(1) 烧结普通砖；(2) 泛霜。

二、填空题

1. 烧结普通砖抗压强度试验要求，断开的半截砖长不得小于（　　　　）mm，坐浆法制作的抹面试件应养护（　　　　）d 进行试验。

2. 烧结普通砖强度试验，变异系数 $\delta > 0.21$ 时，砖的强度等级按（　　　　）和（　　　　）评定。

3. 表示砂浆强度等级的符号是（　　　　）。

三、简答题

1. 泛霜对工程有什么危害？
2. 对烧结普通砖强度结果如何评定？
3. 石灰爆裂的原因是什么？

项目八　建筑钢材及钢筋焊件技术性能检测

知识目标

1. 了解钢结构用的各种型钢（圆钢、角钢、槽钢和工字钢）、钢板和钢筋混凝土中的各种钢筋和钢丝等的技术要求。
2. 掌握建筑钢材力学性能、工艺性能
3. 掌握建筑钢材及钢材焊接检测的试验方法和结果评定

能力目标

1. 具有对钢材屈服强度、抗拉强度与延伸率的测定、评定钢筋的强度等级的技术能力
2. 具有对钢材冷弯试验、钢筋塑性进行严格检验并间接测定钢筋内部的缺陷的技术能力
3. 具有对钢筋焊件进行拉伸和冷弯检测以及结果评定的技术能力

任务1　常用建筑钢材及钢筋焊件的技术指标要求

一、建筑钢材技术要求

1. 钢材的分类

（1）按化学成分分类

1）碳素钢分为：

低碳钢　含碳量≤0.25%；

中碳钢　含碳量为0.25%~0.60%；

高碳钢　含碳量>0.60%。

碳素结构钢按含硫量不同分为 A、B、C、D 四个质量等级。

2）合金钢分为：

低合金钢　合金元素总量≤5%；

中合金钢　合金元素总量为5%~10%；

高合金钢　合金元素总量>10%。

（2）按品质分类

1）普通钢　磷含量≤0.045%，硫含量≤0.05%；

2）优质钢　磷、硫含量均≤0.035%。

（3）按用途和组织分类　低碳钢和低合金结构钢、铁素体—珠光体型钢、低碳贝氏体型

钢、马氏体高强度钢、耐热钢、低温钢、不锈钢。

2. 常用建筑钢筋分类

(1) 按外形和粗细分

1) 光面圆钢筋：

按供应形式有盘圆（直径≤10mm）、直条（长 6～12m）。

按粗细分钢丝（直径 3～5mm），细钢筋（直径 6～10 mm），中粗钢筋（直径 12～20mm），粗钢筋（直径＞20mm）。

2) 螺纹钢筋：人字纹、螺旋纹、月牙纹。

(2) 按机械性能（屈服强度/抗拉强度）分

1) Ⅰ级 235/370 N/mm² HPB235。

2) Ⅱ级 335/510（＜25）335/490（＞28）N/mm² HRB335。

3) Ⅲ级 370/570 N/mm² HRB400。

4) Ⅳ级 540/835 N/mm² HRB540。

(3) 按钢种或化学成分分

1) 普通碳素钢筋：

低碳钢　含碳量低于 0.25%；

中碳钢　含碳量为 0.25%～0.6%；

高碳钢　含碳量高于 0.6%。

2) 普通低合金钢钢筋：是在低、中碳钢中加少量合金元素，构成有锰系、硅矾系、硅钛系一些钢种。20锰硅、25锰硅、49硅2锰、40硅锰钒、45硅锰钒等钢种。

(4) 按生产工艺分

1) 热轧钢筋、冷拉钢筋、热处理钢筋、冷轧螺纹钢筋。

2) 预应力混凝土结构用碳素钢丝系用优质碳素结构钢圆盘条冷拔而成可作钢弦、钢丝束、钢丝等。

3) 预应力混凝土结构用刻痕钢丝系用上项钢丝经刻痕而成（$\phi 5$）。

4) 预应力混凝土用钢铰线系用上项（碳素钢丝）铰捻而成。

5) 冷拔低碳丝系用普通低碳钢的热轧盘圆冷拔而成。

注：热处理钢筋、冷轧螺纹钢筋可用于预应力混凝土结构。

3. 型钢分类

型钢分类见表8-1。

表8-1　型 钢 分 类

型钢名称及分类		表示方法	示　例	标准名称	标准号
角钢	等边角钢	边宽和厚度（mm）	L 110×10	热轧等边三角钢品种	GB/T 706—2008
	不等边角钢	长边、短边、厚度	L 110×70×8	热轧不等边三角钢品种	GB/T 706—2008
工字钢	普通工字钢	以其截面高度（cm）编号和 a、b、c 三种不同腹板厚共同表示	136.b（cm）	热轧普通工字钢品种	GB/T 706—2008
	轻型工字钢		130.a（无 b、c）		
	宽翼缘工字钢（H型钢）			H 型钢标准	YB 3301—2005

续表

型钢名称及分类		表示方法	示 例	标准名称	标 准 号
槽钢	普通槽钢	以其截面高度为编号（mm）和 a、b、c 不同腹板厚度表示	[28.b（cm）	热轧普通槽钢品种	GB/T 706—2008
	轻型槽钢		[24.a（无 b、c）		
扁钢	扁钢	宽×厚（mm）	—40×6	热轧扁钢品种	GB/T 702—2008

4. 钢材的主要技术性能

(1) 钢筋的力学性能

1) 拉伸性能：在外力作用下，材料抵抗塑性变形或断裂的能力叫强度。抗拉强度是建筑钢材最主要的技术性能。建筑钢材的抗拉强度包括：弹性极限、屈服强度、极限抗拉强度、疲劳强度。通过拉伸试验可以测得弹性极限、屈服强度、抗拉强度和延伸率，这些是钢材的重要技术性能指标。低碳钢的抗拉性能可用受拉时的应力—应变图来阐明。

从图 8-1 可以看出低碳钢受拉到拉断，经历了四个阶段：

(a) 弹性阶段　OA 为弹性阶段，在 OA 范围内，随着荷载的增加，应力和应变比例增加。如卸去荷载，则恢复原状，这种性质称弹性。OA 是一直线，在此范围内的变形，A 点所对应的应力称为弹性极限，用 σ_p 表示。在这一范围内，应力与应变的比值为一常量，称为弹性模量，用 E 表示，即 $E=\sigma/\varepsilon$，弹性模量反映了钢材的刚度，是钢材在受力条件下计算结构变形的重要指标。普通碳素钢 Q235 的弹性模量 $E=(2.0\sim2.1)\times10^5$ MPa，弹性极限内 $\sigma_p=180\sim200$ MPa。

(b) 屈服阶段　AB 为屈服阶段，在 AB 曲线范围内，应力与应变不能成比例变化。应力超过 σ_p 后，即开始产生塑性变形。应力到达 $B_上$ 之后，变形急剧增加，应力则在不大的范围内波动，直到 B 点止。$B_上$ 点是屈服上限，当应力到达 $B_上$ 点时，抵抗外力能力下降，发生了"屈服"现象。$B_下$ 点是屈服下限，也称为屈服点（即屈服强度），以 σ_s 表示。σ_s 是屈服阶段应力波动的最低值，它表示钢材在工作状态允许达到的应力值，即在 σ_s 之前，钢材不会发生较大的塑性变形。故在设计中一般以屈服点作为强度取值的依据。普通碳素结构钢 Q235 的 σ_s 应不小于 235MPa。对于在外力作用下屈服现象不明显的硬钢类，如高碳钢与某些合金钢，规定产生残余变形为 $0.2\%L_0$ 时的应力作为屈服点，用 $\sigma_{0.2}$ 表示，如图 8-2 所示。常用低碳钢的 σ_s 为 185~235MPa。

(c) 强化阶段　BC 为强化阶段，过 B 点后，抵抗塑性变形的能力又重新提高，变形发展速度比较快，随着应力的提高而增加。对应于最高点 C 的应力，称为抗拉强度，用 σ_b 表示。

(d) 颈缩阶段　CD 为颈缩阶段，过 C 点，材料抵抗变形的能力明显降低。在 CD 范围内，应变迅速增加，而应力则反而下降，变形不能再是均匀的。钢材被拉长，并在变形最大处发生"颈缩"，直至断裂。

根据断裂前产生塑性变形大小的不同，可分为两种类型的断裂：一种是断裂前出现大量塑性变形的韧性断裂，常温下低碳钢的拉伸断裂就是韧性断裂；另一种是断裂前无显著塑性变形的脆性断裂。脆性断裂发展速度极快，断裂时又无明显预兆，往往给结构物带来严重后果，应尽量避免。

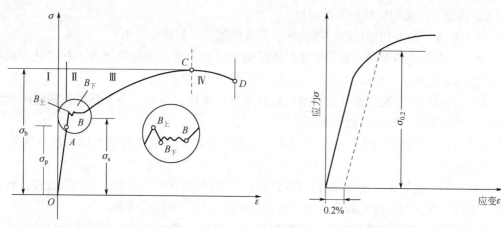

图 8-1　低碳钢拉伸 σ-ε　　　　图 8-2　硬钢的条件屈服点

因此，为了确保钢材在构件中的使用安全，钢结构设计应保证构件始终在弹性范围内工作，即应以钢材的弹性极限作为确定容许应力的依据。但是，由于钢材的弹性极限很难测准，多年来就以稍高于弹性极限的屈服强度作为确定容许应力的依据，所以屈服强度 σ_s 是钢结构设计中的一个重要力学指标。抗拉强度 σ_b 虽不直接用于计算，但屈服强度与抗拉强度之比——屈强比（σ_s/σ_b），在选择钢材时却具有重要意义。一般来说，这个比值较小时，表示结构的安全度较大，也即结构由于局部超载而发生破坏的强度储备较大；但是这个比值过小时，则表示钢材强度的利用率偏低，不够经济。相反，若屈强比较大，则表示钢材利用率较大，但比值过大，表示强度储备过小，脆断倾向增加，不够安全。因此这个比值最好保持在 0.06～0.75 之间，既安全又经济。

（e）塑性指标（如图 8-3）：

伸长率（δ）

$$\delta = \frac{l_1 - l_0}{l_0} \times 100\% \tag{8-1}$$

截面收缩率（ψ）

$$\psi = \frac{A_0 - A_1}{A_1} \times 100\% \tag{8-2}$$

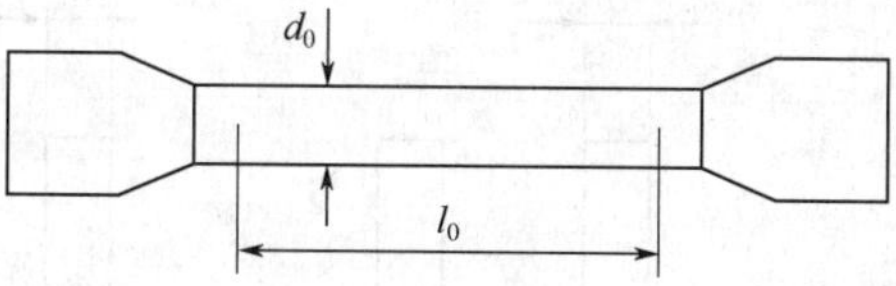

（a）拉断前的试件

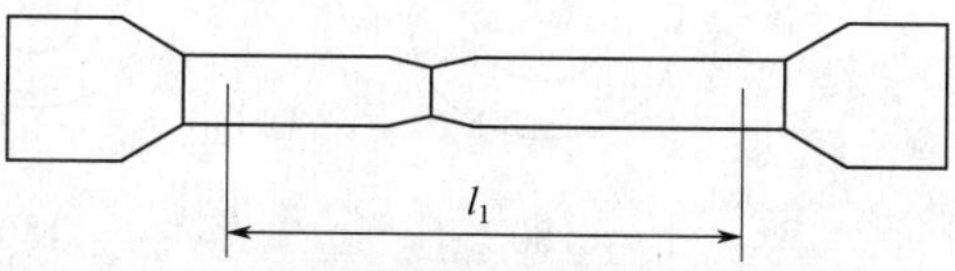

（b）拉断后的试件

图 8-3　伸长率

δ 与 ψ 值越大，说明材料的塑性越好。

2）冲击韧性：冲击韧性是钢材抵抗冲击荷载的能力（如硬物撞击）。

3）硬度：硬度是指钢材表面局部体积能抵抗变形或者抵抗破裂的能力，利用硬度和抗拉强度间较固定的关系，可以通过硬度值来推知钢材的拉伸强度。

4）耐疲劳强度：钢材在交变荷载的反复作用下，往往在应力远小于其抗拉强度时就发生破坏，这种现象称为钢材的疲劳破坏。

实验证明，钢材承受的交变应力 δ 越大，则钢材至断裂时经受的交变应力循环次数 N 越少，反之越多。

(2) 钢材的工艺性能　建筑钢材在使用之前，多数需要进行一定形式的加工处理。良好的工艺性能可以保证钢材能够顺利地通过各种处理而无损于制品的质量。

1）弯曲性能　弯曲性能是指钢材在常温下承受弯曲变形的能力，是以试验时的弯曲角度 $α$ 和弯心直径 d 为指标表示（如表 8-2 所示）。钢材冷弯时的弯曲角度越大，弯心直径越小，则表示其冷弯性能越好。

按表 8-2 规定的弯心直径弯曲 180°后钢筋受弯曲部分表面不得产生裂纹。

表 8-2　不同直径钢筋弯心直径

牌　号	公称直径 a/mm	弯曲试验弯心直径 d
HRB335	6～25	3a
	28～50	4a
HRB400	6～25	4a
	28～50	5a
HRB500	6～25	6a
	28～50	7a

冷弯也是检验钢材塑性的一种方法（见图 8-4），并与伸长率存在有机的联系。伸长率大的钢材，其冷弯性能必然好，但冷弯试验对钢材塑性的评定比拉伸试验更严格、更敏感。冷弯有助于暴露钢材的某些缺陷，如气孔、杂质和裂纹等。对于重要结构和弯曲成型的钢材，冷弯必须合格。一般来说，钢的塑性好，冷弯性能也好。

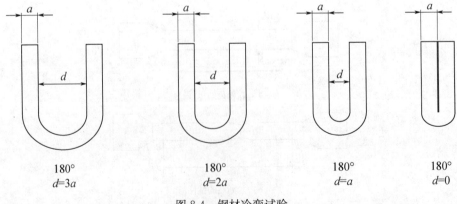

图 8-4　钢材冷弯试验

钢筋在最大力下的总伸长率 δ_{gt} 不小于 2.5%。根据需方要求，可供应满足下列条件的钢筋：

(a) 钢筋实测抗拉强度与实测屈服点之比不小于 1.25；

(b) 钢筋实测屈服点与规定的最小屈服点之比不大于 1.30。

钢筋反复弯曲试验的弯曲半径见表 8-3。

表 8-3　反复弯曲试验的弯曲半径　　　　　　　　　单位：mm

钢筋公称直径	4	5	6
弯曲半径	10	15	15

钢筋的非比例伸长应力 $\sigma_{p0.2}$ 值应不小于公称抗拉强度 σ_b 的 80%，$\sigma_b/\sigma_{p0.2}$ 比值应小于 1.05。

2) 可焊性　建筑工程中，无论是钢结构还是混凝土中的钢筋骨架、接头及预埋件、连接件等，绝大多数都采用焊接方式连接。焊接主要取决于焊接工艺、焊接材料及钢材的焊接性能。

钢筋的可焊性是指钢筋在一定焊接工艺条件下，在焊缝及其附近过热区是否产生裂缝及脆硬倾向，焊接后接头强度是否与母体相近的性能。

在焊接中，由于高温作用和焊接后急剧冷却作用，焊缝及附近的过热区发生晶体组织及结构变化，产生局部变形及内应力，使焊缝周围的钢材产生硬脆倾向，降低了焊接质量。

低碳钢的可焊性很好，随着碳含量和合金含量的增加，钢材的可焊性减弱。

钢中含硫也会使钢材在焊接时产生热脆性。

采用焊前预热和焊后热处理的方法，能提高可焊性差的钢材焊接质量。

3) 冷加工性能　将金属材料于常温下进行冷拉、冷拔或冷轧，使之产生一定的塑性变形，其强度可明显提高，塑性和韧性有所降低，这个过程称为金属材料的冷加工强化。其应力-应变变化和冷加工示意图见图 8-5。

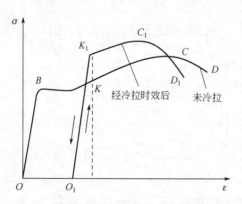

图 8-5　钢筋冷拉后的应力-应变性能变化

(a) 冷拔是强力拉拔钢筋通过截面小于钢筋截面积的拔丝模（如图 8-6 所示）。冷拔作用比纯拉伸的作用强烈，钢筋不仅受拉，而且同时受到挤压作用。经过一次或多次冷拔后得到的冷拔低碳钢丝,其屈服点可提高40%～60%,但失去软钢的塑性和韧性,而具有硬质钢材的特点。

图 8-6　冷拔加工示意图

(b) 冷轧是将圆钢在轧钢机上轧成断面形状规则的钢筋,可提高其强度及与混凝土的粘接力。钢筋在冷轧时,纵向与横向同时产生变形,因而能较好地保持其塑性和内部结构的均匀性。

(c) 冷加工工程效益,钢筋经冷拉后,一般屈服点可提高20%～25%,冷拔钢丝的屈服点可提高40%～60%。由此可适当减小钢筋混凝土结构设计截面,或减少混凝土中配筋数量,从而达到节约钢材的目的。

钢筋冷拉还有利于简化施工工序。冷拉盘条钢筋可省去开盘和调直工序;冷拉直条钢筋则可与调直、除锈等工序一并完成。

二、建筑钢筋焊接技术要求

(1) 建筑施工中常用钢筋连接方法见表8-4。

表 8-4　钢筋焊接方法

焊 接 方 法		主要使用部位	接头示意图和尺寸说明	常用检测项目	试样大致尺寸/cm
闪光对焊				拉伸冷弯	50～70
电弧焊	双面帮条焊			拉伸	50～70
	单面帮条焊			拉伸	50～70
	双面搭接焊			拉伸	50～70
	单面搭接焊			拉伸	50～70
电渣压力焊				拉伸	50～70

焊 接 方 法	主要使用部位	接头示意图和尺寸说明	常用检测项目	试样大致尺寸/cm
气压焊			拉伸	50~70

(2) 力学性能指标：3个钢筋接头试件的抗拉强度均不得小于该牌号钢筋规定的抗拉强度，HRB400钢筋接头试件的抗拉强度均不得小于 570N/mm^2。3个试件中至少应有2个试件断于焊缝之外，并应成延伸性断裂。

(3) 弯曲性能指标，见表 8-5。闪光对焊接头、气压焊接头进行弯曲试验，电弧焊和电渣压力焊不进行弯曲试验。

表 8-5　弯心半径及合格弯心角

钢筋牌号	弯心半径	弯心角/(°)
HPB235	2d	90
HRB335	4d	90
HRB400、RRB400	5d	90

注：1. d 为钢筋直径；
2. 直径大于 25mm 的钢筋焊接接头，弯心直径应增加1倍钢筋直径。

任务 2　建筑用钢材性能检测

一、建筑钢材取样

1. 热轧钢筋

(1) 组批规则　以同一牌号、同一炉罐号、同一规格、同一交货状态，不超过60t为一批。

(2) 取样方法：

拉伸检验　任选两根钢筋切取，两个试样，试样长 500mm。

冷弯检验　任选两根钢筋切取两个试样，试样长度按下式计算：

$$L = 1.55 \times (a + d) + 140 \text{mm}$$

式中　L——试样长度；

a——钢筋公称直径；

d——弯曲试验的弯心直径。

在切取试样时，应将钢筋端头的 500mm 去掉后再切取。

2. 低碳钢热轧圆盘条

(1) 组批规则　以同一牌号、同一炉罐号、同一品种、同一尺寸、同一交货状态，不超过60t为一批。

（2）取样方法：

拉伸检验　任选一盘，从该盘的任一端切取一个试样，试样长500mm。

弯曲检验　任选两盘，从每盘的任一端各切取一个试样，试样长200mm。

在切取试样时，应将端头的500mm去掉后再切取。

3. 冷拔低碳钢丝

（1）组批规则　甲级钢丝逐盘检验，乙级钢丝以同直径5t为一批任选三盘检验。

（2）取样方法　从每盘上任一端截去不少于500mm后，再取两个试样一个拉伸，一个反复弯曲，拉伸试样长500mm，反复弯曲试样长200mm。

4. 冷轧带肋钢筋

（1）冷轧带肋钢筋的力学性能和工艺性能应逐盘检验，从每盘任一端截去500mm以后，取两个试样，拉伸试样长500mm，冷弯试样长200mm。

（2）对成捆供应的550级冷轧带肋钢筋应逐捆检验。从每捆中同一根钢筋上截取两个试样，其中，拉伸试样长500mm，冷弯试样长250mm。如果检验结果有一项达不到标准规定，应从该捆钢筋中取双倍试样进行复验。

二、建筑钢材拉伸试验

1. 目的

掌握钢筋拉伸试验，将钢筋拉至断裂以便测定力学性能，为施工现场提供正确的试验数据。

2. 试验设备

（1）试验机

1）各种类型试验机均可使用，试验机误差应符合《拉力、压力和万能试验机》（JJG 139—1999）或《非金属拉力、压力和万能试验机检定规程》（JJG 157—2008）的1级试验机要求或优于1级准确度。

2）试验机应具备有调速指示装置，试验时能在本标准规定的速度范围内灵活调节。

3）试验机应具有记录或显示装置，能满足本标准测定力学性能的要求。

4）试验机应由计量部门定期进行检定，试验时力的范围应在检定范围内。

（2）标距打点机。

（3）千分尺、游标尺、钢板尺。

3. 每批钢筋的检验项目和取样方法

应符合表8-6的规定。

表8-6　钢筋的检验项目和取样方法

序号	检验项目	取样数量	取样方法	试验方法
1	化学	1	GB/T 222—2006	GB/T 223
2	拉伸	2	任选两根钢筋切取	GB/T 228.1—2010
3	冷弯	2	任选两根钢筋切取	GB/T 232—2010

4. 试验步骤

(1) 取样 按表8-6，用两个或一系列等分小冲点打点机或细划线标出原始标距，标记不应影响试样断裂，对于脆性试样和小尺寸试样，建议用快干墨水笔标出原始标距。如平行长度比原始标距长许多（例如不经机加工试样），可以标出相互重叠的几组原始标记，如图8-7所示。

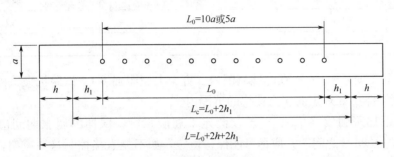

图 8-7 钢筋拉伸试验试件
a—试样原始直径；L_0—标距长度；h_1—取 $(0.5 \sim 1)a$；h—夹具长度

(2) 试样原始横截面的测定 圆形试样截面直径应在标距的两端及两个相互垂直的方向上各测一次，取其算术平均值，选用三处测得横截面积中最小值，横截面积按公式计算：

$$S_0 = \frac{1}{4}\pi d^2 \tag{8-3}$$

试样原始横截面积测定的方法准确度应符合（GB/T 228.1—2010）附录 A～B（标准的附录）规定的要求。测量时建议按照表8-7选用量具或测量装置，应根据测量的试样原始尺寸计算原始横截面积，并至少保留4位有效数字。

表 8-7 量具或测量装置的分辨率　　　单位：mm

横截面尺寸	分辨率（≤）
0.1~0.5	0.001
>0.5~2.0	0.005
>2.0~10.0	0.01
>10.0	0.05

(3) 试样原始标距的标记和测量

1) 比例试样原始标距的计算值，对于短比例试样应修约到最近5mm的倍数，中间数值向较大一方修约，原始标距的标记应准确到±1%。

2) 测量尺寸的量具应由计量部门定期检定。

3) 试样原始横截面积的计算值按有效数字修约，修约的方法按 GB/T 8170—2008 数值修约规定。

(4) 试验速率 应根据材料性质和试验目的确定。除有关标准或协议另作规定外，拉伸速率应符合下述要求：

1) 测定规定非比例伸长应力、规定残余伸长应力和规定总伸长应力时，弹性范围内的应力速率应符合表8-8规定,并保持试验级控制器固定于这一速率位置上,直至该性能测出为止。

表8-8 应力速率

金属材料的弹性模量 E /（N/mm²）	应力速率/（N/mm²）·s^{-1}	
	最小	最大
<15000	2	20
≥15000	6	60

2）上屈服强度（R_{eH}） 在弹性范围内（直至上屈服强度），试验机夹头的速率应尽可能保持恒定并在表8-8规定的应力速率的范围内。

3）测定下屈服强度（R_{eL}） 若仅测定下屈服强度,试样的屈服期间应变速率应在0.00025/s～0.0025/s之间,并应尽可能保持恒定,如不能直接控制这一速率,则应通过调节在屈服开始前的应力将其固定,直至屈服阶段过后,但弹性范围内的应力速率不得超过表8-8所允许的最大速率。

4）上屈服强度和下屈服强度（R_{eH}和R_{eL}） 如在同一试验中测定上屈服强度和下屈服强度,测定下屈服强度的条件应符合3）的要求。

5）规定非比例延伸强度（R_p）、规定总延伸强度（R_t）和规定残余延伸强度（R_r）应力速率应在表8-8规定的范围内。

6）在塑性范围和直至规定强度应变速率不应超过0.0025/s。

7）平行长度的应变速率不超过0.008/s。

（5）断后伸长率（A）和断裂总伸长率（A_t）的测定

1）应使用分辨率优于0.1mm的量具或测量装置测定断后标距（L_u）,准确到±0.25mm,如规定的最小断后伸长率小于5%,建议采用特殊方法进行测定。

2）原则上只有断裂处与最接近的标记的距离不小于原始标距的三分之一情况方为有效,但断后伸长率大于或等于规定值,不管断裂位置处于何处测量均有效。

（6）最大力总伸长率（A_{gt}）和最大力非比例伸长率（A_g）的测定。

在用引伸计得到的力—延伸曲线图上测定最大力时的总延伸（ΔL_m）。最大力总伸长率按照下式计算：

$$A_{gt}=\frac{\Delta L_m}{L_e}\times 100 \tag{8-4}$$

从最大力时的总延伸ΔL_m中,扣除弹性延伸部分即得到最大力时的非比例延伸,将其除以引伸计标距得最大力非比例伸长率（A_g）。

（7）屈服点延伸率（A_e）的测定 根据力—延伸曲线图测定屈服点延伸率,试验时记录力—延伸曲线,直至达到均匀加工硬化阶段。在曲线图上,经过屈服阶段结束点划一条平行于曲线的弹性直线段的平行线,此平行线在曲线图的延伸轴上的截距即为屈服点延伸,屈服点延伸除以引伸计标距得到屈服点延伸率。

（8）上屈服强度（R_{eH}）和下屈服强度（R_{eL}）的测定

1）呈现明显屈服现象的金属材料,相关产品标准应规定测定上屈服强度或下屈服强度。如未具体规定,应测定上屈服强度和下屈服强度。按照定义采用下列方法测定上屈服强度和下屈服强度。

2) 图解方法：试验时记录力—延伸曲线或力—位移曲线。从曲线图读取力首次下降前的最大力和不计初始瞬时效应屈服阶段中的最小力或屈服平台的恒定力。将其分别除以试样原始横截面积（S_0）得到上屈服强度和下屈服强度。

3) 指针方法：试验时，读取测力度盘指针首次回转前指示的最大力和不计初始瞬时效应时屈服阶段中指示的最小力或首次停止转动指示的恒定力。将其分别除以试样原始横截面积（S_0）得到上屈服强度和下屈服强度。

可以使用自动装置（例如微处理机等）或自动测试系统测定上屈服强度和下屈服强度，可以不绘制拉伸曲线图。

(9) 规定非比例延伸强度（R_p）测定

1) 根据力—延伸曲线图测定规定非比例延伸强度。在曲线图上，划一条与曲线的弹性直线段部分平行，且在延伸轴上与此直线段的距离等效于规定非比例延伸率，例如 0.2% 的直线。此平行线与曲线的交结点给出相应于所求规定非比例延伸强度的力。此力除以试样原始横截面积（S_0）得到规定非比例延伸强度。

准确绘制力—延伸曲线图十分重要。如力—延伸曲线图的弹性直线部分不能明确地确定，以致不能以足够的准确度划出这一平行线。

试验时，当以超过预期的规定非比例延伸强度后，将力降至约为已达到力的 10%。然后再施加力直至超过原已达到的力。为了测定规定非比例延伸强度，过滞后划一直线。然后经过横轴上与曲线原点的距离等效于所规定的非比例延伸率的点，作平行于此直线的平行线。平行线与曲线的交结点给出相应于规定非比例延伸强度的力。此力除以试样原始横截面积（S_0）得到规定非比例延伸强度。

2) 可以使用自动装置（如微处理机等）或自动测试系统规定非比例延伸强度，可以不绘制力延伸曲线图。

3) 日常一般试验允许采用绘制力—夹头位移曲线的方法测定规定非比例延伸率等于或大于 0.2% 的规定非比例延伸强度。

(10) 规定总延伸强度（R_t）的测定

1) 在力—延伸曲线图上，划一条平行于力轴并与该轴的距离等效于规定总延伸率的平行线，此平行线与曲线的交结点给出相应于规定总延伸强度的力，此力除以试样原始横截面积（S_0）得到规定总延伸强度。

2) 可以使用自动装置（例如微处理机等）或自动测试系统测定规定总延伸强度，可以不绘制力—延伸曲线图。

(11) 规定残余延伸强度（R_t）的试验方法　试样施加相应于规定残余延伸强度的力，保持力 10~12s，卸除力后验证残余延伸率未超过百分率。

(12) 抗拉强度（R_m）的测定　采用图解方法或指针方法测定抗拉强度。

对于呈现明显屈服（不连续屈服）现象的金属材料，从记录的力—延伸或力—位移曲线图，或从力度盘，读取过了屈服阶段之后的最大力，对于呈现无明显屈服（连续屈服）现象的金属材料，从记录的力—延伸或力—位移曲线图，或从测力度盘，读取试验过程中的最大力。最大力除以试样原始横截面积（S_0）得到抗拉强度。

可以使用自动装置（例如微处理机等）或自动测试系统测定规定总延伸强度，可以不绘制力—延伸曲线图。

1) 抗拉强度按公式计算：

$$R_m = \frac{F_m}{S_0} \tag{8-5}$$

2) 断后伸长率的测定　试样拉断后，将断裂部分在断裂处紧密对接在一起，尽量使其轴线位于一直线上。如拉断处形成缝隙，则此缝隙应计入试样拉断后的标距内。

3) 断后标距 L_1 的测量　直测法　如拉断处到最邻近标距端点的距离大于 $1/3L_0$ 时，直接测量标距两端点间的距离。

移位法　如拉断处到最邻近标距端点的距离小于或等于 $1/3L_0$ 时，则按下述方法测定 L_1：在长段上从拉断处，取基本等于短格数得 B 点，接着取等于长段所余格数的一半得 C 点，或者取所余格数分别减 1 与加 1 的一半，得 C 和 C_1 点，移位后的 L_1 分别为：$AB+2BC$ 和 $AB+BC+BC_1$，如图 8-8 所示。

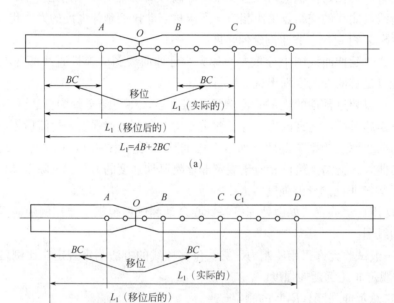

图 8-8　用移位法计算标距

测量断后标距的量具其最小刻度值应不大于 0.1mm。

断后伸长率按公式计算：

$$A = \frac{L_1 - L_0}{L_0} \times 100\% \tag{8-6}$$

短、长比例试样的断后伸长率分别以 A、$A_{11.3}$ 表示。定标距试样的断后伸长率应附以该标距数值的角注，例如：$L_0 = 100mm$ 或 $200mm$，则分别以符号 A_{100} 或 A_{200} 表示。

试样拉断于移位法所述位置，但如用直测法求得的断后伸长率达到有关标准或协议规定的最小值，则可不采用移位法。但仲裁试验时，用移位测得断后伸长率未达到有关标准或协议规定的最小值，则为无效，此时应取双倍试样进行复试。

三、钢筋弯曲试验

1. 目的

掌握钢筋弯曲试验,钢筋弯心直径弯曲180°后钢筋受弯曲部分表面不得产生裂纹、起层鳞落和断裂,为施工现场提供正确的试验数据。

2. 试验设备

(1) 钢筋弯曲试验在压力机或万能试验机上进行,试验机应具备下列装置:支辊式弯曲装置、V形模具式弯曲装置、虎钳式弯曲装置、翻板式弯曲装置。

(2) 支辊长度应大于试样宽度或直径,支辊半径应为1~10倍试样厚度,支辊间的距离可以调节,支辊应具有足够的硬度,支辊间距离应按照下式确定:

$$l = (d+3a) \pm 0.5a \tag{8-7}$$

此距离在试验期间应保持不变。

3. 试验要求

(1) 模具的V形槽其角度应为$180°-\alpha$。弯曲压头的圆角半径为$d/2$。模具的支承棱边应倒圆,其倒圆半径应为1~10倍试样厚度。模具和弯曲压头宽度应大于试样宽度或直径。

(2) 翻板式弯曲装置其翻板带有楔形滑块宽度应大于试样宽度或直径。翻板固定在耳轴上,试验时能绕耳轴轴线转动,耳轴连接弯曲角度指示器,指示0°~180°的弯曲角度。翻板间距离应为翻板的试样支承面同时垂直于水平轴线时两支承面间的距离,按下式确定:

$$l = (d+2a) + e \tag{8-8}$$

式中,e 可取值2~6mm。

(3) 试样长度应根据试样厚度和所使用的试验设备确定

$$L = 0.5\pi(d+a) + 140\text{mm} \tag{8-9}$$

式中 π 为圆周率,其值取3.14。

4. 试验步骤(如图8-9所示)

(1) 将试样放置于两个支点上,将一定直径弯心在试样两个支点中间施压力,使试样弯曲到规定的角度或出现裂纹、裂缝、断裂为止。

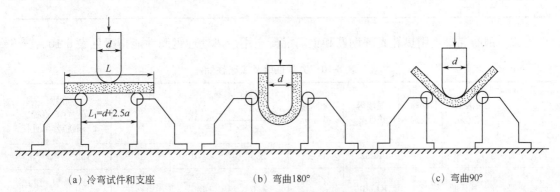

(a) 冷弯试件和支座　　　(b) 弯曲180°　　　(c) 弯曲90°

图8-9　钢筋冷弯试验装置及试验过程示意图

(2) 试样在两个支点上按一定弯心直径弯曲至两臂平行时,可一次完成试验,亦可先弯曲然后放置在试验机平板之间继续施压力,压至试样两臂平行。此时可以加与弯心直径相同尺寸的衬垫进行试验。

(3) 当试样需要弯曲至两臂时,然后放置在两平板间继续施加压力,直至两臂接触为止。

(4) 试验时应在平稳压力作用下,缓慢施加试验力。

(5) 弯心直径必须符合有关规定,弯心宽度必须大于试样的宽度或直径。两支辊间距离为 $(d+2.5a) \pm 0.5a$,并且在试验过程中不允许有变化。

(6) 试验一般应在 10~35℃的室温范围内进行。对温度要求严格的试验,试验温度应为 (23 ± 5)℃下进行。

5. 冷弯检测试验的意义

钢材的冷弯性能和其伸长率一样,也是表示钢材在静荷载条件下的塑性。但冷弯是钢材处于不利变形条件下的塑性,而伸长率是反映钢材在均匀变形下的塑性。故冷弯试验是一种比较严格的检验。它能揭示钢材内部组织的均匀性,以及存在内应力或夹杂物等缺陷的程度。在拉力试验中,这些缺陷常因塑性变形导致应力重分布而反映不出来。在工程实践中,冷弯试验还被用作检验钢材焊接质量的一种手段,能揭示焊件在受弯表面存在的未熔合、微裂纹和夹杂物。

四、钢材检测结果评定

(1) 钢筋混凝土用热轧带肋钢筋性能指标见表 8-9。

表 8-9 力学拉伸性能指标

牌 号	公称直径/mm	$\sigma_{s(或\sigma_{p0.2})}$/MPa	σ_b/MPa	δ_s/%
		不小于		
HRB335	6~25 28~50	335	490	16
HRB400	6~25 28~50	400	570	14
HRB500	6~25 28~50	500	630	12

(2) 钢筋混凝土用热轧光圆钢筋和钢筋混凝土用余热处理钢筋性能指标见表 8-10。

表 8-10 力学性能及工艺性能

类 别	表面形状	钢筋级别	强度等级代号	公称直径/mm	屈服强度 σ_s/MPa	抗拉强度 σ_b/MPa	伸长率 δ_s/%	冷弯 d—弯心直径 a—钢筋公称直径
					不小于			
热轧光圆钢筋	光圆	I	R235	8~20	235	370	25	180° $d=a$
余热处理钢筋	月牙肋	II	KL 400	8~25 28~40	440	600	14	90° $d=3a$ 90° $d=4a$

(3) 冷轧带肋钢筋性能指标见表 8-11。

表 8-11　力学性能和工艺性能

牌号	σ_b/MPa 不小于	伸长率/%，不小于		弯曲试验 180°	反复弯曲次数	松弛率初始应力 $\sigma_{con}=0.7\sigma_b$	
		δ_{10}	δ_{100}			1000h/% 不大于	10h/% 不大于
CRB550	550	8.0	—	$D=3d$	—	—	—
CRB650	650	—	4.0	—	3	8	5
CRB800	800	—	4.0	—	3	8	5
CRB970	970	—	4.0	—	3	8	5
CRB1170	1170	—	4.0	—	3	8	5

注：表中 D 为弯心直径，d 为钢筋公称直径。

(4) 低碳钢热轧圆盘条性能指标

1) 建筑用盘条力学性能和工艺性能见表 8-12。

表 8-12　盘条力学性能和工艺性能

牌号	力学性能			冷弯试验 180° d=弯心直径 a=试样直径
	屈服点 σ_s/MPa	抗拉强度 σ_b/MPa	伸长率 δ_{10}/%	
	不小于			
Q215	215	375	27	$d=0$
Q235	235	410	23	$d=0.5a$

2) 拉丝盘条

力学性能和工艺性能见表 8-13。

表 8-13　拉丝盘条力学性能和工艺性能

牌号	力 学 性 能		冷弯试验 180° d=弯心直径 a=试样直径
	抗拉强度 σ_b/MPa，不小于	伸长率 δ_{10}/%，不小于	
Q195	390	30	$d=0$
Q215	420	28	$d=0$
Q235	490	23	$d=0.5a$

(5) 预应力混凝土用钢绞线力学性能：

1×2 结构钢绞线的力学性能应符合表 8-14。

表 8-14　结构钢绞线的力学性能

钢绞线结构	钢绞线公称直径 D_0/mm	抗拉强度 R_m/MPa 不小于	整根钢绞线的最大力 F_m/kN 不小于	规定非比例延伸力 $F_{p0.2}$/kN 不小于	最大力总伸长率（$L_0 \geq 400$mm）A_{gt}/% 不小于	应力松弛性能	
						初始负荷相当于公称最大力的百分数/%	1000h 后应力松弛率 γ/% 不大于
1×2	5.00	1570	15.4	13.9			
		1720	16.9	15.2			
		1850	18.3	16.5			
		1960	19.2	17.3			

续表

钢绞线结构	钢绞线公称直径 D_0/mm	抗拉强度 R_m/MPa 不小于	整根钢绞线的最大力 F_m/kN 不小于	规定非比例延伸力 $F_{p0.2}$/kN 不小于	最大力总伸长率 ($L_0 \geq 400mm$) A_{gt}/% 不小于	应力松弛性能 初始负荷相当于公称最大力的百分数/%	应力松弛性能 1000h后应力松弛率 γ/% 不大于
1×2	5.80	1570	20.7	18.6	对所有规格	对所有规格	对所有规格
		1720	22.7	20.4			
		1860	24.6	22.1			
		1960	25.9	23.3			
	8.00	1470	36.9	33.2	3.5	60	1.0
		1570	39.4	35.5			
		1720	43.2	38.9			
		1860	46.7	42.0			
		1960	49.2	44.3			
	10.00	1470	57.8	52.0		70	2.5
		1570	61.7	55.5			
		1720	67.6	60.8		80	4.5
		1860	73.1	65.8			
		1960	77.0	69.3			
	12.00	1470	83.1	74.8			
		1570	88.7	79.8			
		1720	97.2	87.5			
		1860	105	94.5			

注：规定非比例延伸力 $F_{p0.2}$ 值不小于整根钢绞线公称最大力 F_m 的90%。

1×3结构钢绞线的力学性能应符合8-15。

表8-15 结构钢绞线的力学性能

结构钢绞线的力学性能	钢绞线公称直径 D_0/mm	抗拉强度 R_m/MPa 不小于	整根钢绞线的最大力 F_m/kN 不小于	规定非比例延伸力 $F_{p0.2}$/kN 不小于	最大力总伸长率 ($L_0 \geq 400mm$) A_{gt}/% 不小于	应力松弛性能 初始负荷相当于公称最大力的百分数/%	应力松弛性能 1000h后应力松弛率 γ/%，不大于
1×3	6.20	1570	31.1	28.0	对所有规格	对所有规格	对所有规格
		1720	34.1	30.7			
		1860	36.8	33.1			
		1960	38.8	34.9			
	6.50	1570	33.3	30.0	3.5	60	1.0
		1720	36.5	32.9		70	2.5
		1860	39.4	35.5			
		1960	41.6	37.4			
	8.60	1470	55.4	49.9			
		1570	59.2	53.3			
		1720	64.8	58.3			
		1860	70.1	63.1			
		1960	73.9	66.5			

续表

结构钢绞线的力学性能	钢绞线公称直径 D_0/mm	抗拉强度 R_m/MPa 不小于	整根钢绞线的最大力 F_m/kN 不小于	规定非比例延伸力 $F_{p0.2}$/kN 不小于	最大力总伸长率 ($L_0 \geq 400$mm) A_{gt}/% 不小于	应力松弛性能 初始负荷相当于公称最大力的百分数/%	应力松弛性能 1000h后应力松弛率 γ/%,不大于
1×3	8.74	1570	60.6	54.5		80	4.5
		1670	64.5	58.1			
		1860	71.8	64.6			
	10.80	1470	86.6	77.9			
		1570	92.5	83.3			
		1720	101	90.9			
		1860	110	99.0			
		1960	115	104			
	12.90	1470	125	113			
		1570	133	120			
		1720	146	131			
		1860	158	142			
		1960	166	149			
1×3I	8.74	1570	60.6	54.5			
		1670	64.5	58.1			
		1860	71.8	64.6			

注：规定非比例延伸力 $F_{p0.2}$ 值不小于整根钢绞线公称最大力 F_m 的90%。

1×7结构钢绞线的力学性能应符合表8-16。

表8-16　结构钢绞线的力学性能

结构钢绞线的力学性能	钢绞线公称直径 D_0/mm	抗拉强度 R_m/MPa 不小于	整根钢绞线的最大力 F_m/kN 不小于	规定非比例延伸力 $F_{p0.2}$/kN 不小于	最大力总伸长率 ($L_0 \geq 400$mm) A_{gt}/% 不小于	应力松弛性能 初始负荷相当于公称最大力的百分数/%	应力松弛性能 1000h后应力松弛率 γ/% 不大于
1×7	9.50	1720	94.3	84.9	对所有规格	对所有规格	对所有规格
		1860	102	91.8			
		1960	107	96.3			
	11.10	1720	128	115		60	1.0
		1860	138	124			
		1960	145	131			
	12.70	1720	170	153	3.5	70	2.5
		1860	184	166			
		1960	193	174			
	15.20	1470	206	185			
		1570	220	198			
		1670	234	211			
		1720	241	217		80	4.5
		1860	260	234			
		1960	274	247			

续表

结构钢绞线的力学性能	钢绞线公称直径 D_0/mm	抗拉强度 R_m/MPa 不小于	整根钢绞线的最大力 F_m/kN 不小于	规定非比例延伸力 $F_{p0.2}$/kN 不小于	最大力总伸长率 ($L_0 \geq 400mm$) A_{gt}/% 不小于	应力松弛性能	
						初始负荷相当于公称最大力的百分数/%	1000h后应力松弛率 γ/% 不大于
1×7	15.70	1770	266	239			
		1860	279	251			
	17.80	1720	327	294			
		1860	353	318			
(1×7)C	12.70	1860	208	187			
	15.20	1820	300	270			
	18.00	1720	384	346			

注：规定非比例延伸力 $F_{p0.2}$ 值不小于整根钢绞线公称最大力 F_m 的90%。

五、冷弯结果评定

在常温下，在规定的弯心直径和弯心角度下对钢筋进行弯曲，检测两根弯曲钢筋的外表面，若无裂纹、断裂或起层，即判定钢筋的冷弯合格，否则冷弯不合格。

任务3　钢筋焊件性能检测

一、钢筋焊件取样

取样根据《钢筋焊接及验收规程》(JGJ 18—2012)的规定。

1. 钢筋闪光对焊接头取样规定

(1) 在同一台班内，由同一焊工完成的300个同牌号、同直径钢筋焊接接头应作为一批。当同一台班内焊接的接头数量较少，可在一周之内累计计算，累计仍不足300个接头，应按一批计算。

(2) 力学性能检验时，应从每批接头中随机切取6个试件，其中3个做拉伸试验，3个做弯曲试验。

1) 焊接等长的预应力钢筋（包括螺钉端杆与钢筋）时，可按生产时同等条件制作模拟试件。

2) 螺钉端杆接头可只做拉伸试验。

3) 封闭环式箍筋闪光对焊接头，以600个同牌号、同规格的接头为一批，只做拉伸试验。

4) 当模拟试件试验结果不符合要求时，应进行复验，复验应从现场焊接接头中切取，其数量和要求与初始试验相同。

2. 钢筋电弧焊接头取样规定

(1) 在现浇混凝土结构中，应以300个同牌号、同型式接头作为一批；在房屋结构中，应在不超过二楼层中300个同牌号、同型式接头作为一批。每批随机切取3个接头，做拉伸试验。

(2) 在装配式结构中，可按生产条件制作模拟试件，每批3个，做拉伸试验。

(3) 钢筋与钢板电弧搭接焊接头可只进行外观检查。

（4）模拟试件的数量和要求应与从成品中切取时相同。当模拟试件试验结果不符合要求时，复验应再从成品中切取，其数量和要求与初始试验时相同。

注：在同一批中若有几种不同直径的钢筋焊接接头，应在最大直径接头中切取3个试件。

3. 钢筋电渣压力焊接头取样规定

在现浇混凝土结构中，应以300个同牌号钢筋接头作为一批；在房屋结构中，应在不超过二楼层中300个同牌号钢筋接头作为一批；当不足300个接头时，仍应作为一批。每批接头中随机切取3个试件做拉伸试验。

注：在同一批中若有几种不同直径的钢筋焊接接头，应在最大直径接头中切取3个试件。

4. 钢筋气压焊接头取样规定

（1）在现浇混凝土结构中，应以300个同牌号钢筋接头作为一批；在房屋结构中，应在不超过二楼层中300个同牌号钢筋接头作为一批；当不足300个接头时，仍应作为一批。

（2）在柱、墙的竖向钢筋连接中，应从每批接头中随机切取3个接头做拉伸试验；在梁、板的水平钢筋连接中，应另切取3个接头做弯曲试验。

注：在同一批中若有几种不同直径的钢筋焊接接头，应在最大直径接头中切取3个试件。

5. 机械连接接头

根据《钢筋机械连接通用技术规程》（JGJ 107—2010）规定。

（1）钢筋连接工程开始前及施工过程中，应对每批进场钢筋进行接头工艺检验，取样按以下进行：

1）每种规格钢筋的接头试件不应少于3根；

2）钢筋母材抗拉强度试件不应少于3根，且应取接头试件的同一根钢筋。

（2）接头的现场检验按验收批进行，同一施工条件下采用同一批材料的同等级、同型式、同规格接头，以500个为一个验收批进行检验与验收，不足500个也作为一个验收批。对接头的每一验收批，必须在工程结构中随机截取3个试件作单向拉伸试验。

（3）接头试件尺寸

试件长度：
$$L_1 = L + 8d + 2h \tag{8-10}$$

式中 L——接头试件连件长度；

d——钢筋直径；

h——试验机夹具长度，当 $d<20$mm 时，h 取 70mm，当 $d \geqslant 20$mm 时，h 取 100mm；

L_1——试件长度。

6. 试件长度

根据《钢筋焊接接头试验方法标准》（JGJ/T 27—2001）规定。

（1）拉伸试件的最小长度见表8-17。

表8-17 钢筋焊接接头拉伸试件最小长度

接 头 型 式	试件最小长度/mm
电弧焊、双面搭接、双面帮条	$8d+L_h+240$
单面搭接、单面帮条	$5d+L_h+240$
闪光对焊、电渣压力焊、气压焊	$8d+240$

注：L_h——帮条长度或搭接长度。

（2）钢筋帮条或搭接长度应符合表8-18要求。

表 8-18 钢筋帮条或搭接长度

钢筋牌号	焊接型式	帮条长度或搭接长度 L_h/mm
HPB235	单面焊 双面焊	≥8d ≥4d
HRB335、HRB400、RRB500	单面焊 双面焊	≥10d ≥5d

切取试件时,应使焊缝处于试件长度的中间位置。

(3) 弯曲试件长度按下式计算:

$$L = D + 2.5d + 150 \text{mm} \tag{8-11}$$

式中 L——试件长度;
  D——弯心直径,mm;
  d——钢筋直径,mm。

切取试件时,焊缝应处于试件长度的中央。弯心直径 D 按表 8-19 的规定确定。

表 8-19 钢筋焊接接头弯曲试验弯心直径

钢筋直径	≤25mm	>25mm
钢筋级别	弯心直径 D/mm	
Ⅰ级	2d	3d
Ⅱ级	4d	5d
Ⅲ级	5d	6d
Ⅳ级	7d	8d

在取工艺检验的接头试件时,每个试件尚应取一根与其母材处于同一根钢筋的原材料试件做力学性能试验。

二、钢筋焊件拉伸、冷弯性能检测

焊件拉伸和冷弯的试验步骤与钢筋相似,弯曲试验可在万能试验机、手动或电动液压弯曲试验器上进行,焊缝应处于弯曲中心点,弯心直径和弯曲角应符合表 8-20 的规定。

表 8-20 弯心直径和弯曲角

钢筋牌号	弯心直径	弯曲角/(°)
HPB235	2d	90
HRB335	4d	90
HRB400、RRB400	5d	90
RRB500	7d	90

注:1. d 为钢筋直径;
  2. 直径大于 25mm 的钢筋焊接接头,弯心直径增加 1 倍钢筋直径。

闪光对焊接头、气压焊接头进行弯曲试验时,应将受压面的全面毛刺和镦粗敦凸起部分消除,且应与钢筋的外表齐平。

三、焊件试验结果评定

1. 钢筋焊接接头拉伸试验结果评定

当试验结果有2个试件抗拉强度小于钢筋规定的抗拉强度；或3个试件均在焊缝或热影响区发生脆性断裂时，则一次评定该批接头为不合格品。

当试验结果有1个试件的抗拉强度小于规定值，或2个试件在焊缝或热影响区发生脆性断裂，其抗拉强度均小于钢筋规定抗拉强度的1.10倍时，应进行复验。

复验时，应再切取6个试件复查结果，当仍有1个试件的抗拉强度小于规定值，或有3个试件断于焊缝或热影响区呈脆性断裂，其抗拉强度小于钢筋规定抗拉强度的1.10倍时，应评定该批接头为不合格品。

注：当接头试件虽断于焊缝或热影响区，呈脆性断裂，但其抗拉强度大于或等于钢筋规定抗拉强度的1.10倍时，可按断于焊缝或热影响区之外，称延性断裂同等对待。

2. 钢筋焊接接头冷弯试验结果评定

当试验结果弯至90°，有2个或3个试件外侧（含焊缝和热影响区）未发生破裂，应评定为该接头弯曲试验合格。

当3个试件均发生破裂，则一次判定该批接头为不合格品。

当有2个试件均发生破裂，应进行复检。

复检时，应该切取6个试件复检结果，当3个试件均发生破裂，应判定该接头为不合格品。

注：当试件外侧横向裂纹宽度达到0.5mm时，应该认定已经破裂。

小 结

常用的钢材种类。常用的钢筋牌号及表达的意思。钢材的力学性能。钢筋的工艺性能对建筑结构的影响。常用钢筋检测的取样方法。钢筋拉伸试验要点及其注意的事项和结果评定。钢筋冷弯试验的结果评定。

自 测 练 习

1. 低碳钢在拉伸试验时，应力－应变分几个阶段？屈服点和抗拉强度有何实用意义？什么是屈强比？
2. 钢筋混凝土用热轧带肋钢筋共有几个牌号？其技术要求有哪些内容？
3. 钢筋冷弯性能有何实用意义？冷弯试验的主要规定有哪些？
4. 钢筋Q235含碳量越大，强度、硬度越_____，塑性越_____。
5. 在同一批直径是25mm的钢筋中任意抽取两根取样，作拉伸试验，测得屈服恒定荷载为171kN、172.8kN，试件被拉断时最大荷载为260kN、262kN，拉断后的标距长为147.5mm、149mm，试计算屈服强度、抗拉强度、伸长率A。

项目九　防水材料性能检测

知识目标

1. 了解防水涂料的主要性能指标
2. 了解主要防水卷材的分类
3. 掌握防水卷材的性能指标和试验方法

能力目标

1. 能合理应用不同类型的防水卷材
2. 能操作防水卷材的性能检测试验

防水材料是指在建筑工程中起防水作用的材料，它主要用于屋面、地下建筑、水中建筑、水池、管道、接缝等的防水、防潮处理。防水材料的主要特征是本身致密、孔隙率很小，或具有很强的憎水性，或能够起到密封、填塞和切断其他材料内部孔隙的作用。建筑工程对防水材料的主要要求是具有较高的抗渗性和耐水性，并具有一定适宜的强度、粘接力、耐久性、耐候性、耐高低温性、抗冻性、耐腐蚀性等，对柔性防水材料还应具有一定的塑性等。防水材料按组成成分分为无机防水材料、有机防水材料及金属防水材料等，按其特性又可分为柔性防水材料和刚性防水材料。建筑工程中用量最大的为有机防水材料，其次为无机防水材料，金属防水材料（如镀锌铁皮等）的使用量很小。在防水施工中，防水材料质量的好坏直接关系到整个防水工程的质量，因而其材料质量好坏尤为重要。防水材料质量的好坏需要检测内容包括：拉伸性能、不透水性、耐热性能、低温柔度、固体含量。

任务 1　防水涂料性能检测

一、防水涂料的技术指标要求

建筑防水涂料的主要技术要求有固体含量、耐热度、粘接性、延伸性、拉伸性、加热伸缩率、低温柔性、干燥时间、不透水性和人工加速老化等指标。

防水涂料使用范围较防水卷材窄，下面仅列出具有弹性高、延伸率大、耐高低温性好、耐油、耐化学侵蚀等优异性能的聚氨酯防水涂料检测指标（见表9-1）。

表 9-1 聚氨酯防水涂料主要技术性能检测指标

项目名称	指标要求 等级	一 等 品	合 格 品
拉伸强度/MPa		≥2.45	≥1.65
断裂延伸率/%		≥450	≥300
拉伸时的老化	加热老化	无裂缝及变形	
	紫外线老化	无裂缝及变形	
低温柔性/℃		-35℃无裂纹	-30℃无裂纹
不透水性		0.3MPa,30min 不渗漏	
固体含量/%		≥94	
适用时间/min		≥20	
干燥时间/h		表干≤4,实干≤12	

二、防水涂料的主要技术指标检测

1. 防水涂料的定义及分类

（1）防水涂料的定义和性质　防水涂料又称为防水胶黏剂，是一种流态或半流态物质，可用刷、喷等工艺涂布在基层表面，经溶剂或水分挥发或各组分间的化学反应，形成具有一定弹性和一定厚度的连续薄膜，使基层表面与水隔绝，起到防水防潮作用。

防水涂料固化成膜后的防水涂膜具有良好的防水性能，特别适合于各种复杂不规则部位的防水，能形成无接缝的完整防水膜。它大多采用冷施工，不必加热熬制，涂布的防水涂料既是防水层的主体，又是粘接剂，因而施工质量容易保证，维修也较简单。但是防水涂料须采用刷子或刮板等逐层涂刷（刮），故防水膜的厚度较难保持均匀一致。防水涂料广泛适用于工业与民用建筑的屋面防水工程、地下室防水工程和室内地面防潮、防渗等。防水涂料的选择应考虑建筑物的特点、环境条件和使用条件等因素，结合防水涂料特点和性能指标。

（2）防水涂料的分类　防水涂料按液态类型可分为溶剂型和水乳型（具体分类如表 9-2 所示）。溶剂型以汽油、煤油、甲苯等有机溶剂为分散介质，粘接性较好，但对环境有污染；水乳型以水为分散介质，价格低但粘接性较差。从涂料发展趋势来看，随着水乳型的性能提高，水乳型的应用前景广阔。防水涂料按成膜物质的主要成分可分为沥青类、高聚物改性沥青类和合成高分子类。

表 9-2 防水涂料的分类

序号	类 别	分 项	组 成
1	沥青基防水涂料（自 2002 年 4 月起限制在工业与民用建筑Ⅰ、Ⅱ、Ⅲ级防水工程中使用）		沥青防水涂料、水性沥青防水涂料
			（石灰膏乳化）沥青、膨润土防水涂料
2	高聚物改性沥青防水涂料（焦油型属于淘汰类）	树脂改性沥青防水涂料	SBS 改性沥青防水涂料
			APP 改性沥青防水涂料
			聚氯乙烯改性沥青防水涂料
			聚氨酯改性沥青防水涂料

续表

序号	类别	分项	组成	
2	高聚物改性沥青防水涂料（焦油型属于淘汰类）	橡胶改性沥青防水涂料	氯丁胶沥青防水涂料	
			丁基橡胶沥青防水涂料	
			再生胶沥青防水涂料	
3	合成高分子防水涂料	橡胶类	单组分型	氯丁橡胶类
				氯磺化聚乙烯橡胶类再生橡胶类
				再生胶类
				丁苯橡胶类
			双组分型	硅橡胶类
				聚硫橡胶类
		合成树脂类	单组分型	丙烯酸酯类
				聚氨酯类
			双组分型	聚氨酯类
				环氧树脂类

1) 沥青基防水涂料：指以沥青为基料配制而成的水乳型或溶剂型防水涂料，这类涂料对沥青基本没有改性或改性作用不大，主要有石灰膏乳化沥青、膨润土乳化沥青和水性石棉沥青防水涂料等。主要适用于Ⅲ级和Ⅳ级防水等级的工业与民用建筑屋面、混凝土地下室和卫生间防水等。

2) 高聚物改性沥青防水涂料：指以沥青为基料，用合成高分子聚合物进行改性，制成的水乳型或溶剂型防水涂料。这类涂料在柔韧性、抗裂性、拉伸强度、耐高低温性能、使用寿命等方面比沥青基涂料有很大改善。品种有再生橡胶改性防水涂料、氯丁橡胶改性沥青防水涂料、SBS橡胶改性沥青防水涂料、聚氯乙烯改性沥青防水涂料等。适用于Ⅱ、Ⅲ、Ⅳ级防水等级的屋面、地面、混凝土地下室和卫生间等的防水工程。

3) 合成高分子防水涂料：指以合成橡胶或合成树脂为主要成膜物质制成的单组分或多组分的防水涂料。这类涂料具有高弹性、高耐久性及优良的耐高低温性能，品种有聚氨酯防水涂料、丙烯酸酯防水涂料、环氧树脂防水涂料和有机硅防水涂料等。适用于Ⅰ、Ⅱ、Ⅲ级防水等级的屋面、地下室、水池及卫生间等的防水工程。

2. 防水涂料的检测方法

防水材料中以焦油型聚氨酯应用最为广泛。煤焦油中含有大量的脂肪族和芳香族化合物，具有强烈的刺激性气味，其中蒽、萘等成分对人体危害极大。

聚氨酯防水涂料因其优异的物理、化学性能，现已广泛应用于防水工程中。其中以焦油型聚氨酯应用最为广泛。

检测防水涂料的常用指标如下。

(1) 油漆成膜厚度检查 油漆成膜厚度检查应采用针穿刺法每 $100m^2$ 刺三个点，用尺测量漆膜的高度，取其平均值，成膜厚度应大于2mm。穿刺时应用彩笔做标记，以便修补。

(2) 断裂延伸率检查 在防水施工中，监理人员可到施工现场将搅拌好的料，分多次涂刷在平整的玻璃板上（玻璃板应先打蜡），成膜厚度1.2～1.5mm，放置7d后，在1%的碱水中浸泡7d，然后在50℃±2℃烘箱中烘24h，做哑铃型拉伸实验，要求延伸保持率达到80%（无处理为200%）。如达不到标准，说明在施工中乳液掺加比例不足。

（3）耐水性检查 将涂料分多次涂刷在水泥块上，成膜厚度1.2～1.5mm，放置7d，放入1%碱水中浸泡7d，不分层，不空鼓为合格。

（4）不透水性检查 在有条件下，应用仪器检测，其方法是将涂料按比例配好，分多次涂刷在玻璃板上（玻璃板先打蜡），厚度为1.5mm，静放7d，然后放入烘箱内50℃±2℃烘24h，取出后放置3h，做不透水实验，不透水性为0.3MPa。保持30min无渗漏为合格。

若条件不具备，可用目测法检查防水效果，方法是将涂料分4～6次涂刷到无纺布上，干透后（约24h）成膜厚度为1.2～1.5mm，做成缓盒子形状吊空，但不得留有死角，再将1%碱水加入盒内，24h无渗漏为合格。

（5）粘接力检查 G型聚合物防水砂浆，可直接成"8"字形模，24h后出模。放入水中浸泡6d，室内温度25℃±2℃干养护21d，做粘接实验。G型防水砂浆，灰：水：胶＝1：0.11：0.14，G型防水砂浆为2.3MPa。

将R型涂料和成芝麻酱状，将和好的涂料涂到两个半"8"字砂浆块上，放置7d做粘接实验，R型配比（高弹），粉：胶＝1：1.4；中弹为粉：胶＝1：（0.8～1）。R型为0.5MPa，大于等于粘接指标为合格。

（6）低温柔度检查 在玻璃板上打蜡，将施工现场搅拌好的涂料分多次涂刷在玻璃板上，成膜厚度1.2～1.5mm，干透后从玻璃板上取下，放置室内（25±2）℃7d，然后剪下长120～150mm，宽20mm的条状，将冰箱温度调至－25℃，将试片放入冰箱内30min，用直径10mm圆棒正反各缠绕一次，无裂纹为合格。如有裂纹说明乳液低温柔度不够。

注：G型防水砂浆只做常规检查、不透水性、粘接强度检验。样品应在施工现场抽样做试片，涂刷试片应用十字交叉法。每遍涂刷成膜厚度为0.25～0.35mm。

任务2 防水卷材性能检测

一、防水卷材的技术指标要求

防水卷材的主要技术要求包括卷重、面积及厚度、外观和物理性能三个方面，对不同种的防水卷材其检测方法有所差异。它们的物理性能主要包括拉伸性能（拉伸强度和延伸率）、低温柔度、耐热度、不透水性等指标。

对于屋面防水工程，国家标准GB 50207—94规定，高聚物改性沥青防水卷材适用于防水等级为I级（特别重要的民用建筑和对防水有特殊要求的工业建筑，防水耐用年限为20年以上）、II级（重要的工业与民用建筑、高层建筑，防水耐用年限为15年以上）和III级的屋面防水工程。

对于I级屋面防水工程，除规定应有的一道合成高分子防水卷材外，高聚物改性沥青防水卷材可用于应有的三道或三道以上防水设防的各层，且厚度不宜小于3mm。对于II级屋面防水工程，在应有的二道防水设防中，应优先采用高聚物改性沥青防水卷材，且所有卷材厚度不宜小于3mm。对于Ⅲ级屋面防水工程，应有一道防水设防或两种防水材料复合使用；如单独使用，高聚物改性沥青防水卷材厚度不宜小于4mm；如复合使用，高聚物改性沥青防水卷材的厚度不应小于2mm。高聚物改性沥青防水卷材除外观质量和规格必须符合要求外，还应检验拉伸性能、耐热度、柔性和不透水性等物理性能（见表9-3），并符合表9-4的要求（表中Ⅰ类指聚酯毡胎体，Ⅱ类指麻布胎体，Ⅲ类指聚乙烯膜胎体，Ⅳ类指玻纤毡胎体；柔性的温度范围系表示不同档次产品的低温性能）。

表9-3 高聚物改性沥青防水卷材的物理性能检测指标

项　　目		性 能 要 求			
		Ⅰ类	Ⅱ类	Ⅲ类	Ⅳ类
拉伸性能	拉力	≥400N	≥400N	≥50N	≥200N
	延伸率	≥30%	≥5%	≥200%	≥3%
耐热度（85℃±2℃，2h）		不流淌，无集中性气泡			
柔性（−5～25℃）		绕规定直径圆棒无裂纹			
不透水性	压力	≥0.2MPa			
	保持时间	≥30min			

表9-4 合成高分子防水卷材的物理性能检测指标

项　　目		性 能 要 求		
		Ⅰ	Ⅱ	Ⅲ
拉伸强度		≥7MPa	≥2MPa	≥9MPa
断裂伸长率		≥450%	≥100%	≥10%
低温弯折性		−40℃	−20℃	−20℃
		无裂纹		
不透水性	压力	≥0.3MPa	≥0.2MPa	≥0.3MPa
	保持时间	≥30min		
热老化保持率（80℃±2℃，168h）	拉伸强度	≥80%		
	断裂伸长度	≥70%		

二、卷材的技术指标检测

1. 防水卷材的定义、分类及应用

（1）防水卷材的定义　防水卷材是建筑防水材料重要品种，它是具有一定宽度和厚度并可卷曲的片状定型防水材料。

（2）防水卷材的分类、性质及应用

1）防水卷材的分类　目前防水卷材有普通沥青防水卷材、高聚物改性沥青防水卷材和合成高分子防水卷材三大系列（见表9-5）。如果说普通沥青卷材代表传统卷材的话，那么后两个系列卷材可以说是代表新生代卷材，性能较普通沥青防水材料优异，是防水卷材的发展方向。

表 9-5 防水卷材分类

序号	类别	分项	组成
1	沥青防水卷材		纸胎沥青油毡
2			玻璃布沥青油毡、玻纤胎沥青油毡
3			黄麻织物沥青油毡、铝箔胎沥青油毡
4	高聚物改性沥青防水卷材		SBS改性沥青防水卷材
5			APP改性沥青防水卷材
6			再生胶改性沥青防水卷材
7			PVC改性焦油沥青防水卷材
8			废胶粉改性沥青防水卷材
9			其他改性沥青防水卷材
10	合成高分子防水卷材	橡胶类	三元乙丙橡胶防水卷材
11			丁基橡胶防水卷材
12			再生橡胶防水卷材
13		树脂类	氯化聚乙烯防水卷材
14			聚氯乙烯防水卷材
15			聚乙烯防水卷材
16			氯磺化聚乙烯防水卷材
17		橡胶树脂类	氧化聚乙烯-橡胶共混防水卷材
18			三元乙丙橡胶-聚乙烯共混防水卷材

2) 防水卷材的性质及应用　防水卷材必须具备耐水性、温度稳定性、机械强度、延伸性和抗断裂性、柔韧性和大气稳定性这几个满足建筑防水要求的基本性能。

① 沥青防水卷材　沥青防水卷材采用原纸、纤维织物、纤维毡等胎体浸涂沥青，表面撒布粉状、粒状或片状材料的工艺而制成的。常用品种有石油沥青纸胎油毡、石油沥青玻璃布油毡、石油沥青玻纤胎油毡、石油沥青麻布胎油毡等。见表9-6沥青防水卷材的特点及适用范围。

表 9-6 沥青防水卷材的特点及适用范围

卷材名称	特点	适用范围
纸胎沥青油毡	属于传统的防水材料，低温柔性差。虽价格低，但所作防水层使用年限短	三毡四油、二毡三油叠层铺设的屋面工程
玻璃布胎沥青油毡	抗拉强度高，胎体不易烂，材料柔韧性好，耐久性比纸胎油毡提高1倍以上	多用作纸胎油毡的增强附加层和突出部位的防水层
玻璃毡胎沥青油毡	具有良好的耐水性、耐腐蚀性和耐久性，柔韧性优于纸胎沥青油毡	常用作屋面或地下防水
黄麻胎沥青油毡	抗拉强度高，耐水性好，但胎体易腐烂	常用作屋面增强附加层
铝箔胎沥青油毡	有很高的阻隔蒸汽的渗透能力，防水功能好，有一定的抗拉强度	与带孔玻纤毡配合或单独使用，宜用于隔汽层

对于屋面防水工程，根据《屋面工程质量验收规范》（GB 50207—2012）的规定，沥青防水卷材仅适应于屋面防水等级为Ⅲ级（一般的工业与民用建筑，防水耐用年限为10年以上）和Ⅳ级（非永久性的建筑，防水耐用年限为5年以上）的屋面防水工程，对于防水等级为Ⅲ级的屋面，应选用三毡四油沥青卷材防水；对于防水等级为Ⅳ级的屋面，可选用二毡三油沥青卷材防水。

石油沥青纸胎油毡是用低软化点的石油沥青浸渍原纸（是生产油毡的专用纸，主要成分为棉纤维，另外加入20%~30%的废纸），然后用高软化点的石油沥青涂盖油纸的两面，再涂撒隔离材料制成的一种防水材料。涂撒粉状材料（滑石粉）称粉毡，涂撒片状材料（云母片）称片毡。

按《石油沥青纸胎油毡》（GB 326—2007）的规定：油毡幅宽1000mm，按卷重和物理性能分为Ⅰ型、Ⅱ型、Ⅲ型。其中Ⅰ型、Ⅱ型油毡适用于辅助防水、保护隔离层、临时性防水、防潮及包装等。Ⅲ型油毡适用屋面工程的多层防水。

② 高聚物改性沥青防水卷材　高聚物改性沥青防水卷材是采用合成高分子聚合物改性沥青为涂盖层，纤维织物或纤维毡为胎体，粉状、粒状、片状或薄膜材料为覆面材料制成的可卷曲片状防水材料。

在沥青中添加适量的高聚物可以改善沥青防水卷材温度稳定性差和延伸率小的不足，具有高温不流淌、低温不脆裂、拉伸强度高、延伸率较大等优异性能，且价格适中，在我国属中档防水卷材。按改性高聚物的种类，有弹性SBS改性沥青防水卷材、塑性APP改性沥青防水卷材、聚氯乙烯改性焦油沥青防水卷材、三元乙丙改性沥青防水卷材、再生胶改性沥青防水卷材等。按油毡使用的胎体品种又可分为玻纤胎、聚乙烯膜胎、聚酯胎、黄麻布胎、复合胎等品种。此类防水卷材按厚度可分为2mm、3mm、4mm、5mm规格，一般单层铺设，也可复合使用，根据不同卷材可采用热熔法、冷粘法、自粘法施工，见表9-7。

表9-7　常用高聚物改性沥青防水卷材特点和适用范围

卷材名称	特点	适用范围	施工工艺
SBS改性沥青防水卷材	耐高、低温性能有明显提高，卷材的弹性和耐疲劳性明显改善	单层铺设的屋面防水工程或复合使用，适合于寒冷地区和结构变形频繁的建筑	冷施工铺贴或热熔铺贴
APP改性沥青防水卷材	具有良好的强度、延伸性、耐热性、耐紫外线照射及耐老化性能	单层铺设，适合于紫外线辐射强烈及炎热地区屋面使用	热熔法或冷粘法铺设
聚氯乙烯改性焦油防水卷材	有良好的耐热及耐低温性能，最低开卷温度为-18℃	有利于在冬季负温度下施工	可热作业亦可冷施工
再生胶改性沥青防水卷材	有一定的延伸性，且低温柔性较好，有一定的防腐蚀能力，价格低廉属低档防水卷材	变形较大或档次较低的防水工程	热沥青粘贴
废橡胶粉改性沥青防水卷材	比普通石油沥青纸胎油毡的抗拉强度、低温柔性均有明显改善	叠层适合于一般屋面防水工程，宜在寒冷地区使用	热沥青粘贴

③ 合成高分子防水卷材　合成高分子防水卷材是以合成橡胶、合成树脂或它们两者的共混体为基料，加入适量的化学助剂和填充料等，经混炼、压延或挤出等工序加工而制成的可卷曲的片状防水材料，其中又可分为加筋增强型与非加筋增强型两种。

合成高分子防水卷材具有拉伸强度和抗撕裂强度高,断裂伸长率大,耐热性和低温柔性好,耐腐蚀,耐老化等一系列优异的性能,是新型高档防水卷材。常用的有再生胶防水卷材、三元乙丙橡胶防水卷材、三元丁橡胶防水卷材、聚氯乙烯防水卷材、氯化聚乙烯防水卷材、氯化聚乙烯-橡胶共混防水卷材等品种。此类卷材按厚度分为1mm、1.2mm、1.5mm、2.0mm等规格,一般单层铺设,可采用冷粘法或自粘法施工,见表9-8。

表9-8 常见合成高分子防水卷材的特点和适用范围

卷材名称	特点	适用范围	施工工艺
再生胶防水卷材（JC 206—76）	有良好的延伸性、耐热性、耐寒性和耐腐蚀性,价格低廉	单层非外露部位及地下防水工程,或加盖保护层的外露防水工程	冷粘法施工
氯化聚乙烯防水卷材（GB 12953—91）	具有良好的耐候、耐臭氧、耐热老化、耐油、耐化学腐蚀及抗撕裂的性能	单层或复合作用宜用于紫外线强的炎热地区	冷粘法施工
聚氯乙烯防水卷材（GB 12952—91）	具有较高的拉伸和撕裂强度,延伸率较大,耐老化性能好,原材料丰富,价格便宜,容易粘接	单层或复合使用于外露或有保护层的防水工程	冷粘法或热风焊接法施工
三元乙丙橡胶防水卷材（HG 2402—92）	防水性能优异,耐候性好,耐臭氧性、耐化学腐蚀性、弹性和抗拉强度大,对基层变形开裂的适用性强,重量轻,使用温度范围宽,寿命长,但价格高,粘接材料尚需配套完善	防水要求较高,防水层耐用年限长的工业与民用建筑,单层或复合使用	冷粘法或自粘法
三元丁橡胶防水卷材（JC/T 645—96）	有较好的耐候性、耐油性、抗拉强度和延伸率,耐低温性能稍低于三元乙丙防水卷材	单层或复合使用于要求较高的防水工程	冷粘法施工
氯化聚乙烯-橡胶共混防水卷材（JC/T 684—97）	不但具有氯化聚乙烯特有的高强度和优异的耐臭氧、耐老化性能,而且具有橡胶所特有的高弹性、高延伸性以及良好的低温柔性	单层或复合使用,尤宜于寒冷地区或变形较大的防水工程	冷粘法施工

为了克服纸胎的抗拉能力低、易腐烂、耐久性差的缺点,通过改进胎体材料来改善沥青防水卷材的性能,已经开发出玻璃布沥青油毡、玻纤沥青油毡、黄麻织物沥青油毡、铝箔胎沥青油毡等系列防水卷材。沥青防水卷材施工方法有热（冷）玛蹄脂粘贴施工,通常采用叠层铺设、热粘贴施工。

随着科技进步,淘汰落后生产能力、工艺和产品势在必行,国家已经出台了有关卷材的规定:石油沥青纸胎油毡自2001年7月4日起不得用于防水等级为Ⅰ、Ⅱ级的建筑屋面及各类地下防水工程,沥青复合胎柔性防水卷材自2002年4月起限制在工业与民用建筑Ⅰ、Ⅱ、Ⅲ级防水工程中使用,聚乙烯膜层厚度在0.5mm以下的聚乙烯丙纶等复合防水卷材自2004年7月1日起限制用于房屋建筑的屋面工程和地下防水工程,除上述限制外,凡在屋面工程和地下防水工程设计中选用聚乙烯丙纶等复合防水卷材时,必须是采用一次成型工艺生产且聚乙烯膜层厚度在0.5mm以上（含0.5mm）的,并应满足屋面工程和地下防水工程技术规范的要求。

石油沥青纸胎油毡、PVC改性煤沥青布胎柔性砂面防水卷材,采用二次加热复合成型工艺生产的聚乙烯丙纶等复合防水卷材、S型聚氯乙烯防水卷材已经属于逐步淘汰类。

2. 常用防水卷材主要检测指标（表9-9）

表9-9 常用防水卷材主要检测指标

品　　种	主要组成	主要检测指标	主　要　应　用
纸胎石油沥青油毡	石油沥青、纸胎等	不透水性≥0.049～0.147MPa、抗拉力245～539N、柔度14～18℃时合格，正常使用年限3年左右	地下、屋面等防水工程，片毡用于单层防水、粉毡可用于各层
玻璃布胎沥青油毡	石油沥青、玻璃布胎等	不透水性≥0.294MPa、抗拉力≥529N、柔度0℃时合格，正常使用年限≥3～4年	地下、屋面等防水与防腐工程
沥青再生橡胶防水卷材	石油沥青、再生废橡胶粉、石灰石粉	不透水性≥0.3MPa、拉伸强度0.8MPa、延伸率≥120%、柔度—20℃合格，正常使用年限≥10年	屋面、地下室等各种防水工程，特别适合寒冷地区或有较大变形的部位
塑性体沥青防水卷材	APP、石油沥青、聚酯无纺布（或玻璃布）	聚酯胎：不透水性≥0.3MPa、断裂伸长率≥15%～40%、抗拉力≥400～800N、柔度—5～—15℃合格；玻纤胎：断裂伸长率≥3%，其余性能也低于或接近于聚酯胎，正常使用年限≥10年	屋面、地下室等各种防水工程
弹性体沥青防水卷材	SBS、石油沥青、聚酯无纺布（或玻璃布）	聚酯胎：不透水性≥0.3MPa、断裂伸长率≥15%～40%、柔度—15～—25℃合格、抗拉力≥400～800N；玻纤胎：断裂伸长率≥3%，其余性能也低于或接近于聚酯胎，正常使用年限≥10年	屋面、地下室等各种防水工程，特别适合寒冷地区
三元乙丙橡胶防水卷材	三元乙丙橡胶、胶联剂等	不透水性≥0.1～0.3MPa、脆性温度≤—40～—45℃、断裂伸长率≥450%、拉伸强度≥7MPa、抗老化性很高，正常使用年限≥20年	屋面、地下室、水池等各种防水工程，特别适合严寒地区或有较大变形的部位等
氯磺化聚乙烯橡胶防水卷材	氯磺化聚乙烯橡胶、胶联剂等	不透水性≥0.29MPa、断裂伸长率≥100%、柔度—25℃合格、拉伸强度≥9MPa、耐腐蚀性和抗老化性很高，正常使用年限≥20年	屋面、地下室、水池等各种防水工程，特别适合受腐蚀介质作用或有较大变形的部位
聚氯乙烯防水卷材	聚氯乙烯、煤焦油、增塑剂	不透水性≥0.2MPa、断裂伸长率≥120%～300%、低温弯折性—10～—20℃合格、拉伸强度≥2～15MPa，正常使用年限≥10～15年	屋面、地下室等各种防水工程，特别适合有较大变形的部位
聚乙烯防水卷材	聚乙烯、增塑剂、聚酯无纺布等	不透水性≥0.1～0.5MPa、柔性—40℃合格、断裂伸长率≥100%、拉伸强度≥9.0MPa，正常使用年限≥15年	屋面、地下室等各种防水工程，特别适合严寒地区或有较大变形的部位
氯化聚乙烯防水卷材	氯化聚乙烯、增塑剂等	不透水性≥0.2MPa、断裂伸长率100%～300%、低温弯折性—15～—20℃合格、拉伸强度≥5～12MPa，正常使用年限≥15年	屋面、地下室、水池等各种防水工程，特别适合有较大变形的部位
氯化聚乙烯—橡胶共混防水卷材	氯化聚乙烯、橡胶等	不透水性≥0.2～0.3MPa、断裂伸长率≥300%～450%、拉伸强度≥7.0MPa、抗老化性高、脆性温度≤—25～—40℃屋面，正常使用年限≥20年	屋面、地下室、水池等各种防水工程，特别适合严寒地区或有大变形的部位

3. 沥青防水卷材主要技术指标检测方法

工程所采用的防水材料应有产品合格证书和性能检测报告，材料的品种、规格、性能等应符合现行国家产品标准和设计要求。材料进场后，应按表 9-10 规定抽样复验，并提出试验报告。不合格的材料，不得在防水工程中使用。

表 9-10 防水材料进场检测要求

材料名称	现场抽样数量	外观质量检验	物理性能检验
石油沥青	同一批至少抽检一次	符合产品说明和规范要求	针入度、延度、软化点
沥青防水卷材	大于 1000 卷抽 5 卷，每 500～1000 卷抽 4 卷，100～499 卷抽 3 卷，100 卷以下抽 2 卷，进行规格尺寸和外观质量检验。在外观质量检验合格的卷材中，任取一卷作物理性能指标检验	不得有孔洞、硌伤、露胎、涂盖不均、折纹、皱褶、裂纹、裂口、缺边等现象，每卷卷材的接头规整	纵向拉力、耐热度、柔度、不透水性
高聚物改性沥青防水卷材		不得有孔洞、缺边、裂口、边缘不齐、胎体露白、未浸透、撒布材料粒度颜色不合格等现象，每卷卷材的接头规整	拉力、最大拉力时延伸率、耐热度、低温柔度、不透水性
合成高分子防水卷材		不得有折痕、杂质、胶块、凹痕等现象，每卷卷材的接头规整	断裂拉伸强度、扯断伸长率、低温弯折、不透水性
高聚物改性沥青防水涂料	每 10t 为一批，不足 10t 按一批抽样	包装完好无损且标明涂料名称、生产日期、生产厂名、产品有效期，无沉淀、凝胶、分层现象	固体含量、耐热度、柔性、不透水性
合成高分子防水涂料			
改性石油沥青密封材料	每 2t 为一批，不足 2t 按一批抽样	黑色均匀膏状，无结块和未浸透的填料现象	耐热度、低温柔性、拉伸粘接性、施工度
合成高分子密封材料	每 1t 为一批，不足 1t 按一批抽样	均匀膏状物，无结皮、凝胶或不易分散的固体团状现象	拉伸粘接性、柔性

表 9-10 中所列的防水材料，其质量应符合下列规定：

① 按表中规定的试验项目经检验后，各项物理力学性能均符合现行标准规定时，判定该批产品物理力学性能合格；若有一项指标不合格，应在该批产品中，再随机抽样，对该项进行复验，达到标准规定时，则判定该批产品合格；复验后仍达不到要求，则判定该批产品物理力学性能不合格。

② 总判定：外观、规格尺寸（指防水卷材）与物理力学性能均符合标准规定的全部技术要求，且包装标志符合规定时，则判定该批产品为合格。

(1) 总则

1) 试验条件：送至试验室的试样在试验前，应原封放于干燥处保持在 15～30℃ 范围内一定时间。

2) 试验温度：(25 ± 2)℃。

3) 验收批次的划分：依据相关标准的规定，取样以同一类型、同一规格 10000m^2 为一批，不足 10000m^2 亦为一验收批。

4) 试样制备：在面积、卷重、外观、厚度都合格的卷材中，随机抽取一卷，切除距外层卷头 2500mm 后，顺纵向切取长度为 500mm 的全幅卷材两块，一块进行物理力学性能试验，一块备用。各项试验时的试件尺寸按相对应的规范和标准切取试件。现以弹性体改性沥青防水卷材为例,按表 9-11 规定尺寸和数量切取试件。

表 9-11 试件的尺寸和试验的数量

试 验 项 目	试件尺寸/(mm×mm)	数量/个
拉力和延伸率	250×50	纵横各 5
不透水性	按不透水仪的模具规格	3
耐热度	100×50	3
低温柔度	150×25	6

5) 物理性能合格判定　试验后各项指标结果符合标准规定的全部技术要求,则判定该批产品合格。若有一项指标不符合标准规定,允许在该批产品中随机抽取 5 卷,并从中任取 1 卷对不合格项进行单项复验,达到标准规定时,则判定该产品合格。

(2) 防水卷材的拉力试验。

试验目的:通过试验测定沥青防水卷材的拉力,评定卷材的质量。

1) 仪器设备

① 拉力试验机:测量范围 0～2000N,最小读数为 5N。

② 量尺:精确度 0.1cm。

2) 试验步骤

将切好的试件放置在试验温度下不少于 24h,校准试验机(拉伸速度 50mm/min)试件夹持在夹具中心,不得歪扭,上下夹具间距为 180mm。开动试验机,拉伸至试件被拉断为止。记录试件被拉断时的最大拉力值和断裂时的长度。

3) 计算步骤及评定

① 拉力值:分别计算纵横向试件的拉力的算术平均值作为卷材纵横向拉力。

② 断裂延伸率计算

$$\varepsilon_R = \Delta L / 180 \times 100\% \tag{9-1}$$

式中　ε_R——断裂延伸率,%;

　　　ΔL——断裂时的延伸值,mm;

　　　180——上下夹具间距离,mm。

4) 评定:拉力及最大拉力时的延伸率结果的平均值达到规定时,判定为该项指标合格。

(3) 防水卷材的不透水性试验。

试验目的:通过试验测定沥青防水卷材的不透水性,评定卷材的质量。

1) 仪器设备

① 不透水仪:具有三个透水盘的不透水仪,0～0.6MPa,精度 2.5 级;

② 定时钟(或带定时器的不透水仪)。

2) 试验条件:水温为 20℃±5℃。

3) 试验步骤

① 试验前的准备,在标准条件下将试件放置 1h,用洁净的 20℃±2℃的水注入不透水仪的贮水罐中储满水后,由水罐同时向三个试座充水,三个试座充满水并已接近溢出状态时,关闭试座进水阀,开启总水阀,接着加水压,使贮水罐的水流出,清除空气。

② 安装试件:将 3 个试件分别放置于不透水仪上的三个试座上。涂盖材料薄弱的一面

接触水面；上表面为砂面、矿物粒料时，下表面接触水面，并将试件压紧在试座上。

③ 在规定时间、规定压力内，试件表面有无透水现象。

4) 评定：每组3个试件分别达到标准规定时，判定为该项指标合格。

(4) 防水卷材的耐热度试验。

试验目的：通过试验测定沥青防水卷材的耐热度，评定卷材的质量。

1) 仪器设备

① 电热恒温箱：带有热风循环装置；

② 温度计：0～150℃，最小刻度0.5℃；

③ 试件挂钩：洁净无锈的细铁丝或回形针；

④ 容器：干燥器、表面皿等。

2) 试验步骤

① 在每块试件距短边一端1cm处的中心打一小孔。

② 用细铁丝或回形针穿挂好试件小孔，放入已定温的电热恒温箱内。试件的位置与箱壁距离不应小于50mm，试件间应留一定距离，不致粘接在一起，试件的中心与温度计的水银球应在同一水平位置上，距每块试件下端10mm处，各放一表面皿用以接受淌下的沥青物质。

③ 在规定时间内，看是否有滑动、流淌现象。

3) 评定：每组3个试件分别达到标准规定时，判定为该项指标合格。

(5) 防水卷材的低温柔度试验。

试验目的：通过试验测定沥青防水卷材的低温柔度，评定卷材的质量。

1) 仪器设备

① 低温制冷仪：－40～0℃，精度为±2℃；

② 温度计：－45～30℃，精度为±5℃；

③ 柔度棒或柔度弯板：半径为15mm和25mm两种；

④ 冷冻液。

2) 试验步骤

① 将呈平板状无卷曲试件和圆棒（或弯板）同时浸泡入已定温的水中，若试件有弯曲则可微微加热，使其平整。

② 试件经30min浸泡后，自水中取出，立即沿圆棒（或弯板）在约2s时间内按均衡速度弯曲折成180°。

③ 用肉眼观察试件表面有无裂纹。

3) 评定：每组6个试件中至少5个试件达到标准规定时，判定为该项指标合格。

小　　结

防水涂料技术指标要求、主要技术指标检测。防水卷材技术指标要求、技术指标检测。

自　测　练　习

1. 建筑工程对防水材料主要要求有哪些？防水材料按组成和特性如何划分？

2. 石油沥青的主要性能指标有哪些？怎样检测？
3. 防水材料有哪几类？防水卷材有哪三大系列？必须具备哪些基本性能？
4. 什么是合成高分子防水卷材？
5. 防水涂料有哪些优缺点？
6. 如何对防水卷材进行简易识别及选择？
7. 什么是刚性防水材料？
8. 如何进行防水材料的质量判定？

项目十　建筑玻璃技术指标及检测

知识目标

1. 掌握几种常用建筑玻璃技术指标要求
2. 掌握几种常用建筑玻璃的检测方法

能力目标

1. 能应用仪器设备对建筑玻璃的技术指标进行检测
2. 能处理检测结果并进行正确判定

玻璃是现代建筑十分重要的装饰材料之一。随着现代建筑发展的需要，建筑玻璃制品已由过去单一的采光功能向着多用途、多功能、多品种的方向发展，如控制光线、调节热量、节约能源、控制噪音、降低建筑物自重、改善建筑物室内环境和在非采光要求的情况下作为建筑外装饰材料、增强建筑物外观美感等。玻璃在现代建筑中达到了功能性和装饰性的完美统一。

玻璃的品种和分类方式较多，在这里不再一一介绍。本项目主要介绍在建筑中应用较广泛的几种玻璃的指标要求和检测方法。

任务1　平板玻璃的技术指标及检测

平板玻璃的技术指标及试验方法适用于各种工艺生产的钠钙平板玻璃，不适用于压花玻璃和夹丝玻璃。

一、试验依据

《平板玻璃》（GB 11614—2009）

《计数抽样检验程序　第1部分：按接收质量限（AQL）检索的逐批检验抽样计划》（GB/T 2828.1—2003）

《建筑玻璃　可见光透射比、太阳光直接透射比、太阳能总透射比、紫外线透射比及有关窗玻璃参数的测定》（GB/T 2680—1994）

《数值修约规则与极限数值的表示和判定》（GB/T 8170—2008）

《彩色建筑材料色度测量方法》（GB/T 11942—1989）

《平板玻璃术语》（GB/T 15764—2008）

二、定义及分类

1. 定义及术语

（1）平板玻璃　平板玻璃又称白片玻璃或净片玻璃，普通平板玻璃是建筑中使用最多、应用最广泛的玻璃。

（2）光学变形　在一定角度透过玻璃观察物体时出现变形的缺陷。其变形程度用入射角（俗称斑马角）来表示。

（3）点状缺陷　气泡、夹杂物、斑点等缺陷的统称。

（4）断面缺陷　玻璃板断面凸出或凹进的部分。包括爆边、边部凹凸、缺角、斜边等缺陷。

（5）厚薄差　同一片玻璃厚度的最大值与最小值之差。

2. 分类

（1）按颜色属性分为无色透明平板玻璃和本体着色平板玻璃。

（2）按外观质量分为合格品、一等品和优等品。

（3）按公称厚度分为：2mm、3mm、4mm、5mm、6mm、8mm、10mm、12mm、15mm、19mm、22mm、25mm。

三、要求

1. 概述

平板玻璃要求与试验方法对应的《平板玻璃》（GB 11614—2009）条款见表 10-1。其中对尺寸偏差、对角线差、厚度偏差、厚薄差、外观质量和弯曲度的要求为强制性的。

表 10-1　平板玻璃要求与试验方法对应条款

要求项目		要　求	试验方法
尺寸偏差		3.2	4.1
对角线差		3.3	4.2
厚度偏差		3.4	4.3
厚薄差		3.4	4.4
外观质量	点状缺陷	3.5	4.5.1
	点状缺陷密集度	3.5	4.5.2
	线道、划伤、裂纹	3.5	4.5.3
	光学变形	3.5	4.5.4
	断面缺陷	3.5	4.5.5
弯曲度		3.6	4.6

2. 尺寸偏差

平板玻璃应裁切成矩形，其长度和宽度的尺寸偏差应不超过表 10-2 规定。

表 10-2　平板玻璃尺寸偏差　　　　　　　　　　单位：mm

公称厚度	尺寸偏差	
	尺寸≤3000	尺寸＞3000
2～6	±2	±3
8～10	+2，-3	+3，-4
12～15	±3	±4
19～25	±5	±5

3. 对角线差

平板玻璃对角线差应不大于其平均长度的 0.2%。

4. 厚度偏差和厚薄差

平板玻璃的厚度偏差和厚薄差应不超过表 10-3 规定。

表 10-3　平板玻璃厚度偏差和厚薄差　　　　　　　　单位：mm

公称厚度	厚度偏差	厚薄差
2～6	±0.2	0.2
8～12	±0.3	0.3
15	±0.5	0.5
19	±0.7	0.7
22～25	±1.0	1.0

5. 外观质量

（1）平板玻璃合格品外观质量应符合表 10-4 的规定。

表 10-4　平板玻璃合格品外观质量

缺陷种类	质量要求		
点状缺陷[①]	尺寸（L）/mm		允许个数限度
	0.5≤L≤1.0		2×S
	1.0<L≤2.0		1×S
	2.0<L≤3.0		0.5×S
	L>3.0		0
点状缺陷密集度	尺寸≥0.5mm 的点状缺陷最小间距不小于 300mm；直径 100mm 圆内尺寸≥0.3mm 的点状缺陷不超过 3 个		
线道	不允许		
裂纹	不允许		
划伤	允许范围		允许条数限度
	宽≤0.5mm，长≤60mm		3×S
光学变形	公称厚度	无色透明平板玻璃	本体着色平板玻璃
	2mm	≥40°	≥40°
	3mm	≥45°	≥40°
	≥4mm	≥50°	≥45°
断面缺陷	公称厚度不超过 8mm 时，不超过玻璃板的厚度；8mm 以上时，不超过 8mm		

① 光畸变点视为 0.5～1.0mm 的点状缺陷。
注：S 为以平方米为单位的玻璃板面积数值，按 GB/T 8170—2008 修约，保留小数点后两位。点状缺陷的允许个数限度及划伤的允许条数限度为各系数与 S 相乘所得的数值，应按 GB/T 8170 修约至整数。

（2）平板玻璃一等品外观质量应符合表 10-5 的规定。

表 10-5 平板玻璃一等品外观质量

缺陷种类	质量要求	
	尺寸（L）/mm	允许个数限度
点状缺陷[①]	$0.3 \leqslant L \leqslant 0.5$	$2 \times S$
	$0.5 < L \leqslant 1.0$	$0.5 \times S$
	$1.0 < L \leqslant 1.5$	$0.2 \times S$
	$L > 1.5$	0
点状缺陷密集度	尺寸$\geqslant 0.3$mm 的点状缺陷最小间距不小于 300mm；直径 100mm 圆内尺寸$\geqslant 0.2$mm 的点状缺陷不超过 3 个	
线道	不允许	
裂纹	不允许	
划伤	允许范围	允许条数限度
	宽$\leqslant 0.2$mm，长$\leqslant 40$mm	$2 \times S$
光学变形	公称厚度	无色透明平板玻璃	本体着色平板玻璃
	2mm	$\geqslant 50°$	$\geqslant 45°$
	3mm	$\geqslant 55°$	$\geqslant 50°$
	4mm～12mm	$\geqslant 60°$	$\geqslant 55°$
	$\geqslant 15$mm	$\geqslant 55°$	$\geqslant 50°$
断面缺陷	公称厚度不超过 8mm 时，不超过玻璃板的厚度；8mm 以上时，不超过 8mm	

[①] 点状缺陷中不允许有光畸变点。

注：S 为以平方米为单位的玻璃板面积数值，按 GB/T 8170—2008 修约，保留小数点后两位。点状缺陷的允许个数限度及划伤的允许条数限度为各系数与 S 相乘所得的数值，应按 GB/T 8170 修约至整数。

（3）平板玻璃优等品外观质量应符合表 10-6 的规定。

表 10-6 平板玻璃优等品外观质量

缺陷种类	质量要求	
	尺寸（L）/mm	允许个数限度
点状缺陷[①]	$0.3 \leqslant L \leqslant 0.5$	$1 \times S$
	$0.5 < L \leqslant 1.0$	$0.2 \times S$
	$L > 1.0$	0
点状缺陷密集度	尺寸$\geqslant 0.3$mm 的点状缺陷最小间距不小于 300mm；直径 100mm 圆内尺寸$\geqslant 0.1$mm 的点状缺陷不超过 3 个	
线道	不允许	
裂纹	不允许	
划伤	允许范围	允许条数限度
	宽$\leqslant 0.1$mm，长$\leqslant 30$mm	$2 \times S$
光学变形	公称厚度	无色透明平板玻璃	本体着色平板玻璃
	2mm	$\geqslant 50°$	$\geqslant 50°$
	3mm	$\geqslant 55°$	$\geqslant 50°$
	4mm～12mm	$\geqslant 60°$	$\geqslant 55°$
	$\geqslant 15$mm	$\geqslant 55°$	$\geqslant 50°$
断面缺陷	公称厚度不超过 8mm 时，不超过玻璃板的厚度；8mm 以上时，不超过 8mm	

[①] 点状缺陷中不允许有光畸变点。

注：S 为以平方米为单位的玻璃板面积数值，按标准修约，保留小数点后两位。点状缺陷的允许个数限度及划伤的允许条数限度为各系数与 S 相乘所得的数值，应按标准修约至整数。

6. 弯曲度

平板玻璃弯曲度不超过0.2%。

四、试验方法

1. 尺寸偏差

用分度值为1mm的金属直尺或用Ⅰ级精度钢卷尺，在长、宽边的中部，分别测量两平行边的距离。实测值与公称尺寸之差即为尺寸偏差。

2. 对角线差

用Ⅰ级精度钢卷尺测量玻璃板的两条对角线长度，其差的绝对值即为对角线差。

3. 厚度偏差

用分度值为0.01mm的外径千分尺，在垂直于玻璃板拉引方向上测量5点；距边缘约15mm向内各取一点，在两点中均分其余3点。实测值与公称厚度之差即为厚度偏差。

4. 厚薄差

测出一片玻璃五个不同点的厚度，计算其最大值与最小值之差。

5. 外观质量

（1）点状缺陷　用分格值为0.01mm的读数显微镜测量点状缺陷的最大尺寸。

（2）点状缺陷密集度　用分度值为1mm的金属直尺测量两点状缺陷的最小间距并统计100mm圆内规定尺寸的点状缺陷的数量。

（3）线道、划伤和裂纹　如图10-1所示，在不受外界光线影响的环境中，将试样垂直放置在距屏幕600mm的位置。屏幕为黑色无光泽屏幕，安装有数支40W，间距为300mm的荧光灯。观察者距离试样600mm，视线垂直于试样表面观察。

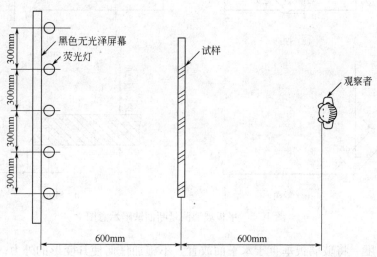

图10-1　平板玻璃检验外观质量示意图

采用分度值为1mm的金属直尺和分格值0.01mm的读数显微镜测量划伤的长度和宽度。

（4）光学变形　如图10-2所示。试样按拉引方向垂直放置于距屏幕4.5m处。屏幕带有黑白色斜条纹，且亮度均匀。观察者距试样4.5m，透过试样观察屏幕上的条纹。首先使条纹明显变形，然后慢慢转动试样直至变形消失，记录此时的入射角度。

（5）断面缺陷　用分度值为1mm的金属直尺测量。凹凸时，测量边部凹进或凸出最大处与板边的距离；爆边时，测量边部沿板面凹进最大处与板边的距离；缺角时，测量原角等分线的长度；斜边时，测量端口突出距离。如图 10-3 所示。

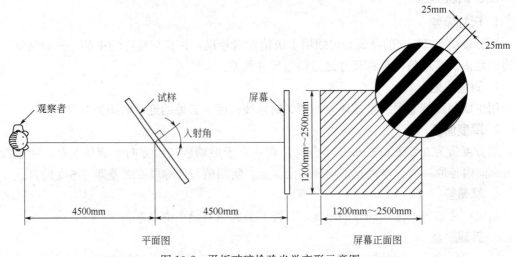

图 10-2　平板玻璃检验光学变形示意图

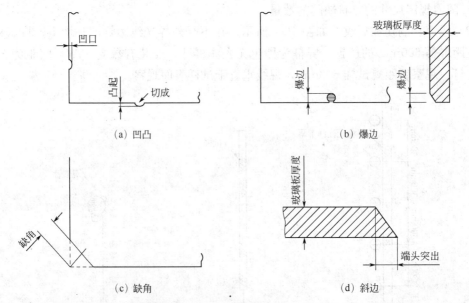

图 10-3　平板玻璃测量断面缺陷示意图

（6）弯曲度　将玻璃板垂直于水平面放置，不施加任何使其变形的外力。沿玻璃表面紧靠一根水平拉直的钢丝，用塞尺测量钢丝与玻璃板之间的最大间隙。玻璃呈弓形弯曲时，测量对应弦长的拱高；玻璃呈波形时，测量对应两波峰间的波谷深度。

按下式计算弯曲度：

$$c = \frac{h}{l} \times 100 \tag{10-1}$$

式中　c——弯曲度，%；

h——拱高或波谷深度，mm；
l——弦长或波峰到波峰的距离，mm。

五、判定规则

对产品尺寸偏差、对角线差、厚度偏差、厚薄差、外观质量和弯曲度进行检验时，一片玻璃其检验结果的各项指标均达到该等级的要求则该片玻璃为合格，否则为不合格。

任务2 钢化玻璃的技术指标及检测

安全玻璃的种类有钢化玻璃、夹层玻璃等。本节主要介绍钢化玻璃的技术指标及检验方法。

本方法适用于经热处理工艺制成的建筑用钢化玻璃，对于建筑以外用的（如工业装备、家具等）钢化玻璃，可根据其产品特点参照使用本方法。

一、试验依据

《建筑用安全玻璃 第2部分：钢化玻璃》（GB 15763.2—2005）
《建筑用安全玻璃 第3部分：夹层玻璃》（GB 15763.3—2009）
《平板玻璃》（GB 11614—2009）
《玻璃应力测试方法》（GB/T 18144—2008）

二、定义及分类

1. 定义

钢化玻璃：经热处理工艺之后的玻璃。其特点是在玻璃表面形成压应力层，机械强度和耐热冲击强度得到提高，并具有特殊的碎片状态。

2. 分类

（1）钢化玻璃按生产工艺分类 可分为：垂直法钢化玻璃，在钢化过程中采取夹钳吊挂的方式生产出来的钢化玻璃；水平法钢化玻璃，在钢化过程中采取水平辊支撑的方式生产出来的钢化玻璃。

（2）钢化玻璃按形状分类 分为平面钢化玻璃和曲面钢化玻璃。

生产钢化玻璃所使用的玻璃，其质量应符合相应的产品标准的要求。对于有特殊要求的，用于生产钢化玻璃的玻璃，玻璃的质量由供需双方确定。

三、要求

钢化玻璃的各项性能及其试验方法应符合表10-7相应标准《建筑用安全玻璃 第2部分：钢化玻璃》（GB 15763.2—2005）中条款的规定。其中安全性能要求为强制性要求。

表10-7 钢化玻璃技术要求及试验方法条款

名 称		技术要求	试验方法
尺寸及外观要求	尺寸及其允许偏差	3.1	4.1
	厚度及其允许偏差	3.2	4.2
	外观质量	3.3	4.3
	弯曲度	3.4	4.4

续表

名　称		技术要求	试验方法
安全性能要求	抗冲击性	3.5	4.5
	碎片状态	3.6	4.6
	霰弹袋冲击性能	3.7	4.7
一般性能要求	表面应力	3.8	4.8
	耐热冲击性能	3.9	4.9

1. 尺寸及其允许偏差

(1) 长方形平面钢化玻璃边长允许偏差，应符合表10-8的规定。

表10-8　长方形平面钢化玻璃边长的允许偏差　　　　单位：mm

厚　度	边长（L）允许偏差			
	$L \leqslant 1000$	$1000 < L \leqslant 2000$	$2000 < L \leqslant 3000$	$L > 3000$
3、4、5、6	+1 -2	±3	±4	±5
8、10、12	+2 -3			
15	±4	±4		
19	±5	±5	±6	±7
>19	供需双方商定			

(2) 长方形平面钢化玻璃的对角线差，应符合表10-9的规定。

表10-9　长方形平面钢化玻璃对角线差允许值　　　　单位：mm

玻璃公称厚度	对角线差允许值		
	边长≤2000	2000<边长≤3000	边长>3000
3、4、5、6	±3.0	±4.0	±5.0
8、10、12	±4.0	±5.0	±6.0
15、19	±5.0	±6.0	±7.0
>19	供需双方商定		

(3) 其他形状的钢化玻璃的尺寸及其允许偏差由供需双方商定。

(4) 边部加工形状及质量由供需双方商定。

(5) 圆孔

1) 本条只适用于公称厚度不小于4mm的钢化玻璃。圆孔的边部加工质量由供需双方商定。

2) 孔径一般不小于玻璃的公称厚度，孔径的允许偏差应符合表10-10的规定。小于玻璃的公称厚度的孔的孔径允许偏差由供需双方商定。

项目十　建筑玻璃技术指标及检测　　177

表 10-10　钢化玻璃孔径及其允许偏差　　　　单位：mm

公称孔径（D）	允　许　偏　差
4≤D≤50	±1.0
50＜D≤100	±2.0
D＞100	供需双方商定

3）孔的位置

(a) 孔的边部距玻璃边部的距离 a 不应小于玻璃公称厚度的 2 倍。如图 10-4 所示。

(b) 两孔孔边之间的距离 b 不应小于玻璃公称厚度的 2 倍。如图 10-5 所示。

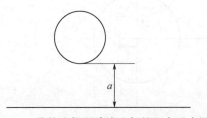

图 10-4　孔的边部距玻璃边部的距离示意图

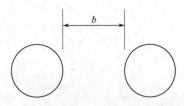

图 10-5　两孔孔边之间的距离示意图

(c) 孔的边部距玻璃角部的距离 c 不应小于玻璃公称厚度 d 的 6 倍。如图 10-6 所示。

注：如果孔的边部距玻璃角部的距离小于 35mm，那么这个孔不应处在相对于角部对称的位置上。具体位置由供需双方商定。

4）圆心位置表示方法及其允许偏差　圆孔圆心的位置的表达方法可参照图 10-7 进行。如图 10-7 建立坐标系，用圆心的位置坐标 (x, y) 表达圆心的位置。

圆孔圆心的位置 x、y 的允许偏差与玻璃的边长允许偏差相同（见表 10-10）。

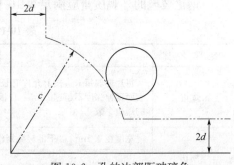

图 10-6　孔的边部距玻璃角部的距离示意图

2. **厚度及其允许偏差**

(1) 钢化玻璃的厚度及其允许偏差应符合表 10-11 的规定。

表 10-11　钢化玻璃厚度及其允许偏差　　　　单位：mm

公　称　厚　度	厚度允许偏差
3、4、5、6	±0.2
8、10	±0.3
12	±0.4
15	±0.6
19	±1.0
＞19	供需双方商定

(2) 对于表 10-11 未作规定的公称厚度的玻璃，其厚度允许偏差可采用表 10-11 中与其邻近的较薄厚度的玻璃的规定，或由供需双方商定。

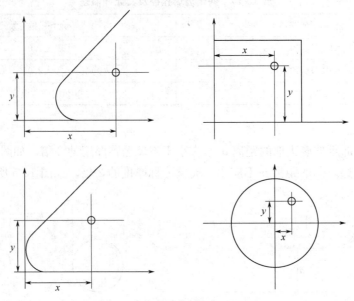

图 10-7 钢化玻璃圆心位置表示方法

3. 外观质量

钢化玻璃的外观质量应满足表 10-12 的要求。

表 10-12 钢化玻璃的外观质量

缺陷名称	说明	允许缺陷数
爆边	每片玻璃每米边长上允许有长度不超过 10mm,自玻璃边部向玻璃板表面延伸深度不超过 2mm,自板面向玻璃厚度延伸深度不超过厚度 1/3 的爆边个数	1 处
划伤	宽度在 0.1mm 以下的轻微划伤,每平方米面积内允许存在条数	长度≤100mm 时 4 条
划伤	宽度大于 0.1mm 的划伤,每平方米面积内允许存在条数	宽度 0.1~1mm,长度≤100mm 时 4 条
夹钳印	夹钳印与玻璃边缘的距离≤20mm,边部变形量≤2mm(见图 10-8)	
裂纹、缺角	不允许存在	

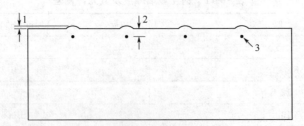

图 10-8 钢化玻璃夹钳印示意图
1—边部变形;2—夹钳印与玻璃边缘的距离;3—夹钳印

4. 弯曲度

平面钢化玻璃的弯曲度,弓形时应不超过 0.3%,波形对应不超过 0.2%。

5. 抗冲击性

取 6 块钢化玻璃进行试验，试样破坏数不超过 1 块为合格，多于或等于 3 块为不合格。破坏数为 2 块时，再另取 6 块进行试验，试样必须全部不被破坏为合格。

6. 碎片状态

取 4 块钢化玻璃试样进行试验，每块试样在任何 50mm×50mm 区域内的最少碎片数必须满足表 10-13 的要求。且允许有少量长条形碎片，其长度不超过 75mm。

表 10-13　钢化玻璃最少允许碎片数

玻 璃 品 种	公称厚度/mm	最少碎片数/片
平面钢化玻璃	3	30
	4～12	40
	≥15	30
曲面钢化玻璃	≥4	30

7. 霰弹袋冲击性能

取 4 块平板钢化玻璃试样进行试验，应符合下列（1）或（2）中任意一条的规定。

（1）玻璃破碎时，每块试样的最大 10 块碎片质量的总和不得超过相当于试样 $65cm^2$ 面积的质量，保留在框内的任何无贯穿裂纹的玻璃碎片的长度不能超过 120mm。

（2）霰弹袋下落高度为 1200mm 时，试样不破坏。

8. 表面应力

钢化玻璃的表面应力不应小于 90MPa。

以制品为试样，取 3 块试样进行试验，当全部符合规定为合格。2 块试样不符合则为不合格，当 2 块试样符合时，再追加 3 块试样，如果 3 块全部符合规定则为合格。

9. 耐热冲击性能

钢化玻璃应耐 200℃ 温差不破坏。

取 4 块试样进行试验，当 4 块试样全部符合规定时认为该项性能合格。当有 2 块以上不符合时，则认为不合格。当有 1 块不符合时，重新追加 1 块试样，如果它符合规定，则认为该项性能合格。当有 2 块不符合时，则重新追加 4 块试样，全部符合规定时则为合格。

四、试验方法

1. 尺寸检验

尺寸用最小刻度为 1mm 的钢直尺或钢卷尺测量。

2. 厚度检验

使用外径千分尺或与此同等精度的器具，在距玻璃板边 15mm 内的四边中点测量。测量结果的算术平均值即为厚度值。并以毫米（mm）为单位修约到小数点后 2 位。

3. 外观检验

以制品为试样，按本章第一节所述的方法进行检验。

4. 弯曲度测量

将试样在室温下放置 4h 以上，测量时把试样垂直立放，并在其长边下方的 1/4 处垫上 2 块垫块。用一直尺或金属线水平紧贴制品的两边或对角线方向，用塞尺测量直线边与玻璃之间的间隙，并以弧的高度与弦的长度之比的百分率来表示弓形时的弯曲度。进行局部波形测量时，用一直尺或金属线沿平行玻璃边缘 25mm 方向进行测量，测量长度 300mm。用塞尺测得波谷或波峰的高，并除以 300mm 后的百分率表示波形的弯曲度，如图 10-9 所示。

5. 抗冲击性试验

(1) 试样为与制品同厚度、同种类的，且与制品在同一工艺条件下制造的尺寸为 610mm (-0mm, +5mm) ×610mm (-0mm, +5mm) 的平面钢化玻璃。

(2) 试验装置应使冲击面保持水平。试验曲面钢化玻璃时，需要使用相应的辅助框架支承。

(3) 使用直径为 63.5mm (质量约 1040g) 表面光滑的钢球放在距离试样表面 1000mm 的高度，使其自由落下。冲击点应在距试样中心 25mm 的范围内。

对每块试样的冲击仅限 1 次，以观察其是否破坏。试验在常温下进行。

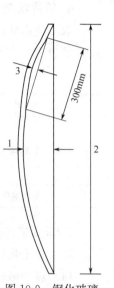

图 10-9 钢化玻璃弓形和波形弯曲度示意图
1—弓形变形；2—玻璃边长或对角线长；3—波形变形

6. 碎片状态试验

(1) 以制品为试样。

(2) 试验设备 可保留碎片图案的任何装置。

(3) 试验步骤

1) 将钢化玻璃试样自由平放在试验台上，并用透明胶带纸或其他方式约束玻璃周边，以防止玻璃碎片溅开。

2) 在试样的最长边中心线上距离周边 20mm 左右的位置，用尖端曲率半径为 0.2mm±0.05mm 的小锤或冲头进行冲击，使试样破碎。

3) 保留碎片图案的措施应在冲击后 10s 后开始并且在冲击后 3min 内结束。

4) 碎片计数时，应除去距离冲击点半径 80mm 以及距玻璃边缘或钻孔边缘 25mm 范围内的部分。从图案中选择碎片最大的部分，在这部分中用 50mm×50mm 的计数框计算框内的碎片数，每个碎片内不能有贯穿的裂纹存在，横跨计数框边缘的碎片按 1/2 个碎片计算。

7. 霰弹袋冲击性能试验

(1) 试样 为与制品相同厚度、且与制品在同一工艺条件下制造的尺寸为 1930mm (-0mm, +5mm) ×864mm (-0mm, +5mm) 的长方形平面钢化玻璃。

(2) 试验装置 如图 10-10~图 10-12 所示。

(3) 试验步骤

1) 用直径 3mm 的挠性钢丝绳把冲击体吊起，使冲击体横截面最大直径部分的外周距离试样表面小于 13mm，距离试样的中心在 50mm 以内。

2) 使冲击体最大直径的中心位置保持在 300mm 的下落高度，自由摆动落下，冲击试样中心点附近 1 次。若试样没有破坏，升高至 750mm，在同一试样的中心点附近再冲击 1 次。

3) 试样仍未破坏时，再升高至 1200mm 的高度，在同一块试样中心点附近冲击 1 次。

4) 下落高度为 300mm、750mm 或 1200mm 试样破坏时，在破坏后 5min 之内，从玻璃碎片中选出最大的 10 块，称其质量。并测量保留在框内最长的无贯穿裂纹的玻璃碎片的长度。

项目十 建筑玻璃技术指标及检测

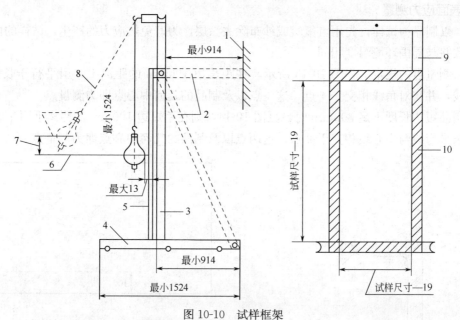

图 10-10 试样框架
1—固定壁；2—增强支架，可用任何方式支撑；3、9—试验框；4—用螺栓
固定的底座；5、10—木制紧固框；6—试验的中心线；
7—下落高度；8—直径 3mm 左右的钢丝绳

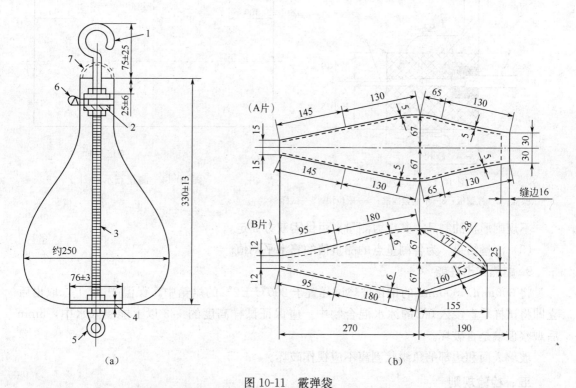

图 10-11 霰弹袋
1—弯杆或附有吊环螺母的杆；2—套筒螺母（长 25mm，直径 32mm）；3—螺杆
（直径 9.5mm）；4—金属垫圈（厚 4.8mm±1.6mm）；5—吊起铁丝用的
吊环螺母；6—蜗杆传动软管夹；7—吊绳（卸下）

8. 表面应力测量

（1）以制品为试样，先用氢氟酸或纱布除去涂层，为避免热应力的产生，试样的内外温度应一致并与周围环境温度相同。

（2）测量点的规定　如图 10-13 所示，在距长边 100mm 的距离上，引平行于长边的 2 条平行线，并与对角线相交于 4 点，这 4 点以及制品的几何中心点即为测量点。

若制品短边长度不足 300mm 时，见图 10-14，则在距短边 100mm 的距离上引平行于短边的两条平行线与中心线相交于 2 点，这两点以及制品的几何中心点即为测量点。

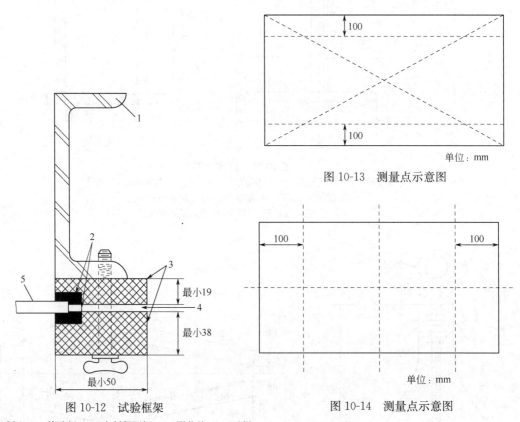

图 10-12　试验框架

1—试验框；2—橡胶板；3—木制紧固框；4—限位块；5—试样

图 10-13　测量点示意图

图 10-14　测量点示意图

不规则形状的制品，其应力测量点由供需双方商定。

（3）测量结果　为各测量点的测量值的算术平均值。

9. 耐热冲击性能

将 300mm×300mm 的钢化玻璃试样置于 200℃±2℃ 的烘箱中，保温 4h 以上，取出后立即将试样垂直浸入 0℃ 的冰水混合物中。应保证试样高度的 1/3 以上能浸入水中，5min 后观察玻璃是否破坏。

玻璃表面和边部的鱼鳞状剥离不应视作破坏。

五、检验规则

1. 组批抽样方法

（1）产品的尺寸和偏差、外观质量、弯曲度按表 10-14 规定进行随机抽样。

表 10-14　钢化玻璃抽样表　　　　　　　　　　　　　　　　单位：片

批 量 范 围	样 本 大 小	合格判定数	不合格判定数
1～8	2	1	2
9～15	3	1	2
16～25	5	1	2
26～50	8	2	3
51～90	13	3	4
91～150	20	5	6
151～280	32	7	8
281～500	50	10	11
501～1000	80	14	15

（2）对于产品所要求的其他技术性能，若用制品检验时，根据检测项目所要求的数量从该批产品中随机抽取；若用试样进行检验时，应采用同一工艺条件下制备的试样。当该批产品批量大于 1000 块时，以每 1000 块为 1 批分批抽取试样，当检验项目为非破坏性试验时可用它继续进行其他项目的检测。

2. 判定规则

若不合格品数等于或大于表 10-14 的不合格判定数，则认为该批产品外观质量、尺寸偏差、弯曲度不合格。

其他性能也应符合相应条款的规定，否则，认为该项不合格。

若上述各项中，有 1 项不合格，则认为该批产品不合格。

任务 3　中空玻璃的技术指标及检测

特种玻璃的种类有：中空玻璃、吸热玻璃、热反射玻璃、防火玻璃、泡沫玻璃、玻璃空心砖等。建筑中最常用的是中空玻璃，本节主要介绍中空玻璃的技术指标及检测方法。

本方法适用于建筑、冷藏等用途的中空玻璃。

一、试验依据

《中空玻璃》（GB 11944—2002）

《建筑用安全玻璃　第 3 部分：夹层玻璃》（GB 15763.3—2009）

《建筑用安全玻璃　第 2 部分：钢化玻璃》（GB 15763.2—2005）

《平板玻璃》（GB 11614—2009）

《半钢化玻璃》（GB 17841—2008）

《中空玻璃用弹性密封胶》（JC/T 486—2001）

二、定义及规格

1. 中空玻璃

两片或多片玻璃以有效支撑均匀隔开并粘接密封，使玻璃层间形成有干燥气体空间的制品。

2. 常用中空玻璃形状和最大尺寸见表10-15。

表 10-15 常用中空玻璃形状和最大尺寸　　　单位：mm

玻璃厚度	间隔厚度	长边最大尺寸	短边最大尺寸（正方形除外）	最大面积/m^2	正方形边长最大尺寸
3	6	2110	1270	2.4	1270
	9～12	2110	1271	2.4	1270
4	6	2420	1300	2.86	1300
	9～10	2440	1300	3.17	1300
	12～20	2440	1300	3.17	1300
5	6	3000	1750	4.00	1750
	9～10	3000	1750	4.80	2100
	12～20	3000	1815	5.10	2100
6	6	4550	1980	5.88	2000
	9～10	4550	2280	8.54	2440
	12～20	4550	2440	9.00	2440
10	6	4270	2000	8.54	2440
	9～10	5000	3000	15.00	3000
	12～20	5000	3160	15.90	3250
12	12～20	5000	3180	15.90	3250

三、要求

1. 材料

中空玻璃所用材料应满足中空玻璃制造和性能要求。

（1）玻璃　可采用平板玻璃、夹层玻璃、钢化玻璃、半钢化玻璃、着色玻璃、镀膜玻璃和压花玻璃等。平板玻璃应符合 GB 11614—2009 的规定，夹层玻璃应符合 GB 15763.3—2009 的规定，钢化玻璃应符合 GB/T 15763.2—2005 的规定，半钢化玻璃应符合 GB 17841—2008 的规定。其他品种玻璃应符合相应标准或由供需双方商定。

（2）密封胶　应满足以下要求：

1）中空玻璃用弹性密封胶应符合 JC/T 486—2001 的规定。

2）中空玻璃用塑性密封胶应符合有关规定。

（3）胶条　用塑性密封胶制成的含有干燥剂和波浪型铝带的胶条，其性能应符合相应标准。

（4）间隔框　使用金属间隔框时应去污或进行化学处理。

（5）干燥剂　干燥剂质量、性能应符合相应标准。

2. 尺寸偏差

（1）中空玻璃的长度及宽度允许偏差见表10-16。

表 10-16 中空玻璃的长度及宽度允许偏差　　　单位：mm

长（宽）度 L	允许偏差
$L<1000$	±2
$1000 \leqslant L<2000$	+2，−3
$L \geqslant 2000$	±3

(2) 中空玻璃厚度允许偏差见表 10-17。

表 10-17　中空玻璃厚度允许偏差　　　　　　　　　　　单位：mm

公 称 厚 度	允 许 偏 差
$L<17$	±1.0
$17 \leqslant L<22$	±1.5
$L \geqslant 22$	±2.0

注：中空玻璃的公称厚度为玻璃原片的公称厚度与间隔层厚度之和。

（3）中空玻璃两对角线之差　正方形和矩形中空玻璃对角线之差应不大于对角线平均长度的 0.2%。

（4）中空玻璃的胶层厚度　单道密封胶层厚度为 10mm±2mm，双道密封外层密封胶层厚度为 5～7mm（见图 10-15），胶条密封胶层厚度为 8mm±2.0mm（见图 10-16），特殊规格或有特殊要求的产品由供需双方商定。

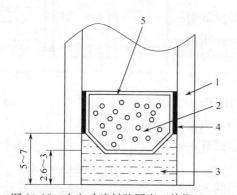

图 10-15　中空玻璃封胶厚度（单位：mm）
1—玻璃；2—干燥剂；3—外层密封胶；4—内层密封胶；5—内隔框

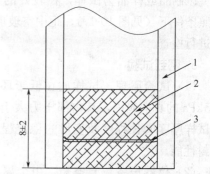

图 10-16　中空玻璃胶条厚度（单位：mm）
1—玻璃；2—胶条；3—铝带

（5）其他规格和类型的尺寸偏差由供需双方协商决定。

3. 外观

中空玻璃不得有妨碍透视的污迹、夹杂物及密封胶飞溅现象。

4. 密封性能

20 块 4mm+12mm+4mm 试样全部满足以下两条规格为合格：①在试验压力低于环境气压 10kPa±0.5kPa 下，初始偏差必须≥0.8mm；②在该气压下保持 2.5h 后，厚度偏差的减少应不超过初始偏差的 15%。

20 块 5mm+9mm+5mm 试样全部满足以下两条规定为合格：①在试验压力低于环境气压 10kPa±0.5kPa 下，初始偏差必须≥0.5mm；②在该气压下保持 2.5h 后，厚度偏差的减少应不超过初始偏差的 15%。

其他厚度的样品供需双方商定。

5. 露点

20 块试样露点均≤－40 度为合格。

6. 耐紫外线照射性能

两块试样紫外线照射 168h，试样内表面上均无结雾或污染的痕迹、玻璃原片无明显错位和产生胶条蠕变为合格。如果有 1 块或两块试样不合格，可另取两块备用试样重新试验，两块试样均满足要求为合格。

7. 气候循环耐久性能

试样经循环后进行露点测试。4 块试样露点≤－40 度为合格。

8. 高温高湿耐久性能

试样经循环试验后进行露点测试。8 块试样露点≤－40 度为合格。

四、试验方法

1. 尺寸偏差

中空玻璃长、宽、对角线和胶层厚度用钢卷尺测量。

中空玻璃厚度用精度为 0.01mm 的外径千分尺或具有相同精度的仪器，在距玻璃板边 15mm 内的四边中点测量。测量结果的算术平均值即为厚度值。

2. 外观

以制品或样品为试样，在较好的自然光线或散射光照条件下（见图 10-17），距中空玻璃正面 1m，用肉眼进行检查。

3. 密封试验

（1）试验原理　试样放在低于环境气压 10kPa±0.5kPa 的真空箱内，其内部压力大于箱内压力，以测量试样厚度增长程度及变形的稳定程度来判定试样的密封性能。

（2）仪器设备　真空箱：由金属材料制成的能达到试验要求真空度的箱子。真空箱内装有测量厚度变化的支架和百分表，支点位于试样中部（见图 10-18）。

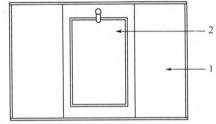
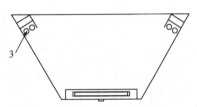

图 10-17　中空玻璃外观观察箱
1—箱体；2—试样；3—日光灯

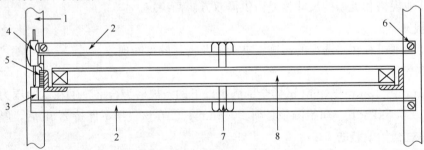

图 10-18　中空玻璃密封试验装置
1—主框架；2—试样支架；3—触点；4—百分表；5—弹簧；6—枢轴；7—支点；8—试样

（3）试验条件　试样为 20 块与制品在同一工艺条件下制作的尺寸为 510mm×360mm 的样品，实验在 23℃±2℃，相对湿度 30%～75% 的环境中进行。实验前全部试样在该环境放置 12h 以上。

（4）试验步骤

1）将试样分批放入真空箱内，安装在装有百分表的支架中。

2）把百分表调整到零点或记下百分表初始读数。

3）试验时把真空箱内压力降到低于环境气压10kPa±0.5kPa，在达到低压后5～10min内记下百分表读数，计算出厚度初始偏差。

4）保持低压2.5h后，在5min之内再记下百分表读数，计算出厚度偏差。

4. 露点试验

（1）试验原理　放置露点仪后玻璃表面局部冷却，当达到一定温度后，内部水汽在冷却点部位结露，该温度为露点。

（2）仪器设备

1）露点仪：测量管的高度为300mm，测量表面直径为ϕ50mm（见图10-19）；

2）温度计：测量范围为-80～30℃，精度为1℃。

（3）试验条件　试样为制品或20块与制品在同一条件下制作的尺寸为510mm×360mm的样品，试验在温度23℃±2℃，相对湿度30%～75%的条件下进行。试验前将全部试样在该环境条件下放置一周以上。

（4）试验步骤

1）向露点仪的容器中注入深约25mm的乙醇或丙酮，再加入干冰，使其温度冷却到等于或低于-40℃并在试验中保持该温度。

2）将试样水平放置，在上表面涂一层乙醇或丙酮，使露点仪与该表面紧密接触，停留时间按表10-18的规定。

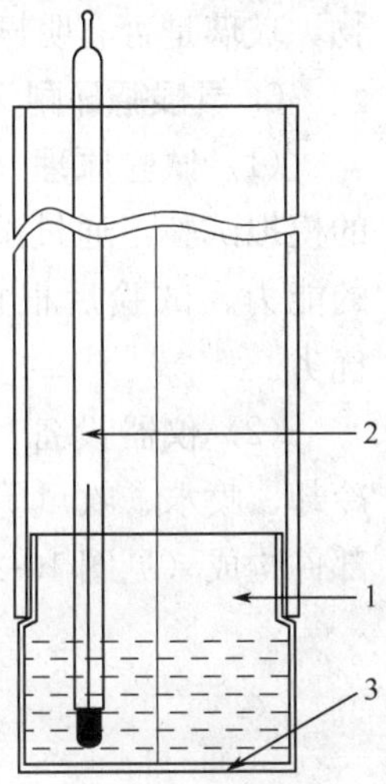

图10-19　露点仪
1—铜槽；2—温度计；
3—测量面

表10-18　原片玻璃厚度与停留时间

原片玻璃厚度/mm	接触时间/min	原片玻璃厚度/mm	接触时间/min
≤4	3	8	7
5	4	≥10	10
6	5		

3）移开露点仪，立刻观察玻璃试样的内表面上有无结露或结霜。

5. 耐紫外线辐照试验

（1）试验原理　此项试验是检验中空玻璃耐紫外线辐照性能，照射后密封胶如果有有机物、水等挥发物，通过冷却水盘可以把这些物质吸附到玻璃内表面。并检验试样在紫外线辐照下胶条蠕变情况。

（2）仪器设备

1）紫外线试验箱：箱体尺寸为560mm×560mm×560mm，内装由紫铜板制成的ϕ150mm的冷却盘两个（见图10-20）。

2）光源为MLU型300W紫外线灯，电压为220V±5V，其输出功率不低于40W/m²，每次试验前必须用照度计检查光源输出功率。

3）试验箱内温度为50℃±3℃。

（3）试验条件　试样为4块（2块试验，2块备用）与制品在同一工艺条件下制作的尺寸为510mm×360mm的样品。

（4）试验步骤

1）在试验箱内放2块试样，试样放置如图10-20所示，试样中心与光源相距300mm，在每块试样中心表面各放置冷却板,然后连续通水冷却,进口水温保持在16℃±2℃,冷却板进出口水温相差不得超过2℃。

2)紫外线连续照射168h后,把试样移出放到23℃±2℃温度下存放一周,然后擦净表面。

3)观察试样的内表面有无雾状、油状或其他污物,玻璃是否有明显错位、胶条有无蠕变。

6. 气候循环耐久性试验

(1)试验原理 此项试验是加速户外自然条件的模拟试验,通过试验来考验试样耐户外自然条件的能力。试验后根据露点测试来确定该项性能的优劣。

(2)仪器设备 气候循环试验装置:由加热、冷却、喷水、吹风等能够达到模拟气候变化要求的部件构成(见图10-21)。

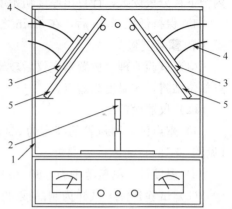

图10-20 中空玻璃紫外线试验箱
1—箱体;2—光源;3—冷却盘;
4—冷却水管;5—试样

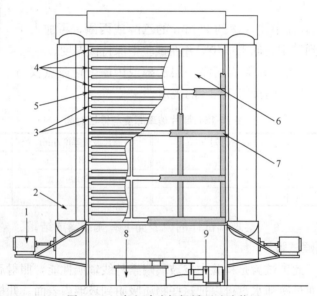

图10-21 中空玻璃气候循环试验装置
1—风扇电机;2—风道;3—加热器;4—冷却管;5—喷水管;6—试样;7—试样框架;8—水槽;9—水渠

(3)试验条件 试样为6块(4块试验,2块备用)与制品在同一条件下制作的尺寸为510mm×360mm未经试验的中空玻璃。试验在温度23℃±2℃,相对湿度30%~75%的条件下进行。

(4)试验步骤

1)将4块试样装在气候循环装置的框架上,试样的一个表面暴露在气候循环条件下,另一表面暴露在温度环境下,安装时注意不要使试样产生机械应力。

2)气候循环试验进行320个连续循环,每个循环周期分为三个阶段。

加热阶段:时间为90min±1min,在60min±30min内加热到52℃±2℃,其余时间保温。

冷却阶段:时间为90min±1min,冷却25min后用24℃±3℃的水向试样表面喷5min,

其余时间通风冷却。

制冷阶段：时间为90min±1min，在60min±30min内将温度降低到-15℃±2℃，其余时间保温。

最初50个循环里最多允许2块试样破裂，可用备用试样更换，更换后继续试验。更换后的试样再进行320次循环试验。

3) 完成320次循环试验后，移出试样，在23℃±2℃和相对湿度30%~75%的条件下放置一周，然后测量露点。

7. 高温高湿耐久性试验

(1) 试验原理　此项试验是检验中空玻璃在高温高湿环境下的耐久性能，试样经高温高湿及温度变化产生热胀冷缩，强制水汽进入试样内部，试验后根据露点测试确定该项性能的优劣。

(2) 仪器设备　高温高湿试验箱（见图10-22）：由加热、喷水装置构成。

(3) 试验条件　试样为10块（8块试验、2块备用）与制品在同一工艺条件下制作的尺寸为510mm×360mm、未经试验的中空玻璃，放置在相对湿度大于95%的高温高湿试验箱内，在箱壁和隔板之间连续喷水，使温度在25℃±3℃~55℃±3℃之间有规律变动。

(4) 试验步骤

1) 试验进行224次循环，每个循环分为两个阶段。

加热阶段：时间为140min±1min，在90min±1min内将箱内温度升高到55℃±3℃，其余时间保温。

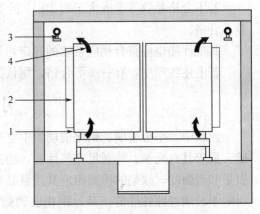

图10-22　中空玻璃高温高湿试验箱
1—试样；2—隔板；3—喷水嘴；4—喷射产生的气流

冷却阶段：时间为40min±1min，在30min±1min内将箱内温度降低到25℃±3℃，其余时间保温。

2) 试验最初50个循环里最多允许有2块试样破裂，可以更换后继续试验。更换后的试样再进行224次循环试验。

3) 完成224次循环后移出试样，在温度23℃±2℃，相对湿度30%~75%的条件下放置一周，然后测量露点。

五、检验规则

1. 组批和抽样

(1) 组批：采用同一工艺条件下生产的中空玻璃，500块为一批。

(2) 产品的外观、尺寸偏差按表10-19从交货批中随机抽样进行检验。

表10-19　中空玻璃组批和抽样

批量范围	抽验数	合格判定数	不合格判定数
1~8	2	1	2
9~15	3	1	2

续表

批 量 范 围	抽 验 数	合格判定数	不合格判定数
16~25	5	1	2
26~50	8	2	3
51~90	13	3	4
91~150	20	5	6
151~280	32	7	8
281~500	50	10	11

对于产品所要求的其他技术性能，若用制品检验时，根据检验项目所要求的数量从该批产品中随机抽取。

2. 判定规则

若不合格品数等于或大于表10-19的不合格判定数，则认为该批产品外观质量、尺寸偏差不合格。

其他性能也应符合相应条款的规定，否则认为该项不合格。

若上述各项中，有一项不合格，则认为该批产品不合格。

小 结

建筑中，平板玻璃、钢化玻璃、中空玻璃得到广泛应用。平板玻璃是其它玻璃生产的基础，要求具有光学、外观尺寸等性能，通过尺寸偏差、对角线等、厚度偏差、厚薄差、外观质量和弯曲度、缺陷的检测确定其质量品质。钢化玻璃和中空玻璃是经过热处理及其它工艺而赋予玻璃特殊性能的产品，钢化玻璃侧重于安全要求，中空玻璃侧重于密封保温性能及检测。

自 测 练 习

1. 简述平板玻璃技术指标。
2. 简述钢化玻璃技术指标。
3. 简述中空玻璃技术指标。

项目十一　建筑石膏制品技术要求及检测

> **知识目标**

1. 了解各种石膏板的性能
2. 掌握建筑石膏制品的检测步骤
3. 掌握各种建筑石膏板的技术要求和试验方法

> **能力目标**

1. 能处理建筑石膏的类别和质量
2. 能合理应用各种建筑石膏
3. 能操作各种建筑石膏板的检测试验

石膏主要成分是硫酸钙。在自然界中硫酸钙以两种稳定形态存在，一种是未水化的，叫天然无水石膏（$CaSO_4$）；另一种水化程度最高的，叫二水石膏（$CaSO_4 \cdot 2H_2O$）。生石膏即二水石膏（$CaSO_4 \cdot 2H_2O$），又称天然石膏。熟石膏是将生石膏加热至107～170℃时，部分结晶水脱出，即成半水石膏。若温度升高至190℃以上，则可完全失水，变成硬石膏，即无水石膏（$CaSO_4$）。半水石膏和无水石膏统称熟石膏。熟石膏品种很多，建筑上常用的有建筑石膏、模型石膏、地板石膏、高强石膏四种，这里主要介绍建筑石膏。

建筑石膏是将天然二水石膏等原材料在一定温度下（一般107～170℃）煅烧成熟石膏，再经磨细而成的白色粉状物，其主要成分是β型半水硫酸钙（$CaSO_4 \cdot 1/2H_2O$）。

任务1　装饰石膏制品的技术要求

一、装饰石膏板的技术要求

1. 定义

装饰石膏板是以建筑石膏为主要原料，掺入适量纤维增强材料和外加剂，与水一起搅拌成均匀的料浆，经浇注成型、干燥而成的不带护面纸的装饰板材。

2. 分类

（1）根据板材正面形状和防潮性能的不同，其分类为普通板、防潮板、平板、孔板、浮雕板。

（2）形状　装饰石膏板为正方形，其棱边断面形式有直角型和倒角型两种。

（3）规格　装饰石膏板的规格为两种：500mm×500mm×9mm，600mm×600mm×11mm。其他形状和规格的板材，由供需双方商定，但其质量应符合本标准要求。

3. 产品标记

(1) 标记方法　标记顺序为：产品名称，板材分类代号，板的边长及标准号。

(2) 标记示例　板材尺寸为 500mm×500mm×9mm 的防潮孔板：装饰石膏板 FK500JC/T 799。

二、普通纸面石膏板的技术要求

1. 定义、分类、特点及用途

(1) 定义　纸面石膏板是以建筑石膏为主要原料，掺入适量添加剂与纤维做板芯，以特制的板纸为护面，经加工制成的板材。纸面石膏板具有重量轻、隔声、隔热、加工性能强、施工方法简便的特点。象牙白色板芯，灰色纸面，是最为经济与常见的品种。适用于无特殊要求的使用场所，使用场所连续相对湿度不超过 65％。因为价格的原因，很多人喜欢使用 9.5mm 厚的普通纸面石膏板来做吊顶或隔墙，但是由于 9.5mm 普通纸面石膏板比较薄，强度不高，在潮湿条件下容易发生变形，因此建议选用 12mm 以上的石膏板。同时，使用较厚的板材也是预防接缝开裂的一个有效手段。

(2) 分类

1) 形状　普通纸面石膏板的棱边有矩形（代号 PJ）、45°倒角形（代号 PD）、楔形（代号 PC）、半圆形（代号 PB）和圆形（代号 PY）五种。板的端头则是与棱边相垂直的平面。

2) 规格尺寸

(a) 长度：为 1800mm、2100mm、2400mm、2700mm、3000mm、3300mm 和 3600mm。

(b) 宽度：为 900mm 和 1200mm。

(c) 厚度：为 9mm、12mm、15mm 和 18mm。

注：可根据用户要求，生产其他规格尺寸的板材。但其质量应符合本标准要求。

3) 产品标记　标记的顺序为：产品名称，板材棱边形状的代号，板宽，板厚及标准号。

(3) 性能特点

1) 生产能耗低，生产效率高。生产同等单位的纸面石膏板的能耗比水泥节省 78％。且投资少生产能力大，工序简单，便于大规模生产。

2) 轻质。用纸面石膏板作隔墙，重量仅为同等厚度砖墙的 1/15，砌块墙体的 1/10，有利于结构抗震，并可有效减少基础及结构主体造价。

3) 保温隔热。纸面石膏板板芯 60％左右是微小气孔，因空气的热导率很小，因此具有良好的轻质保温性能。

4) 防火性能好。由于石膏板板芯本身不燃，且遇火时在释放化合水的过程中会吸收大量的热，延迟周围环境温度的升高，因此，纸面石膏板具有良好的防火阻燃性能。经国家防火检测中心检测，纸面石膏板隔墙耐火极限可达 4h。

5) 隔音性能好。采用单一轻质材料，如加气混凝土、膨胀珍珠岩板等构成的单层墙体，其厚度很大时才能满足隔声的要求，而纸面石膏板隔墙具有独特的空腔结构，具有很好的隔声性能。

6) 装饰功能好。纸面石膏板表面平整，板与板之间通过接缝处理形成无缝表面，表面可直接进行装饰。

7) 加工方便，可施工性好。纸面石膏板具有可钉、可刨、可锯、可粘的性能，用于室内装饰，可取得理想的装饰效果，仅需裁制刀便可随意对纸面石膏板进行裁切，施工非常方便，用它做装饰材料可极大的提高施工效率。

8) 舒适的居住功能。由于石膏板的孔隙率较大，并且孔结构分布适当，所以具有较高的透气性能。当室内湿度较高时，可吸湿；而当空气干燥时，又可放出一部分水分。因而石膏板对室内湿度起到一定的调节作用，国外将纸面石膏板的这种功能称为"呼吸"功能，正是由于石膏板具有这种独特的"呼吸"性能，可在一定范围内调节室内湿度，使居住条件更舒适。

9) 绿色环保。纸面石膏板采用天然石膏及纸面作为原材料，决不含对人体有害的石棉（绝大多数的硅酸钙类板材及水泥纤维板均采用石棉作为板材的增强材料）。

10) 节省空间。采用纸面石膏板作墙体，墙体厚度最小可达74mm，且可保证墙体的隔音、防火性能。

（4）用途　纸面石膏板具有质轻、防火、隔音、保温、隔热，加工性良好（可刨、可钉、可锯），施工方便，可拆装性能好，增大使用面积等优点，因此广泛用于各种工业建筑、民用建筑，尤其是在高层建筑中可作为内墙材料和装饰装修材料。如：用于框架结构中的非承重墙、吊顶、内墙贴面、天花板、吸声板等。

2. 普通纸面石膏板的技术要求

（1）使用条件　普通纸面石膏板主要用作室内墙体和吊顶，但在厨房、厕所以及空气相对湿度经常大于70%的潮湿环境中使用时，必须采取相应的防潮措施。

（2）外观质量　普通纸面石膏板板面应平整，对于波纹、沟槽、污痕和划伤等缺陷，按规定方法检测时，应符合规定。

（3）尺寸　允许有偏差，楔形棱边深度及宽度应符合表11-1的规定。

表11-1　板　材　尺　寸　　　　　　　　　　　　单位：mm

项　　目	优 等 品	一 等 品	合 格 品
长度	0 −5	0 −6	
宽度	0 −4	0 −5	0 −6
厚度	±0.5	±0.6	±0.8
楔形棱边深度	0.6～2.5		
楔形棱边宽度	40～80		

（4）含水率　板材的含水率不大于表11-2规定的数值。

表11-2　板材含水率　　　　　　　　　　　　　　单位：%

优等品、一等品		合　格　品	
平均值	最大值	平均值	最大值
2.0	2.5	3.0	3.5

（5）单位面积重量　板材单位面积重量不大于表11-3规定的数值。

表 11-3 普通纸面石膏板板材单位面积重量平均值和最大值　　　单位：kg/m²

板材厚度/mm	优等品		一等品		合格品	
	平均值	最大值	平均值	最大值	平均值	最大值
9	8.5	9.5	9.0	10.0	9.5	10.5
12	11.5	12.5	12.0	13.0	12.5	13.5
15	14.5	15.5	15.0	16.0	15.5	16.5
18	17.5	18.5	18.0	19.0	18.5	19.5

（6）断裂荷载　板材的纵向断裂荷载平均值及最小值不低于表 11-4 规定的数值。

表 11-4 普通纸面石膏板板材的纵向断裂荷载平均值及最小值　　单位：N（kgf）

板材厚度/mm	优等品		一等品、合格品	
	平均值	最大值	平均值	最大值
9	392 （40.0）	353 （36.0）	353 （36.0）	318 （32.4）
12	539 （55.0）	485 （49.0）	690 （50.0）	411 （45.4）
15	686 （70.0）	617 （63.0）	637 （65.0）	573 （58.5）
18	833 （85.0）	750 （76.5）	784 （80.0）	706 （72.4）

板材的横向断裂荷载平均值及最小值不低于表 11-5 规定的数值。

表 11-5 普通纸面石膏板板材的横向断裂荷载平均值及最小值　　单位：N（kgf）

板材厚度/mm	优等品		一等品、合格品	
	平均值	最大值	平均值	最大值
9	167 （17.0）	150 （15.3）	137 （14.0）	123 （12.6）
12	206 （21.0）	185 （18.9）	176 （18.0）	150 （16.2）
15	294 （300）	229 （23.4）	216 （22.0）	194 （19.8）
18	833 （85.0）	265 （27.0）	255 （26.0）	229 （23.4）

（7）护面纸与石膏芯的粘接　纸面石膏板护面纸与石膏芯的粘接，按规定的方法测定时，优等品与一等品石膏芯的裸露面积不得大于零，合格品不得大于 3.0mm²。

三、吸声用穿孔石膏板的技术要求

1. 吸声用穿孔石膏板的分类和标记

(1) 棱边形状　板材棱边形状分为直角型和倒角型两种。

(2) 规格尺寸

1) 边长　边长规格为500mm×500mm和600mm×600mm。

2) 厚度　厚度规格为9mm和12mm。

3) 孔径、孔距与穿孔率　见表11-6。

表11-6　孔径、孔距与穿孔率

孔径/mm	孔距/mm	穿孔率	
		孔眼正方形排列	孔眼三角形排列
φ6	18	8.7	10.1
	22	5.8	6.7
	24	4.9	5.7
φ8	22	10.4	12.0
	24	8.7	10.1
φ10	24	13.6	15.7

4) 其他形状和规格的板材，由供需双方商定，但其质量指标应符合本标准规定。

(3) 基板与背覆材料　根据板材的基板不同与有无背覆材料，其分类和标记见表11-7。

表11-7　基板与背覆材料

基板与代号	背覆材料代号	板类代号
装饰石膏板 K	无背覆材料 W	WK、YK
纸面石膏板 C	有背覆材料 Y	WC、YC

(4) 标记

1) 标记方法　标记顺序为：产品名称、背覆材料、基板类型、边长、厚度、孔径与孔距和本标准号。

2) 标记示例　示例：有背覆材料、边长600mm×600mm、厚度12mm、孔径6mm、孔距18mm的吸声用穿孔纸面石膏板，标记为：吸声用穿孔纸面石膏板　YC　600×12-φ6/18　JC/T 803—2007。

2. 吸声用穿孔石膏板的技术要求

(1) 使用条件　吸声用穿孔石膏板主要用于室内吊顶和墙体的吸声结构中。在潮湿环境中使用或对耐火性能有较高要求时，则应采用相应的防潮、耐水或耐火基板。

(2) 外观质量

1) 吸声用穿孔石膏板不应有影响使用和装饰效果的缺陷。对以纸面石膏板为基板的板材不应有破损、划伤、污痕、凹凸、纸面剥落等缺陷；对以装饰石膏板为基板的板材不应有裂纹、污痕、气孔、缺角、色彩不均匀等缺陷。

2) 穿孔应垂直于板面。

(3) 尺寸允许偏差　应符合表 11-8 的规定。

表 11-8　吸声用穿孔石膏板尺寸允许偏差　　　　　　单位：mm

项　目	技 术 指 标
边长	+1
	−2
厚度	±1.0
不平度	≤2.0
直角偏离度	≤1.2
孔径	±0.6
孔距	±0.6

(4) 含水率　板材的含水率应不大于表 11-9 中的规定值。

表 11-9　吸声用穿孔石膏板含水率　　　　　　单位：%

技术指标	平均值	2.5
	最大值	3.0

(5) 断裂荷载　板材的断裂荷载应小于表 11-10 中的规定值。

表 11-10　吸声用穿孔石膏板断裂荷载　　　　　　单位：N

孔径/孔距（mm）	厚度/mm	技 术 指 标	
		平均值	最小值
ϕ6/18 ϕ6/22 ϕ6/24	9	130	117
	12	150	135
ϕ8/22 ϕ824	9	90	81
	12	100	90
ϕ10/18	9	80	72
	12	90	81

(6) 护面纸与石膏芯的粘接　以纸面石膏板为基板的板材，护面纸与石膏芯的粘接按规定的方法测定时，不允许石膏芯裸露。

四、嵌装式装饰石膏板的技术要求

1. 定义及产品分类

(1) 定义　嵌装式装饰石膏板是以建筑石膏为主要原料，渗入适量的纤维增强材料和外加剂，与水一起搅拌成均匀的料浆，经浇注成型、干燥而成的不带护面纸的板材。板材背面四边加厚，并带有嵌装企口，板材正面可为平面、带孔或带浮雕图案。代号为 QZ。

铺设高度为板材边部正面与龙骨安装面之间的垂直距离。

(2) 产品分类

1) 形状　嵌装式装饰石膏板为正方形，其棱边断面形式有直角型和倒角型。

2) 规格　嵌装式装饰石膏板的规格为：边长 600mm × 600mm，边厚大于 28mm；边长 500mm×500mm，边厚大于 25mm。

其他形状和规格的板材，由供需双方商定，但其质量指标应符合本标准规定。

3) 产品标记

(a) 标记方法　标记顺序为：产品名称、代号、边长和标准号。

(b) 标记示例　边长尺寸为 600mm×600mm 的嵌装式装饰石膏板：嵌装式装饰石膏板　QZ　600　JC/T 800。

2. 技术要求

(1) 外观质量　嵌装式装饰石膏板正面不得有影响装饰效果的气孔、污痕、裂纹、缺角、色彩不均和图案不完整等缺陷。

(2) 尺寸允许偏差、不平度和直角偏离度　板材边长（L）、铺设高度（H）和厚度（S）（图11-1）的允许偏差、不平度和直角偏离度（δ）应符合表11-11的规定。

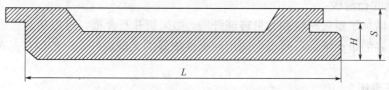

图 11-1　嵌装式装饰石膏板产品构造示意图

表 11-11　嵌装式装饰石膏板尺寸允许偏差、不平度和直角偏离度　　单位：mm

项　目		优 等 品	一 等 品	合 格 品
边长 L		±1		
铺设高度 H		±0.5	±1.0	±1.5
边厚 S	$L=500$	25		
	$L=600$	28		
不平度		1.0	2.0	3.0
直角偏离度 δ		±1.0	±1.2	±1.5

(3) 单位面积重量　板材单位面积重量的平均值应不大于 16.0kg/m²，单个最大值应不大于 18.0kg/m²。

(4) 含水率　板材必须经过干燥，其含水率应不大于表 11-12 规定值。

表 11-12　嵌装式装饰石膏板板材含水率　　单位：%

等　级	优 等 品	一 等 品	合 格 品
平均值	2.0	3.0	4.0
最大值	3.0	4.0	5.0

(5) 断裂荷载　板材必须具有足够的机械强度，其断裂荷载值应不小于表 11-13 规定值。

表 11-13　嵌装式装饰石膏板板材断裂荷载值　　　　　　单位：N（kgf）

等　　级	优　等　品	一　等　品	合　格　品
平均值	196（20.0）	176（18.0）	157（16.0）
最小值	176（18.0）	157（16.0）	127（13.0）

（6）对吸声板的附加要求　嵌装式吸声石膏板必须具有一定的吸声性能，125、250、500、1000、2000Hz 和 4000Hz 六个频率混响室法平均吸声系数 $a_s \geqslant 0.3$。

对于每种吸声石膏板产品必须附有贴实和采用不同构造安装的吸声频谱曲线。穿孔率、孔洞形式和吸声材料种类由生产厂自定。

五、其他石膏制品板材的技术要求

1. 耐水纸面石膏板

其板芯和护面纸均经过了防水处理，根据国标的要求，耐水纸面石膏板的纸面和板芯都必须达到一定的防水要求（表面吸水量不大于 160g，吸水率不超过 10%）。耐水纸面石膏板适用于连续相对湿度不超过 95% 的使用场所，如卫生间、浴室等。

2. 耐火纸面石膏板

其板芯内增加了耐火材料和大量玻璃纤维，如果切开石膏板，可以从断面处看见很多玻璃纤维。质量好的耐火纸面石膏板会选用耐火性能好的无碱玻纤，一般的产品都选用中碱或高碱玻纤。

3. 防潮石膏板

具有较高的表面防潮性能，表面吸水率小于 $160g/m^2$，防潮石膏板用于环境潮度较大的房间吊顶、隔墙和贴面墙。

六、合格评定规划

1. 检验内容

产品出厂必须进行出厂检验。对于普通板，试验项目包括外观、尺寸偏差、不平度、直角偏离度、单位面积重量、含水率和断裂荷载；对于防潮板，试验项目除与普通板相同外，还应包括吸水率和受潮挠度二项。

2. 抽样

以 500 块同品种、同规格、同型号的板材为一批，不足 500 块板时也按一批计。从每批中按规定的数量随机抽取试样。

3. 判定规则

（1）对于板材的外观、边长、厚度、不平度、直角偏离度指标，其中有一项不合格，即为不合格板。3 块板中不合格板多于 1 块时，该批产品判为批不合格。

（2）对于板材的单位面积重量、含水率、吸水率、断裂荷载和受潮挠度指标，3 块板均需全部合格，否则该批产品判为批不合格。

（3）对于判为不合格的批，允许重新抽取两组试样，对不合格的项目进行重检，重检结果的判定规则同（1）和（2）。如该两组试样均合格，则判为批合格；如仍有一组试样不合格，则判为批不合格。

4. 复验规则

（1）用户有权按本标准对产品质量进行复验。对于板材的边长、厚度、铺设高度、不平度、直角偏离度以及外观质量指标，应在生产厂内进行复验；对于板材的含水率、单位面积重量、断裂荷载指标，可以在生产厂内也可在买方处进行复验；对于嵌装式吸声石膏板的吸声系数，应在专门的试验单位进行复验。复验应在购货合同生效后或买方收到货后十天内进行。

（2）买卖双方如对复验结果有争议，可以委托双方同意的仲裁单位，按本标准对产品进行仲裁试验。

任务 2　建筑石膏制品的质量检测

以 3 块整板作为一组试样，用于检查和测定外观质量、尺寸偏差、不平度、直角偏离度、含水率、单位面积重量和断裂荷载。另外以 10m² 为一组试样，作为吸声系数的测定。

试件的处理：用于单位面积重量和断裂荷载测定的试件，应预先放入电热鼓风干燥箱中，在 40℃±2℃ 的条件下烘干至恒重（试件在 24h 内的重量变化小于 5g 时即为恒重），并在不吸湿的条件下冷却至室温，然后进行试验。

一、外观质量检测

在距试件 0.5m 处光照明亮的条件下，对 3 块试件的正面逐个进行目测检查，记录每个试件影响装饰效果的气孔、污痕、裂纹、缺角、色彩不均和图案不完整等缺陷。

二、边长检测

用钢直尺测量试件正面边部的长度，精确至 1mm。计算每个试件四个边长的平均值。

三、厚度检查

厚度指不包括棱边倒角、孔洞和浮雕图案在内的板材正面和背面间的垂直距离。

在边长中点离板边 30mm 处布置四个测点（见图 11-2），用板厚测定仪测定试件的厚度，精确至 1mm。

计算每个试件四个测点的平均值作为试件的厚度。

四、平面度检测

用钢直尺立放在板材正面二对角线上，用塞尺测量板面和钢直尺之间的最大间隙，作为试件的不平度，精确至 0.1mm。

若因图案影响测量时，钢直尺立放位置可选择对称轴或板材边部。

五、直角偏离度的检测

直角偏离度指板材相邻两棱边偏离直角的程度，以两对角线的差值表示。

测定时，将试件的一边紧贴直角尺的一直角边，用塞尺测量试件相邻一边端部和角尺另一边之间的间隙（见图 11-3），精确至 0.1mm。记录四个值中的最大偏离值作为试件的直角偏离度。

六、含水率的检测

称量每个试件的质量 G_1，然后按条件处理试件。称量干燥至恒重后的试件质量 G_2，精确至 5g。

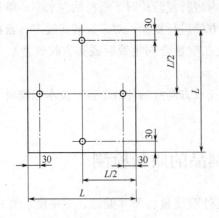

图 11-2 石膏板厚度测点位置

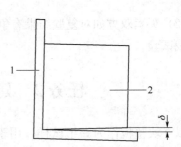

图 11-3 石膏板直角偏离度测定方法示意图
1—直角尺；2—板材

试件的含水率按下式计算：

$$W = (G_1 - G_2)/G_2 \times 100\% \tag{11-1}$$

式中 W——试件的含水率，%；

G_1——试件干燥前质量，g；

G_2——试件干燥后质量，g。

计算 3 个试件含水率的平均值，并记录其中的最大值，精确至 0.1%。

七、单位面积质量的检测

用每个试件干燥至恒重后的质量 G_2，以 kg 表示，按板材正面面积折算成单位面积质量（kg·m²）。

计算 3 个试件单位面积质量的平均值，并记录其最大值，精确至 0.1kg/m²。

八、断裂荷载的检测

用测定含水率的 3 个试件，在板材抗折机上测定断裂荷载。

试验时，将试件正面向下，平放在板材抗折机两个平行的圆形支承辊上，其跨距（B）为边长（L）减去 50mm，在跨距中央，通过平行于支承辊的圆形加载辊施加荷载（见图 11-4）。加载速度为 (10±1) N/s [(1.0±0.1) kgf/s]，直至试件断裂。

计算 3 个试件断裂荷载的平均值，并记录其单个最小值，精确至 1N。

九、受潮挠度的检测

将规定的 3 块试件按要求烘干至恒重，然后将每块试件正面向下，分别悬放在受潮挠度测定仪试验箱中三个试验架的支座上，支座中心距离为试件长度减去 20mm。在温

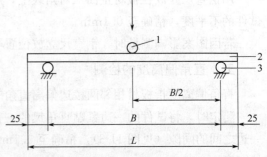

图 11-4 石膏板断裂荷载测定方法示意图
1—加载辊；2—板材；3—支承辊

度为 (32±2)℃，空气相对湿度为 90%±3% 条件下，将试件放置 48h。然后将试件连同试

验架从试验箱中取出,利用专用的测量头,分别测定每个试验架上试件中部的下垂挠度。计算 3 块试件受潮挠度的平均值,并记录其中的最大值,精确至 1mm。

十、吸水率的检测

将 3 块试件预先按规则处理、称重,然后一起浸入水槽,水温控制在（20±3）℃,试件上表面低于水面 30mm,试件不互相紧贴,也不与水槽底部紧贴。在水中浸泡 2h 后,取出试件,用湿毛巾吸去试件表面的水,称重,精确至 5g。试件的吸水率按公式计算,计算出 3 块试件吸水率的平均值,并记录其中的最大值,精确至 0.5%。

小　　结

建筑装饰石膏制品（装饰石膏板、普通纸面石膏板、吸声用穿孔石膏板、嵌装式装饰石膏板、其他石膏制品板材）的技术要求。建筑装饰石膏制品的合格评定规则。建筑石膏制品的质量检测（外观质量、边长、厚度、平面度、直角偏离度、含水率、单位面积质量、断裂荷载、受潮挠度、吸水率）。

自测练习

1. 装饰石膏板的分类是什么？如何标记？
2. 普通纸面石膏板的分类及性能特点是什么？
3. 普通纸面石膏板的技术要求有哪些？
4. 吸声用穿孔石膏板的分类及性能特点是什么？
5. 嵌装式装饰石膏板的分类及性能特点是什么？
6. 简述建筑石膏合格评定标准。

项目十二　建筑涂料性能检测

知识目标

1. 了解合成树脂乳液内、外墙涂料的主要性能指标
2. 掌握合成树脂乳液外墙涂料的性能指标和试验方法

能力目标

1. 能应用合成树脂乳液内墙涂料的主要性能
2. 能合理选用不同类型的合成树脂乳液内、外墙涂料
3. 能操作合成树脂乳液内墙涂料的性能检测试验

涂料是指应用于物体表面而能结成坚韧保护膜的物料的总称，建筑涂料是涂料中的一个重要类别。在我国，一般将用于建筑物内墙、外墙、顶棚、地面、卫生间的涂料称为建筑涂料。建筑涂料作为一种新型的建筑材料，已经开始登上舞台并逐渐成为主角。由于建筑涂料具有装饰和保护作用，与传统的外墙饰面材料（如外墙面砖、瓷砖、马赛克等）相比，具有节能、环保、色彩丰富、易于更新、施工简单等特点，所以得到了大量的应用。

任务1　合成树脂乳液内墙涂料质量检测

一、技术指标要求

对于内墙，人们最关心的是涂料的耐洗刷性，国标也是采用了人工加速检测的方法，目前我国国标的要求是≥300次。

除此之外，检测指标还包括在容器中的状态、施工性、涂膜外观、干燥时间、耐碱性、耐冻融性和涂层耐温变性和抗裂延伸率等。

国内的检测标准比国外发达国家的标准低很多，比如：耐老化性在国外一般要求在500h以上。

《合成树脂乳液内墙涂料》（GB/T 9756—2009）将产品分为两类：合成树脂乳液内墙底漆、合成树脂乳液内墙面漆。同时内墙面漆分为三个等级：合格品、一等品、优等品。

合成树脂乳液内墙涂料技术性能指标含义及作用：

（1）容器中状态：是指涂料在容器中的性状，如是否分层、沉淀、结块、凝胶等现象以及经搅拌后是否能混合成均匀状态，它是最直观的判断外观质量的方法，体现了漆料的开

罐性。

（2）施工性：是指涂料施工的难易程度，用于检查涂料施工是否产生流挂、缩孔、拉丝、涂刷困难等现象。

（3）干燥时间：涂料从流体层形成固体涂膜这段时间称干燥时间，分为表干时间及实干时间。前者是指在规定的干燥条件下，一定厚度的湿涂膜，表面从液态变为固态，但其下仍为液态所需要的时间；后者是指在规定的干燥条件下，从施涂好的一定厚度的液态涂膜形成涂膜所需要的时间。涂料的干燥时间的长短与涂料施工的间隔时间有很大关系，因此施工间隔时间由涂料干燥时间来决定。

（4）遮盖力与对比率：遮盖力是涂膜遮盖底材的能力。它以恰好达到完全遮盖底材的涂布率（g/m^2）来表示。涂料的遮盖力有干遮盖力和湿遮盖力之分。一般所指的遮盖力是湿遮盖力。对比率也是反映涂膜遮盖底材的能力。它是在给湿膜厚度或给定涂布率的条件下，采用反射率测定仪测定在标准黑板和白板上干涂膜反射率之比，该比值称为对比率，它反映的是干遮盖力。而工程中最终使用的是干膜，所以对比率比湿遮盖力更符合实际。

（5）固体含量：涂料所含有的不挥发物质的量，一般用不挥发物的质量百分数表示。

（6）耐洗刷性：涂膜经受皂液、合成洗涤液的清洗（以除去其表面的尘埃、油烟等污物），保持原性能的能力。

（7）耐干擦性：从道理上讲涂料的耐干擦性与耐洗刷性是差不多的，都是考查涂料对于基层墙体的黏附能力如何，只是二者的表现形式不同。耐洗刷性反映的是涂料的湿擦情况下的表现及忍耐能力，而耐干擦性则反映了涂料在没有水的情况下对表面触摸、摩擦的忍耐能力。

（8）耐水性：涂膜对水的作用的抵抗能力，即在规定的条件下，将涂料试板浸泡在蒸馏水中，观察其有无发白、失光、起泡、脱落等现象，以及恢复原状态的难易程度。

（9）附着力：涂料作为一种装饰材料，不仅具有装饰作用，还具有相当的对基层墙体的保护作用，有些甚至具有其他特殊功效，如防火、防水、防静电、防蚊蝇等，但所有这些功能能够发挥作用的前提是涂料能够牢牢地附着在墙体之上，否则一切无从谈起。把涂料对于基层的附着能力称为附着力。涂料的附着力越好，则对于墙体的黏附能力越强。

（10）低温稳定性：合成树脂乳液内墙涂料是以水为稀释剂的，这样当温度下降到0℃以下，涂料结冰就在所难免，而当温度回升后，涂料应该能够重新融化而不变质。不仅如此，它还应该经受几个类似的反复而稳定存在，不出现质的变化，涂料的这种性能就是涂料的低温稳定性。所有合成树脂乳液涂料都应经过3个上述先冻后融的循环而不出现质量问题，这是一个都应该通过的基本性能。

（11）黏度：指涂料的黏稠程度，主要考虑涂料的施工问题，因此要求黏度应控制在一定的范围内。

二、技术指标检测

1. 检测标准依据

目前，技术监督部门对内墙涂料进行检测依据的国家标准主要有《合成树脂乳液内墙涂料》（GB/T 9756—2009）和《室内装饰装修材料　内墙涂料中有害物质限量》（GB 18582—2008）。《合成树脂乳液内墙涂料》（GB/T 9756—2009）主要控制涂料的涂膜性能，检测涂料性能的优劣;《室内装饰装修材料 内墙涂料中有害物质限量》(GB 18582—2008)主要控制涂料健康、环保指标,从健康和环保的角度出发,保护消费者的人身健康。

2. 合成树脂乳液内墙涂料质量检测

(1) 内墙底漆技术要求(见表12-1)。

表 12-1 内墙底漆技术要求

项目	指标
容器中状态	无硬块,搅拌后呈均匀状态
施工性	刷涂无障碍
低温稳定性(3次循环)	不变质
涂膜外观	正常
干燥时间(表干)/h ≤	2
耐碱性(24h)	无异常
抗泛碱性(48h)	无异常

(2) 内墙面漆技术要求见表12-2。

表 12-2 内墙面漆技术要求

项目	指标		
	合格品	一等品	优等品
容器中状态	无硬块,搅拌后呈均匀状态		
施工性	刷涂二道无障碍		
低温稳定性(3次循环)	不变质		
涂膜外观	正常		
干燥时间(表干)/h ≤	2		
对比率(白色和浅色)≥	0.90	0.93	0.95
耐碱性(24h)	无异常		
耐洗刷性/次 ≥	300	1000	5000

(3)《室内装饰装修材料 内墙涂料中有害物质限量》(GB 18582—2008)

1) 产品中的挥发性有机物(VOC)含量应小于200g/L。

2) 产品生产过程中,不得人为添加含有重金属的化合物,总含量应小于90mg/kg(以铅计)。

3) 产品生产过程中不得人为添加甲醛及甲醛的聚合物,含量应小于100mg/kg。

任务2 合成树脂乳液外墙涂料质量检测

一、技术指标要求

对于外墙,人们比较关心的是涂料的耐老化性,因为外墙涂料暴露在大气中,受到严峻的环境考验,需要有良好的耐老化性,国标的检测采用氙灯人工加速老化的方法来检测。这种方法模拟了天气环境变化对涂料的损耗，现行的标准是：合格品为200h；一级品是250h。

合成树脂乳液外墙涂料技术性能指标含义及作用：

（1）耐碱性：涂膜对碱侵蚀的抵抗能力。即在规定的条件下，将涂料试板浸泡在一定浓度的碱液中，观察其有无发白、失光、起泡、脱落等现象。

（2）贮存稳定性：指涂料产品在正常的包装状态及贮存条件下，经过一定的贮存期限后，产品的物理及化学性能仍能达到原规定的使用性能。包括常温贮存稳定性，热贮存稳定性（50℃或60℃），低温（-5℃±2℃）贮存稳定性等。

（3）涂层耐温变性：涂层经受冷热交替的温度变化而保持原性能的能力。涂层经过冻融循环后，观察涂层表面有无粉化、起泡、开裂、剥落等。

（4）耐候性：涂膜抵抗阳光、雨露、风、霜气候条件的破坏作用而保持原性能的能力。可用自然老化和人工老化技术指标来衡量。

（5）耐酸碱性：将已实干的涂装样板，浸入酸或者碱的溶液中，按国家标准规定的时间从溶剂中取出，观察涂膜被破坏的情况。

二、技术指标检测

1. 合成树脂乳液外墙涂料技术要求（见表12-3）。

表12-3 外墙涂料技术要求

项 目	指 标		
	优等品	一等品	合格品
容器中状态	无硬块，搅拌后呈均匀状态		
施工性	刷涂二道无障碍		
低温稳定性	不变质		
干燥时间（表干）/h ≤	2		
涂膜外观	正常		
对比率（白色和浅色①）≥	0.93	0.90	0.87
耐水性	96h无异常		
耐碱性	48h无异常		
洗刷性/次 ≥	2000	1000	500
耐人工气候老化性（白色和浅色）①	600h 不起泡、不剥落、无裂纹	400h 不起泡、不剥落、无裂纹	250h 不起泡、不剥落、无裂纹
粉化/级 ≤	1		
变色/级 ≤	2		
其他色	商定		
耐玷污性（白色或粉色）/% ≤	15	15	20
涂层耐温变性（5次循环）	无异常		

① 浅色是指以白色涂料为主要成分，添加适量色浆后配制成的浅色涂料形成的涂膜所呈现的浅颜色，按GB/T 15608—2006中4.3.2规定明度值为6到9之间（三刺激值中的$Y_{D65} \geq 31.26$）。

2. 合成树脂乳液外墙涂料质量检测试验方法

（1）取样　产品按 GB/T 3186—2006 的规定进行取样。取样量根据检验需要而定。

（2）试验的一般条件

1）试验环境

试板的状态调节和试验的温湿度应符合 GB/T 9278—2008 的规定。

2）试验样板的制备

(a) 所检产品未明示稀释比例时，搅拌均匀后制板。

(b) 所检产品明示了稀释比例时，除对比率外，其余需要制板进行检验的项目，均应按规定的稀释比例加水搅匀后制板，若所检产品规定了稀释比例的范围时，应取其中间值。

(c) 检验用试板的底材除对比率使用聚酯膜（或卡片纸）外，其余均为符合 JC/T 412—2006 中 1 类板（加压板，厚度为 4~6mm）技术要求的石棉水泥平板，其表面处理按 GB/T 9271—2008 规定进行。

(d) 采用由不锈钢材料制成的线棒涂布器制板。线棒涂布器是由几种不同直径的不锈钢丝分别紧密缠绕在不锈钢棒上制成，其规格为 80、100、120 三种，线棒规格与缠绕钢丝之间的关系见表 12-4。

表 12-4　线　　棒

规　　格	80	100	120
缠绕钢丝直径/mm	0.80	1.00	1.20

注：以其他规格形式表示的线棒涂布器也可使用，但应符合标准 JC/T 412—2006 中表 13-4 的技术要求。

各检验项目的试板尺寸、采用的涂布器规格、涂布道数和养护时间应符合表 12-5 的规定，涂布两道时，两道间隔 6h。

表 12-5　试　　板

检验项目	制板要求			
	尺寸/mm×mm×mm	线棒涂布器规格		养护期/d
		第一道	第二道	
干燥时间	150×70×(4~6)	100		
耐水性、耐碱性、耐人工气候老化性、耐沾污性、涂层耐温变性	150×70×(4~6)	120	80	7
耐洗刷性	430×70×(4~6)	120	80	7
施工性、涂膜外观	430×70×(4~6)			
对比率		100		1

根据涂料干燥性能不同，干燥条件和养护时间可以商定，但仲裁检验时为 1d。

打开包装容器，用搅棒搅拌时无硬块，易于混合均匀，则可视为合格。

（3）施工性　用刷子在试板平滑面上刷涂试样，涂布量为湿膜厚约 $100\mu m$，使试板的长边呈水平方向，短边与水平面成约 85°角竖放。放置 6h 后再用同样方法涂刷第二道试样，在第二道涂刷时，刷子运行无困难，则可视为"刷涂二道无障碍"。

(4) 低温稳定性　将试样装入约 1L 的塑料或玻璃容器（高约 130mm、直径约 112mm、壁厚约 0.23～0.27mm）内，大致装满，密封，放入（-5±2）℃的低温箱中，18h 后取出容器，放置 6h。如此反复三次后，打开容器，充分搅拌试样，观察有无硬块、凝聚及分离现象，如无则认为"不变质"。

(5) 干燥时间　按 GB/T 1728—1979 中表干乙法规定进行。

(6) 涂膜外观　将试验结束后的试板放置 24h。目视观察涂膜，若无针孔和流挂，涂膜均匀，则认为"正常"。

(7) 对比率

1) 在无色透明聚酯薄膜（厚度为 30～50μm）上，或者在底色黑白各半的卡片纸上按规定均匀地涂布被测涂料，再按条件至少放置 24h。

2) 用反射率仪测定涂膜在黑白底面上的反射率

(a) 如用聚酯薄膜为底材制备涂膜，则将涂漆聚酯膜贴在滴有几滴 200 号溶剂油（或其他适合的溶剂）的仪器所附的黑白工作板上，使之保证无气隙，然后在至少四个位置上测量每张涂漆聚酯膜的反射率，并分别计算平均反射率 R_B（黑板上）和 R_W（白板上）。

(b) 如用底色为黑白各半的卡片纸制备涂膜，则直接在黑白底色涂膜上各至少四个位置测量反射率，并分别计算平均反射率 R_B（黑纸上）和 R_W（白纸上）。

3) 对比率计算：

$$对比率 = \frac{R_B}{R_W} \tag{12-1}$$

4) 平行测定两次。如两次测定结果之差不大于 0.02，则取两次测定结果的平均值。

5) 黑白工作板和卡片纸的反射率为：

黑色：不大于 1%；白色：(80±2)%。

6) 仲裁检验用聚酯膜法。

(8) 耐水性　按 GB/T 1733—1993 甲法规定进行。试板投试前除封边外，还需封背。将三块试板浸入 GB/T 6682—2008 规定的三级水中，如三块试板中有两块未出现起泡、掉粉、明显变色等涂膜病态现象，可评定为"无异常"；如出现以上涂膜病态现象，按 GB/T 1766—2008 进行描述。

(9) 耐碱性　按 GB/T 9265—2009 规定进行。如三块试板上有两块未出现起泡、掉粉、明显变色等涂膜病态现象，可评定为"无异常"；如出现以上涂膜病态现象，按 GB/T 1766—2008 进行描述。

(10) 耐洗刷性　除试板制备外，按 GB/T 9266—2009 规定进行。同一试样制备两块试板进行平行试验。洗刷至规定的次数时，两块试板中有一块试板未露出底材，则认为其耐洗刷性合格。

(11) 耐人工气候老化性　试验按 GB/T 1865—2009 规定进行。结果的评定按 GB/T 1766—2008 进行。其中变色等级的评定按 GB/T 1766—1995—2008 进行。

(12) 耐沾污性。

(13) 涂层耐温变性　按 JG/T 25—1999 的规定进行，做 5 次循环 [（23±2）℃水中浸泡 18h，（-20±2）℃冷冻 3h，（50±2）℃热烘 3h 为一次循环]。三块试板中至少应有两块未出现粉化、开裂、起泡、剥落、明显变色等涂膜病态现象，可评定为"无异常"。如出现以上涂膜病态现象，按 GB/T 1766—2008 进行描述。

三、检验规则

1. 检验分类

产品检验分出厂检验和型式检验。

（1）出厂检验项目包括容器中状态、施工性、干燥时间、涂膜外观、对比率。

（2）型式检验项目包括本标准所列的全部技术要求。

（3）在正常生产情况下，低温稳定性、耐水性、耐碱性、耐洗刷性、耐沾污性、涂层耐温变性为半年检验一次，耐人工气候老化性为一年检验一次。

（4）在 HG/T 2458—1993 中规定的其他情况下亦应进行型式检验。

2. 检验结果的判定

（1）单项检验结果的判定按 GB/T 8170—2008 中修约值比较法进行。

（2）产品检验结果的判定按 HG/T 2458—1993 中规定进行。

四、标志、包装和贮存

1. 标志

按 GB/T 9750—1998 的规定进行。如需加水稀释，应明确稀释比例。

2. 包装

按 GB/T 13491—1992 中二级包装要求的规定进行。

3. 贮存

产品贮存时应保证通风、干燥，防止日光直接照射，冬季时应采取适当防冻措施。产品应根据乳液类型定。

小　　结

合成树脂乳液内墙涂料的技术指标要求、技术指标检测。合成树脂乳液外墙涂料的技术指标要求、技术指标检测。

自 测 练 习

1. 建筑涂料耐水性检测结果如何判定？
2. 简述建筑外墙涂料质量检验规则。
3. 合成树脂乳液内墙涂料质量检测指标有哪些？
4. 简述合成树脂乳液内墙涂料的技术指标。

项目十三 见证取样检测综合实训

实训总学时：一周（30 学时）

采用"模拟实验室的岗位模块化"的实训模式，模拟实验室各岗位，包括输入委托单——取样——试验操作（填写原始记录）——数据计算——质量评定——发报告——审核。

知识目标

通过实训，使学生巩固所学的理论知识，提高学生对工程材料质量检测水平，学会土木工程材料性能检测的抽样取样、基本要求、基本技能和土木工程材料检测的标准、方法、具体步骤和检测结果计算与评定，以及检测所使用的设备仪器等检测技术知识。

能力目标

1. 会填写委托单、原始记录、编写检测报告
2. 能对进场建筑材料进行见证取样
3. 能熟练查阅相关国家标准及规范
4. 能严格按照标准方法独立完成常用建筑材料主要技术指标检测的试验操作
5. 熟练使用常用仪器设备
6. 能正确进入对外检测数据采集平台采集试验数据
7. 学会数据分析与处理并能剔除不合理数据
8. 能根据试验结果进行计算和判定材料质量
9. 对照标准分析评定材料质量
10. 会"三单"归档

素质目标

注重对学生进行行业社会责任的教育和职业道德的教育，培养科学严谨的工作作风，实事求是的工作态度，做事诚实守信、善于沟通的优良品质，提高学生观察、分析和判断问题的能力，具有计划组织能力和团队协作能力，达到基本胜任见证取样检测试验员的工作。

任务 1 砂石骨料检测

一、实训项目内容、岗位技能训练目标及上交材料（见实训表 1-1）

实训表 1-1

序号	实训项目名称	实验内容简介	岗位技能训练目标	上交材料
一	砂石骨料检测	混凝土用骨料试验基本规定；砂的筛分析检测；砂的表观密度和堆积密度检测；碎石或卵石的筛分析检测；碎（卵）石的表观密度和堆积密度检测；砂、石含泥量检测；砂、石含水率检测；碎（卵）石中针状和片状颗粒含量检测；碎（卵）石压碎指标值；骨料实训报告	① 填写委托单；② 会做砂石筛分实验，根据筛分结果绘制级配曲线；细集料要求计算砂的细度模数，确定砂的粗细，确定石子的级配；③ 会做砂子的表观、堆积密度实验，计算砂子的空隙率；④ 会做砂石含泥量、泥块含量实验；⑤ 能根据试验规范、规程、标准，为估算石子的堆积体积及质量、计算石子的空隙率提供依据；⑥ 能通过测定粗集料中针片状颗粒含量，评定其在工程中的适用性；⑦ 能测定石子压碎值；⑧ 骨料实训报告 实验要求：填写实验记录，计算实验结果，根据骨料的技术指标正确评定骨料质量并能发出实验报告	砂石检测委托单、砂石试验原始记录单、砂石检测报告

二、主要仪器设备

三、试验步骤

四、注意问题

五、填写委托单

砂子试验委托单

_____
（取送样人见证签章）　　　　　　　　　试验编号：_____
委托单日期：____年____月____日　　　　建设单位：_____
委托单位：_____　　　　　　　　　工程名称：_____
砂子产地：_____　　砂子类别：_____　　进场数量：_____

主要检测项目（在序号上画"√"）：1. 颗粒级配 2. 含泥量 3. 有机物含量 4. 表观密度 5. 堆积密度 6. 空隙率 7. 细度模数
其他检验项目：_____

送样人：_____　　　　　　　　　收样人：_____

六、记录试验原始记录

砂子试验原始记录

试验日期：_____年_____月_____日　　　　　试验编号：_____

产地：_____　　　　　出厂日期：_____

<table>
<tr><td rowspan="2"></td><td rowspan="2">筛孔/mm</td><td colspan="3">第一次筛分（试样质量：g）</td><td colspan="3">第二次筛分（试样质量：g）</td><td rowspan="2">平均累计
筛余/%</td></tr>
<tr><td>筛余量/g</td><td>分计筛余/%</td><td>累计筛余/%</td><td>筛余量/g</td><td>分计筛余/%</td><td>累计筛余/%</td></tr>
<tr><td rowspan="8">颗粒级配</td><td>10.0</td><td>—</td><td>—</td><td>—</td><td>—</td><td>—</td><td>—</td><td>—</td></tr>
<tr><td>5.00</td><td></td><td></td><td></td><td></td><td></td><td></td><td></td></tr>
<tr><td>2.50</td><td></td><td></td><td></td><td></td><td></td><td></td><td></td></tr>
<tr><td>1.25</td><td></td><td></td><td></td><td></td><td></td><td></td><td></td></tr>
<tr><td>0.630</td><td></td><td></td><td></td><td></td><td></td><td></td><td></td></tr>
<tr><td>0.315</td><td></td><td></td><td></td><td></td><td></td><td></td><td></td></tr>
<tr><td>0.160</td><td></td><td></td><td></td><td></td><td></td><td></td><td></td></tr>
<tr><td>筛底</td><td></td><td></td><td></td><td></td><td></td><td></td><td></td></tr>
<tr><td colspan="2">合计</td><td></td><td></td><td></td><td></td><td></td><td></td><td></td></tr>
<tr><td colspan="2">细度模数</td><td colspan="6"></td><td>平均细度模数</td></tr>
<tr><td rowspan="3">表观密度 P/（kg/m³）</td><td rowspan="3"></td><td>试样烘干质量/g</td><td>水的原有体积/mL</td><td>水和式样体积/mL</td><td>水温修正系数/at</td><td>表观密度/（g/mL）</td><td>平均值/（g/mL）</td><td rowspan="3">空隙率/%

$V_1=(1-P/P_1)\times 100\%=$</td></tr>
<tr><td></td><td></td><td></td><td></td><td></td><td></td></tr>
<tr><td></td><td></td><td></td><td></td><td></td><td></td></tr>
<tr><td rowspan="3">堆积密度 P_1/（kg/m³）</td><td rowspan="3"></td><td>容量瓶的容积/L</td><td>容量瓶的质量/kg</td><td>筒和砂总质量/kg</td><td>试样烘干质量/kg</td><td>堆积密度/（kg/m³）</td><td>平均值/（kg/m³）</td><td rowspan="3"></td></tr>
<tr><td></td><td></td><td></td><td></td><td></td><td></td></tr>
<tr><td></td><td></td><td></td><td></td><td></td><td></td></tr>
<tr><td rowspan="5">泥（块）含量/g</td><td></td><td colspan="3">含泥量</td><td colspan="4">泥块含量</td></tr>
<tr><td>试样质量/g</td><td></td><td></td><td></td><td colspan="4" rowspan="4"></td></tr>
<tr><td>洗后干质量/g</td><td></td><td></td><td></td></tr>
<tr><td>含泥量/%</td><td></td><td></td><td></td></tr>
<tr><td>平均值/%</td><td></td><td></td><td></td></tr>
<tr><td colspan="9">结论：</td></tr>
</table>

审核：　　　　　　　　　　　　　　　　试验：

七、填写检验报告

砂检验报告

委托日期：_____　　　　试验编号：_____
发出日期：_____　　　　建设单位：_____
委托单位：_____　　　　工程名称：_____
砂子产地：_____砂子类别：_____　进场数量：_____
送样人：_____　　　　监理工程师：_____

细度模数（μ_f）_____　　颗粒级配_____　　三氧化硫含量 —%
表观密度_____kg/m³　　堆积密度_____kg/m³　　含泥量_____%
有机物含量（比色法） —　　云母含量 —%　　　　泥块含量 —%
轻物质含量 —%　　　　坚固性重量损失 —%　　空隙率 —%
碱活性 —%　　　　　　氯离子含量 —%

公称粒径/mm	0.160	0.315	0.630	1.25	2.50	5.00	10.00
累计筛余/%							—

结论：

试验单位：　　　　负责人：　　　　审核：　　　　试验：

单位工程技术负责人使用意见：

签章：

注：1. 有抗冻要求的混凝土，砂中云母含量不应大于1.0%，泥块含量不应大于1.0%；
　　2. 在严寒及寒冷地区室外使用并经常处于潮湿状态下的混凝土或有抗疲劳、耐磨、抗冲击要求的混凝土用砂，其坚固性重量损失应小于8%；
　　3. 配制混凝土时宜优先选用Ⅱ区砂，采用Ⅰ区砂应提高砂率，采用Ⅲ区砂宜适当降低砂率。

任务2　水泥性能检测

一、实训项目内容、岗位技能训练目标及上交材料（见实训表 2-1）

实训表 2-1

序号	实训项目名称	实验内容简介	岗位技能训练目标	上交材料
二	水泥性能检测	水泥试验基本规定；水泥标准稠度用水量检测；水泥凝结时间、安定性检测；水泥胶砂强度检测（ISO法）；水泥实训报告	① 填写委托单； ② 能用标准法和代用两种方法测定标准稠度用水量，为凝结时间和体积安定性检测提供净浆； ③ 使用维卡仪测定凝结时间，分别使用雷氏夹和试饼法测定安定性，为正确评定水泥质量提供依据； ④ 会制作水泥试块，测定水泥的抗折强度和抗压强度试验方法，评定水泥的强度等级； ⑤ 填写实验记录，计算实验结果，根据水泥的技术指标正确评定水泥质量并能发出实验报告	水泥检测委托单、水泥试验原始记录单、水泥检测报告

二、主要仪器设备

三、试验步骤

四、注意问题

五、填写委托单

水泥试验委托单

_____   分检号：_____

（取送样见证人签章）   试验编号：_____

委托单日期：_____年_____月_____日   建设单位：_____

委托单位：_____   工程名称：_____

主要使用部位：_____   水泥品种及强度等级：_____

生产厂或牌号：_____   出厂合格证号：_____

出厂日期：_____年_____月_____日   进场数量：_____

主要检测项目（在序号上画"√"）：

1. 抗压强度　2. 抗折强度　3. 凝结时间　4. 安定性

其他实验项目：

送样人：_____   收样人：_____

六、记录试验原始记录

水泥试验原始记录

试验日期：_____年_____月_____日　　　　试验编号：_____

厂家牌号：_____　品种标号：_____　出厂日期：_____

标准稠度		安　定　性		凝　结　时　间		
固定水量法	W/mL	试饼法结果		加水时刻	h	min
	S/mL	雷氏夹法	A_1_____ C_1_____ C_1-A_1_____	初凝时刻	h	min
	P/%		A_2_____ C_2_____ C_2-A_1_____ 结果：	初凝时间	h	min
调整水量法		水泥量_____g，水用量_____g，b___%		终凝时刻	h	min
		水泥量_____g，水用量_____g，p___%		终凝时间	h	min

细度（方法_____）：_____；试样质量：_____g；筛余物干质量_____g；筛余百分比数_____%

强　度　试　验							
成型日期				试块编号			
试压日期							
龄期		3d		7d		28d	
抗折	荷重/kN						
	强度/MPa						
	代表值/MPa						
抗压	荷重/kN						
	强度/MPa						
	代表值/MPa						

其他实验项目：

结论：

审核：　　　　　　　　　　　　试验：

七、填写检验报告

水泥试验报告

委托日期：_____年_____月_____日　　试验编号：_____
发出日期：_____年_____月_____日　　建设单位：_____
委托单位：_____　　　　　工程名称：_____
使用部位：_____　　　　　水泥品种及强度等级：_____
产地或厂名：_____　　　　　销售单位：_____
出厂日期：_____　　　　　试验日期：_____
出厂合格证编号：_____　　　　　进场数量：_____
送样人：_____　　　　　监理工程师：_____

一、细度：80μm方孔筛筛余_____%或比表面积_____m²/kg
二、凝结时间：初凝_____min；终凝_____min
三、安定性：用试饼法、雷氏夹法合格、_____；保水率_____%

类别＼龄期	3d		7d		28d		快 测	
抗折强度/MPa								
抗压强度/MPa								

结论：

试验单位：　　　　　负责人：　　　　　审核：　　　　　试验：

单位工程技术负责人意见：

　　　　　　　　　　　　　　　　　　　　　　　　　　签章：

注：用于钢筋混凝土结构、预应力混凝土结构中严禁使用含氯化物的水泥。

任务3　普通混凝土性能检测

一、实训项目内容、岗位技能训练目标及上交材料（见实训表3-1）

实训表 3-1

序号	实训项目名称	实验内容简介	岗位技能训练目标	上交材料
三	普通混凝土性能检测	普通混凝土试验基本规定；普通混凝土拌合物稠度检测；普通混凝土拌合物表观密度检测；普通混凝土立方体抗压强度检测；普通混凝土配合比设计与检验；普通混凝土抗渗性检测；混凝土试验实训报告	①填写委托单；②会测定混凝土坍落度、扩展度，能够根据工程要求调整实验结果；③会测定混凝土表观密度；④通过测定抗压强度，评定在工程中的使用性，评定强度等级；⑤能够根据已确定的原材料，设计经济而合理的配合比；⑥制作混凝土的抗渗试块，掌握实验方法；⑦混凝土试验实训报告 实验要求：填写实验数据，计算实验结果，根据混凝土的技术指标正确评定混凝土质量并能发出实验报告	混凝土检测委托单、混凝土试验原始记录单、混凝土检测报告

二、主要仪器设备

三、试验步骤

四、注意问题

五、填写委托单

混凝土配合比试验委托单

_____
（取送样见证人签章）

委托日期：_____年_____月_____日	试验编号：_____
委托单位：_____	建设单位：_____
工程名称：_____	设计强度等级：_____ 施工部位：_____
外加剂名称：_____	外加剂厂家：_____
水泥品种标号：_____ 厂别牌号：_____	出厂日期：_____ 试验标号：_____
砂子产地：_____ 种类：_____	细度模数：_____ 试验编号：_____
石子产地_____ 种类：_____	粒级：_____ 试验编号：_____
水：_____ 稠度：_____	搅拌方法：_____ 捣固方法：___
送样人：_____	收样人：_____

混凝土抗压强度试验委托单

_____
（取样送样见证人签章）

委托日期：_____年_____月_____日	试验编号：_____
委托单位：_____	建设单位：_____
施工部位：_____	工程名称：_____
试件规格：_____	设计强度等级：_____
搅拌方法：_____	坍落度：_____（mm）
工作量：_____	捣固方法：_____
成型日期：_____年_____月_____日	养护方法和温度：_____℃
	试压日期：_____年_____月_____日

	水泥				砂子		水	石子			
试验单号	品种标号	出厂日期	水泥厂	产地	细度模数	种类		产地	种类	规格	级配情况

配合比编号	砂率/%	水灰比	每 m³ 混凝土材料用量/kg					
			水泥	砂	石子	水	掺合料	外加剂

试件制作人：　　　　　试件送试人：　　　　　收样人：

六、记录试验原始记录

混凝土配合比试验原始记录

实验日期：_____年_____月_____日 设计强度等级：_____
稠度：_____ 试验编号：_____
水泥品种标号：_____ 掺合料名称：_____ 外加剂名称：_____

计算	1. W/C 的确定 $A=$ $B=$ $F_{cu,o} \geqslant f_{cu,k}+1.645\sigma$ $f_{ce}=$ 2. 砂率 β_s 的确定 $\beta_s=$ $W/C=Af_{cs}/f_{cu,o}=ABf_{ce}=$ $m_{wo}=$ $m_{co}=$ $m_{so}=$ $m_{go}=$									
	步　　骤	项　目	水泥/kg	水/kg	砂/kg	石/kg	掺合料/kg	外加剂/kg	稠度/mm 或 s	黏聚性、保水性
试拌制作强度试件	计算的配合比 $W/C=$ $\beta_s=$　%	每 m³ 用料								
		每　L 用料								
	若不满足要求 调整 W 或 β_s $\beta_s=$　%	每 m³ 用料								
		每　L 用料								
	若不满足要求 调整 W 或 β_s $\beta_s=$　%	每 m³ 用料								
		每　L 用料								
	确定基准配合比 （试件1） W/C $\beta_s=$　%	每 m³ 用料								
		每　L 用料								
	试配试件2 W/C $\beta_s=$　%	每 m³ 用料								
		每　L 用料								
	若不满足要求 调整 W 或 β_s $\beta_s=$　%	每 m³ 用料								
		每　L 用料								
	确定试件2 W/C $\beta_s=$　%	每 m³ 用料								
		每　L 用料								

续表

步骤		项目	水泥/kg	水/kg	砂/kg	石/kg	掺合料/kg	外加剂/kg	稠度/mm 或 s	黏聚性、保水性
试拌制作强度试件	试配试件3 W/C $\beta_s=$ %	每 m³ 用料								
		每 L 用料								
	若不满足要求调整 W 或 β_s $\beta_s=$ %	每 m³ 用料								
		每 L 用料								
	确定试件3 W/C $\beta_s=$ %									
强度试验		试件编号								
	F7 ___月 ___日	荷重/kN								
		强度/MPa							备注:	
		代表值/MPa								
	F28 ___月 ___日	荷重/kN								
		强度/MPa								
		代表值/MPa								
选取 $C=$ $W=$ $S=$ $G=$ $\rho_{c,c}=$ $\delta=\rho_{c,t}/\rho_{c,c}=$			确定的混凝土设计配合比（kg/m³）：$W/C=$ $\beta_s=$ %							
			水泥		水		砂		石	

审核：　　　　　　　　　　　试验：

七、填写检验报告

混凝土配合比通知单

委托日期：_____　　　　试验编号：_____

发出时间：_____

委托单位：_____　　　　建设单位：_____

工程名称：_____　　　　施工部位：_____

设计强度：_____　搅拌方式：_____　捣固方法：_____

砂浆种类：_____　设计强度：_____　稠度要求：_____（mm）

掺合料名称1：_____　　　掺合料名称2：_____

掺合料名称3：_____　　　掺合料名称4：_____

外加剂名称1：_____　　　外加剂名称2：_____

外加剂名称3：_____　　　外加剂名称4：_____

水泥试验编号：_____　　水泥厂别及牌号：_____

水泥品种：_____　强度等级：_____　出厂日期：_____

砂子试验编号：_____　砂子产地：_____　种类：_____　细度模数：_____

石子试验编号：_____　石子产地：_____　种类：_____　粒径：_____

委托人：_____　　　　　监理工程师：_____

水灰比	砂率/%	养护方法及温度/℃	坍落度要求/mm	表观密度/（kg/m³）

材料用量/（kg/m³）	水泥	砂	石子	水	掺合料	外加剂	实验结果		
							坍落度/mm	抗压强度/MPa	
								7d	28d
分次用量/kg									

备注：本配合比所用材料均为干材料，使用单位应根据材料、含水情况随时调整。本配合比采用原材料发生变化时，本配合比无效。

单位工程技术负责人意见：

试验单位：_____　　负责人：_____　　审核：_____　　试验：_____

注：1. 混凝土氯化物和碱的总量应符合《混凝土结构设计规范》（GB 50010—2010）和设计规定，在备注栏分别记载（含外加剂）并提供材料试验报告及氯化物、碱的总含量计算书。

2. 预应力混凝土结构中严禁使用含氯化物的外加剂；钢筋混凝土结构中，当使用含氯化物外加剂时，混凝土中氯化物的总含量应符合《混凝土质量控制标准》（GB 50164—2011）的规定。

3. 掺有掺合料外加剂时，应将实验资料附后以资证明。

混凝土抗压强度试验报告

委托日期：_____ 试验编号：_____
发出日期：_____ 建设单位：_____
委托单位：_____ 工程名称：_____
施工部位：_____ 设计强度等级：_____
试件规格：_____ 坍落度（工作度）：_____
搅拌方法：_____ 捣固方法：_____
工程量：_____ 养护方法和温度：_____
成型日期：_____ 试压日期：_____
试件送试人：_____ 监理工程师：_____

配合比通知单编号							
试件编号	受压面积/mm²	龄期/d	抗压强度/MPa				占设计强度/%
			1	2	3	强度代表值	

备注：商品混凝土

单位工程技术负责人意见：

试验单位：　　　　负责人：　　　　审核：　　　　试验：

任务4 砌筑砂浆性能检测

一、实训项目内容、岗位技能训练目标及上交材料（见实训表 4-1）

实训表 4-1

序号	实训项目名称	实验内容简介	岗位技能训练目标	上 交 材 料
四	砌筑砂浆性能检测	砌筑砂浆检测一般规定；砌筑砂浆稠度检测；砂浆分层度检测；砂浆立方体抗压强度检测；砌筑砂浆实训报告	① 填写委托单；② 能测定砂浆稠度，会调整稠度；③ 能测定砂浆分层度；④ 制作砂浆试块，会进行实验操作与结果计算，评定强度等级；比较与混凝土性质的异同点；⑤ 能够根据已确定的原材料设计经济而合理的配合比	砂浆检测委托单、砂浆试验原始记录单、砂浆检测报告

二、主要仪器设备

三、试验步骤

四、注意问题

五、填写委托单

砂浆配合比试验委托单

_____
(取送样见证人签章)

委托单日期：_____年_____月_____日　　　　试验编号：_____

委托单位：_____　　　　建设单位：_____

工程名称：_____　　　　使用部位：_____

砂浆种类：_____　　　　设计强度等级：_____

水泥品种标号：_____　厂别牌号：_____　出厂日期：_____　试验编号：_____

砂子产地：_____　种类：_____　细度模数：_____　试验编号：_____

掺合料名称：_____　　　　水种类：_____

外加剂名称：_____　　　　外加剂厂家：_____

搅拌方法：_____　　　　稠度要求：_____

送样人：_____　　　　收样人：_____

砂浆抗压强度试验委托单

_____
(取送样见证人签章)　　　　　　　　　　试验编号：_____

委托日期：_____年_____月_____日　　　　建设单位：_____

委托单位：_____　　　　工程名称及部位：_____

砂浆品种：_____　设计强度等级：_____　稠度：_____mm

养护方法：_____　养护平均温度：_____℃　砌筑工程量：_____m³

成型日期：_____年_____月_____日　　试压日期：_____年_____月_____日

砂浆配合比编号	每 m³ 砂浆各种材料用量/kg						水泥强度试验单号	砂子细度模数	掺合料种类	外加剂种类
	水泥	砂子	石灰	掺合料	水	外加剂				

试件制作人：_____　　试件送试人：_____　　收样人：_____

六、记录试验原始记录

七、填写检验报告

砂浆配合比通知单

委托日期：_____   试验编号：_____
发出日期：_____   建设单位：_____
委托单位：_____   工程名称：_____
使用部位：_____
砂浆品种：_____ 设计强度等级：_____ 稠度：_____（mm）
水泥试验编号：_____ 品种：_____ 强度等级_____
水泥厂别及牌号：_____ 出厂日期：_____
砂子试验编号：_____ 砂子产地：_____ 种类：_____ 细度模数：_____
掺合料名称1：_____ 掺合料名称2：_____ 水种类：_____
外加剂名称1：_____ 外加剂名称2：_____ 搅拌方法：_____
养护方法及温度（℃）：_____ 委托人：_____ 监理工程师：_____

材料品种	水泥	白灰	砂子	水	掺合料		外加剂		试 验 结 果				
					1	2	1	2	稠度/mm	分层度/mm	抗压强度/MPa		表观密度/（kg/m³）
											7d	28d	
每m³用量/kg													
分次用量													

备注：本配合比所用材料均为干材料，使用单位根据材料、含水情况随时调整。本配合比采用水泥品种、外加剂或掺合料发生变化时，本配合比无效

单位工程技术负责人意见：

试验单位：_____   负责人：_____   审核：_____   试验：_____

砂浆抗压强度试验报告

委托日期：_____年_____月_____日　　　试验编号：_____

发出日期：_____年_____月_____日　　　建设单位：_____

委托单位：_____　　　　　　　工程名称：_____

使用部位：_____

砂浆品种：_____　设计强度等级：_____　稠度：_____ mm

养护方法：_____　养护平均温度：_____　砌筑工程量：_____ m³

水泥试验编号：_____　品种：_____　强度等级：_____

水泥生产厂家：_____　砂子产地：_____　砂子细度模数：_____

成型日期：_____年_____月_____日　　　试压日期：_____年_____月_____日

试件送试人：_____　　　　　　监理工程师：_____

砂浆配合比通知单号				Sjphb-2011-0002			
试件编号	试件规格	受压面积 /mm²	28d强度 /MPa	强度代表值 /MPa	养护期间平均温度/℃	按温度换算后的标准强度/（N/mm²）	占设计强度百分率/%

备注：

单位工程技术负责人意见：

签章：

试验单位：_____　负责人：_____　审核：_____　试验：_____

任务 5　砌墙砖及砌块性能检测

一、实训项目内容、岗位技能训练目标及上交材料（见实训表 5-1）

实训表 5-1

序号	实训项目名称	实验内容简介	岗位技能训练目标	上交材料
五	砌墙砖及砌块性能检测	砌墙砖及砌块试验基本规定；砌墙砖性能检测；混凝土小型空心砌块性能检测；砌墙砖实训报告	① 填写委托单； ② 能检验砖的外观质量，检测砖的抗压强度、砖的泛霜和石灰爆裂实验，正确评定砖的质量； ③ 知道混凝土砌块的检验项目与实验方法； ④ 砌墙砖实训报告 实验要求：填写实验记录，计算实验结果，根据砖及砌块的技术指标正确评定砖及砌块的质量并能发出实验报告	砖、砌块检测委托单，砖、砌块试验原始记录单，砖、砌块检测报告

二、主要仪器设备

三、试验步骤

四、注意问题

五、填写委托单

陶瓷砖试验报告

委托日期：_____　　　　　　试验编号：_____
发出日期：_____　　　　　　建设单位：_____
委托单位：_____　　　　　　工程名称：_____
使用部位：_____　　　　　　规格尺寸：_____
颜色等级：_____　　　　　　出厂合格证号：_____
生产厂名：_____　　　　　　进场数量：_____
送样人：_____　　　　　　　监理工程师：_____

试件编号	抗 冻 性	吸水率/％	抗 热 震 性	破坏强度/N	断裂模数/MPa
1	—	—		—		
2	—	—		—		
3	—	—		—		
4	—	—		—		
5	—	—		—		
平均					

结论：

试验单位：　　　　　负责人：　　　　　审核：　　　　　试验：

烧结普通砖试验报告

委托日期：_____　　　试验编号：_____
发出日期：_____　　　建设单位：_____
委托单位：_____　　　工程名称：_____
使用部位：_____　　　出厂强度等级：_____
产地或厂名：_____　　　出厂合格证编号：_____
规格：_____mm³　　进场数量：_____（万块）
送样人：_____　　　监理工程师：_____

抗压强度/MPa				抗风化性能（冻融后）			泛霜	石灰爆裂
序号	取值	序号	取值	序号	外观状态	单块干质量损失/%	程度	点数与最大破坏尺寸
1		6		1	合格	—	—	—
2		7		2	合格	—	—	—
3		8		3	合格	—	—	—
4		9		4	合格	—	—	—
5		10		5	合格	—	—	—
评定	$\bar{f}=$ $\sigma=$		$f_k=$	评定				

结论：

单位工程技术负责人使用意见：

签章：

试验单位：_____　负责人：_____　审核：_____　试验：_____

单位工程技术负责人使用意见：

签章：

任务6 建筑钢材性能检测

一、实训项目内容、岗位技能训练目标及上交材料（见实训表6-1）

实训表6-1

序号	实训项目名称	实验内容简介	岗位技能训练目标	上交材料
六	建筑钢材性能检测	建筑钢材试验一般规定；钢筋性能检测；钢筋连接件性能检测；建筑钢材实训报告	① 填写委托单； ② 熟知不同规格钢筋的拉伸实验、冷弯实验方法，评定钢筋的质量； ③ 能进行钢筋连接件的拉伸实验，正确评定焊接件的质量； ④ 建筑钢材实训报告 实验要求：填写实验记录，计算实验结果，根据钢筋及连接件的技术指标，正确评定质量并能发出实验报告	钢材、焊件检测委托单，钢材、焊件试验原始记录单，钢材、焊件检测报告

二、主要仪器设备

三、试验步骤

四、注意问题

五、填写委托单

钢筋试验委托单

_____
（取送样见证人签章）

委托日期：_____年_____月_____日　　　　试验编号：_____

委托单位：_____　　　　　　建设单位：_____

使用部位：_____　　　　　　工程名称：_____

钢筋牌号：_____　钢筋级别和规格：_____　生产厂家：_____

强度等级（代号）：_____　抗震等级：_____　进场数量：_____（t）

　　　　　　　　　　　　　　　　　　　　　　出厂合格证号：_____

主要检验项目（在序号上画"√"）：

1. 屈服点　2. 抗拉强　3. 伸长率　4. 冷弯

其他检验项目：

送样人：_____　　收样人：_____

钢筋焊接试验委托单

_____
（取送样见证人签章）

委托日期：_____年_____月_____日　　　　试验编号：_____

委托单位：_____　　　　　　建设单位：_____

使用部位：_____　　　　　　工程名称：_____

出厂合格证号：_____　　　　　　试验单名：_____

焊工姓名：_____　技术等级：_____　考试证件号：_____

钢材牌号级别	强度等级规格	焊接方法	焊接形式长度	焊条或焊剂牌号

主要检验项目（在序号上画"√"）：

1. 抗压强度　　2. 弯曲强度

其他检验项目：

送样人：_____　　收样人：_____

六、记录试验原始记录

钢筋试验原始数据

试验编号	试验日期	原件编号	强度等级规格	钢筋直径/mm	公称横截面积/mm²	原始标距/mm	屈服点荷载/kN	屈服点/MPa	破坏荷载/kN	抗拉强度/MPa	断后标距/mm	伸长率/%	冷弯 $d=a$	冷弯 结果	结论	试验人：审核人：

钢筋焊件试验原始数据

试验编号	试验日期	强度等级规格	焊接方法	钢筋直径/mm	公称横截面积/mm²	焊缝长度/mm	破坏荷载/kN	抗拉强度/MPa	断裂情况	冷弯 $d=a$	冷弯 结果	结论	试验人：审核人：

七、填写检验报告

钢筋实验报告

委托日期：_____   试验编号：_____
发出日期：_____   建设单位：_____
委托单位：_____   工程名称：_____
钢筋编号：____ 抗震等级：____ 钢筋级别：____ 出厂合格证号：_____
使用部位：____ 强度等级：_____   进场数量：_____ t
产地或厂名：_____   经销单位：_____
送样人：_____   监理工程师：_____

试件编号	规格 /mm	力学性能				工艺性能		反向弯曲 正弯90° 反向20° $D=(a)$	$R°_m/R°_{eL}$	$R°_{eL}/R_{eL}$
		屈服点 R_{eL}/MPa	抗拉强度 R_m/MPa	伸长率 A/%	最大力总伸长率 A_{gt}/%	冷弯 (180)度 $d=(4)a$	结果			

试件编号	化学成分/%						
	碳(C)	硅(Si)	锰(Mn)	钒(V)	钛(Ti)	磷(P)	硫(S)

实验结论：

试验单位：_____   负责人：_____   审核：_____   试验：_____

单位工程技术负责人使用意见：

签章：

注：1. 有较高要求的抗震结构钢筋实测抗拉强度与实测屈服强度之比 $R°_m/R°_{eL}$ 不小于1.25。
2. 有较高要求的抗震结构钢筋实测屈服强度与屈服强度特征之比 $R°_{eL}/R_{eL}$ 不大于1.30。
3. 有较高要求的抗震结构钢筋的最大力总伸长率 A_{gt} 不小于标准要求。

钢筋焊接试验报告

委托日期：_____　　　　　试验编号：_____
发出日期：_____　　　　　建设单位：_____
委托单位：_____　　　　　工程名称：_____
使用部位：_____　　　　　焊件性质：_____
出厂合格证号：_____　　　母材试验单号：_____
焊工姓名：_____　技术等级：_____　考试证件号：_____
送样人：_____　　　　　　监理工程师：_____

试件编号	钢材牌号	强度等级规格	焊接方法	焊接形式长度/mm	焊条或焊剂牌号	抗拉强度/MPa	弯曲 (0)° $d=$ (0) a	结果	断裂情况及离焊缝口距离/mm

试验结论：

试验单位：_____　负责人：_____　审核：_____　试验：_____

单位工程技术负责人使用意见：

签章：

任务7 防水材料性能检测

一、实训项目内容、岗位技能训练目标及上交材料（见实训表 7-1）

实训表 7-1

序号	实训项目名称	实验内容简介	岗位技能训练目标	上交材料
七	防水材料性能检测	防水材料试验一般规定；石油沥青性能检测；沥青防水卷材性能检测；石油沥青及防水卷材实训报告	① 填写委托单； ② 能测定沥青的针入度、延伸度、软化点； ③ 能按照建筑防水材料的标准的要求完成防水卷材的不透水性试验、拉伸强度及断裂延伸率试验、柔度试验、耐热度试验、撕裂强度试验； ④ 石油沥青及防水卷材实训报告 实验要求：填写实验记录，计算实验结果，根据防水材料的技术指标正确评定质量并能发出实验报告	防水卷材检测委托单、防水卷材试验原始记录单、防水卷材检测报告

二、主要仪器设备

三、试验步骤

四、注意问题

五、填写委托单

防水卷材试验委托单

（取送样见证人签单）

生产厂家：_____　　　　试验编号：_____

委托单日期：____年____月____日　　　　建设单位：_____

委托单位：_____　工程名称：_____　使用部位：_____

名称：_____　品种及标号：_____　进场数量：_____ m²

主要检测项目：

送样人：_____　　　　收样人：_____

六、记录试验原始记录

七、填写检验报告

防水材料检验报告

委托日期：_____　　试验编号：_____
发出日期：_____　　建设单位：_____
委托单位：_____　　工程名称：_____
材料名称：_____　　规　　格：_____
使用部位：_____　　经销单位：_____
产地或厂名：_____　　进场数量：_____
型　　号：_____　送样人：_____　监理工程师：_____

序号	检验项目	标准要求	检测结果	单项评定
1	纵向最大峰拉力/（N/50mm）≥	500		
2	横向最大峰拉力/（N/50mm）≥	500		
3	纵向最大峰拉力/‰≥	30		
4	纵向最大峰时延伸率/‰≥	30		
5	实验现象			
6	不透水性			
7	耐热性			
8	低温柔性			
9	延伸率			
结论				
备注				

试验单位：　　　　　负责人：　　　　　审核：　　　　　试验：

单位工程技术负责人使用意见：

签章：

参 考 文 献

[1] 冯浩等. 混凝土外加剂工程应用手册. 北京：中国建筑工业出版社，2005.
[2] 建筑工程检测标准大全. 北京：中国建筑工业出版社，2002.
[3] 钱晓倩等. 减水剂对混凝土早期收缩的影响. 混凝土，2004（5）.
[4] 宋少民，孙凌. 土木工程材料. 武汉：武汉理工大学出版社，2006.
[5] 李文利. 建筑材料. 北京：中国建材工业出版社，2005.
[6] 徐成君. 建筑材料. 北京：高等教育出版社，2004.
[7] 卢经扬. 建筑材料与检测. 北京：中国建筑工业出版社，2010.
[8] 李国华. 建筑装饰材料. 北京：中国建筑工业出版社，2004.
[9] 周明月. 建筑材料与检测. 北京：化学工业出版社. 2010.
[10] 通用硅酸盐水泥（GB 175—2007）.
[11] 普通混凝土用砂、石质量及检验方法标准（JGJ 52—2006）.
[12] 混凝土外加剂（GB 8076—2008）.
[13] 普通混凝土拌合物性能试验方法标准（GB/T 50080—2002）.
[14] 普通混凝土力学性能试验方法标准（GB/T 50081—2002）.
[15] 金属材料 拉伸试验 第1部分：室温试验方法（GB/T 228.1—2010）.